燃气作业安全
技术与管理

王振荣 编

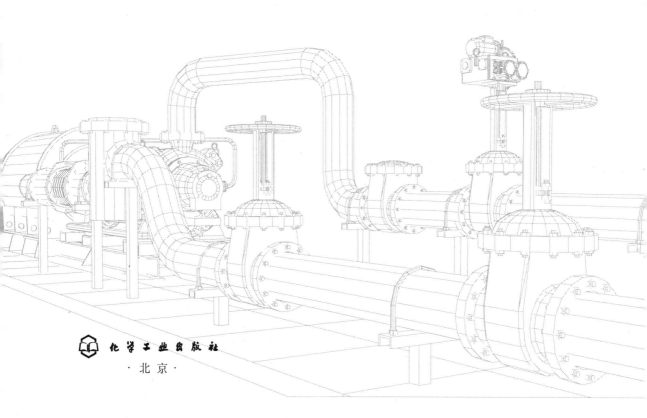

化学工业出版社

·北京·

内容简介

本书遵循实用原则，突出基础性知识，以当前安全生产工作实践中经常遇到的问题和容易引发事故的问题为重点。编者从多年生产实践中总结出煤气安全操作知识，对生产、使用、储存煤气的单位具有积极的指导作用。

本书介绍了新工艺、新设备、新的安全操作方法和新的安全管理方法。按现代冶金、焦化等生产工艺流程，内容比较全面系统，总共分十二章，介绍了煤气生产、使用、储存安全操作流程，煤气事故的预防和处理以及煤气相关安全操作规范等。最后通过具体案例分析，起到了很好的警示效果。可以作为冶金、化工、危险化学品企业安全生产的技术书和企业安全生产的培训教材，也可供相关领域技术人员参考学习。

图书在版编目（CIP）数据

燃气作业安全技术与管理/王振荣编．—北京：化学工业出版社，2021.4
ISBN 978-7-122-38562-8

Ⅰ.①燃… Ⅱ.①王… Ⅲ.①冶金工厂-燃气设备-安全管理 Ⅳ.①TF083.4②X93

中国版本图书馆 CIP 数据核字（2021）第 030329 号

责任编辑：廉　静
文字编辑：吴开亮
责任校对：刘曦阳
装帧设计：刘丽华

出版发行：化学工业出版社
　　　　　（北京市东城区青年湖南街 13 号　邮政编码 100011）
印　　装：大厂聚鑫印刷有限责任公司
787mm×1092mm　1/16　印张 14　字数 362 千字
2021 年 6 月北京第 1 版第 1 次印刷

购书咨询：010-64518888
售后服务：010-64518899
网　　址：http://www.cip.com.cn

凡购买本书，如有缺损质量问题，本社销售中心负责调换。

定　　价：58.00 元　　　　　　　　　　版权所有　违者必究

前言

1996 年我国的钢铁产量超过美国，产钢 1 亿多吨，成为世界第一产钢大国。到 2019 年底，我国的钢产量已达 9.963 亿吨。2019 年世界钢产量为 18.699 亿吨，我国钢产量占全球钢产量 53.3%。

通常所说的"煤气"，从广义上讲指的是可以燃烧的气体，如天然气、井下瓦斯气、液化石油气、水煤气、半水煤气、发生炉煤气、高炉煤气、转炉煤气、焦炉煤气等，俗称为"煤气"。

严格地说，上述这些"煤气"均应称为"燃气"。所以本书冠名为燃气作业安全技术与管理。只有以煤、焦炭作为气化原料制成或副产的燃气，才能称为"煤气"。因为最早制取燃气的原料是煤，故称为"煤气"，一直沿用至今。

可燃气体煤气作为钢铁工业的副产品，在生产中得到广泛应用。现在我国冶金企业煤气的利用率已达到发达国家水平。

煤气是一种易燃、易爆、易中毒的气体。着火、爆炸、中毒被称为煤气的三大特性，也被称为煤气三害。煤气事故具有较大的危险性，煤气中毒事故占钢铁企业各类事故的首位。煤气造成的重大伤亡事故居多。

从事煤气作业人员多，密集性大，尤其是检修作业中，一旦发生煤气事故，容易造成群死群伤的重大事故。从事煤气作业的人员，在我国已经列为特种作业操作人员。煤气区域作业人员必须经过煤气专业安全技术培训，经考试合格以后持证上岗。

编者一直在唐山钢铁集团股份有限责任公司从事安全技术管理工作，为正高级工程师、唐山市安全生产专家（专家库冶金专业）、河北省安全生产专家（专家库冶金煤气专业）。另外，编者在煤气安全作业上具有丰富的实践经验，同时也多次讲授煤气专业安全技术类培训课。

本书遵循实用原则，以基础理论知识为基础，以实践工作为重点。贯彻国家应急管理部关于在冶金行业开展煤气专项整治工作文件精神，以近年来生产工作中经常遇到的问题和容易引发事故的问题为重点，重点突出煤气管道和设备动火作业的安全操作、煤气检修作业的安全操作、停送煤气的安全操作、有限空间作业的安全操作、煤气中毒、着火、爆炸事故的防护与应急救援工作。注重了实用性和可操作性，将安全技术理论知识与实际操作知识相结合。力求内容全面，煤气知识点全覆盖，贴近安全生产实际，对工作实践具有积极的指导作用。

由于水平有限，书中难免有不妥之处，敬请指正。

王振荣

2021 年 1 月

目录

第一章

煤气基础知识

第一节　煤气的定义及其分类

一、煤气的定义

煤气是煤、焦炭等含碳物质经过干馏（热解）、气化、氧化、还原反应后生成的含有多种可燃气体成分的混合气体。

在冶金企业生产中，煤和焦炭占总能源的 70%。随之产生的焦炉煤气、高炉煤气、转炉煤气等回收、净化后作为焦炉、热风炉、加热炉以及锅炉等生产过程的燃料，焦炉煤气还可作为民用燃气。这些副产煤气是一种比较清洁的二次能源。

为了获得煤气并加以使用，还有一些人工制取煤气的方法，常见的有发生炉煤气、水煤气等。

发生炉煤气的制造方法是将煤在发生炉中燃烧，并对鼓入炉底的空气加以限制，使煤不能完全燃烧，因而产生大量的一氧化碳，就是发生炉煤气。

由于各种煤气产生、回收的方法不同，各种煤气的组成成分也不同，但其可燃烧成分主要是 H_2、CH_4 及 CO 等。

煤气作为重要的二次能源，输送方便、操作简单、燃烧均匀、燃烧效率高、温度易调节，广泛应用于钢铁、建材、耐火材料、玻璃、陶瓷、碳素制品、化肥、化工合成、民用燃气等领域，是工业生产和民用的主要能源之一。

二、煤气的分类

按煤气的来源分类，可分为干馏煤气、气化煤气、副产煤气。干馏煤气主要包括焦炉煤气、炭化炉煤气；气化煤气主要包括发生炉煤气、水煤气；副产煤气主要包括高炉煤气、转炉煤气、铁合金炉煤气等。

焦炉煤气是炼焦过程中煤在高温干馏时的气态产物，焦炉煤气产率为 $300 \sim 350 m^3/t$ 煤。

高炉煤气是高炉炼铁过程中产生的一种副产煤气，高炉煤气产率为 $1800 \sim 2000 m^3/t$ 生铁，但实际回收率要低一些。

转炉煤气是转炉炼钢的副产物，中小转炉煤气产率为 $50 \sim 70 m^3/t$ 钢，大转炉煤气产率一般在 $100 \sim 120 m^3/t$ 钢。由于各种原因，过去我国的转炉煤气回收率比较低。现在我国转炉煤气回收率已经很高了。

发生炉煤气和水煤气是专门以煤为原料生产的气体产品。

混合煤气是不同冶金企业根据实际生产对热值的需要，由几种煤气混合而成的。

据统计，我国钢铁行业可燃气体的回收利用率（2006 年）：焦炉煤气为 95.8%、高炉煤气为 90.2%、转炉煤气为 56%。但国外先进国家的可燃气体回收利用率已接近 100%，这意味着我国冶金工业蕴藏着巨大的资源和能源回收潜力。近年来，我国钢铁工业可燃气体回收利用率有了很大的提高，也已接近 100%。

现在我国的钢铁企业都把转炉煤气回收当作一项重要工作，例如河钢集团、首钢集团等单位回收量均在 $120m^3/t$ 钢以上，鞍钢、沙钢、马钢等单位回收量也不低于 $100m^3/t$ 钢。可以说，凡是较大型的炼钢企业，转炉煤气回收量都能在 $100m^3/t$ 钢以上。

第二节　煤气的基本组成及其性质

一、煤气的基本组成

煤气一般是由多种可燃和不可燃的单一气体组成的混合气体。其中可燃气体成分有 CO、H_2 和其他气态碳氢化合物 C_mH_n 以及 H_2S 等，不可燃气体成分有 CO_2、N_2 和少量的 O_2。除此之外，在煤气中还含有水蒸气、焦油蒸气以及固体粉尘微粒。混合气体的各种性质均是组成这种混合气体的单一气体性质的综合体现。各种煤气的主要组成如表 1-1 所示。

表 1-1　各种煤气的主要组成（体积分数）　　　　　单位：%

煤气成分组成　　　煤气种类	甲烷 (CH_4)	其他烃类化合物 (C_mH_n)	氢气 (H_2)	一氧化碳 (CO)	二氧化碳 (CO_2)	氮气 (N_2)	氧气 (O_2)
高炉煤气	0.2~0.5	1	1.5~1.8	23~30	8~12	55~57	0.2~0.4
焦炉煤气	20~23	2~4	58~60	5~9	3~3.5	7~8	0.4~0.5
转炉煤气	—		—	50~70	14~19	5~10	0.4~0.6
发生炉煤气	3~6	≤0.5	9~10	26~31	1.5~3	55	

由于生产工艺和控制水平的差异，不同单位的煤气组成成分也不尽相同。实际生产过程中，转炉煤气中的 CO 含量随时都在变化，除了回收过程降罩并且结合压力进行操作的炉座中 CO 平均含量比较高，大部分单位的转炉煤气中 CO 平均含量都不会超出 50%。另外，高炉煤气中的 CO 含量与高炉的冶炼强度、焦比、喷煤量、富氧强度等因素也有一定关系。

二、煤气的性质

煤气的组成决定了煤气的性质：易燃、易爆、易中毒，并具有腐蚀性。

(1) 易燃

煤气中含有 H_2、CO、CH_4、C_mH_n（其他烃类化合物）等可燃气体，当生产、储存、输送煤气的设备和管道发生泄漏，在遇到点火源（如明火、高热、摩擦撞击火花、静电火花、雷击等）时易引起着火事故。

（2）易爆

由于管道动火前、设备停送气时吹扫不彻底，阀门不严、水封及其他设备煤气泄漏或者煤气、空气倒流等原因，造成煤气与空气混合达到爆炸极限，遇到点火源时会引起爆炸事故。

（3）易中毒

大多数煤气中均含有 CO 气体。CO 是一种无色、无味、无刺激性的气体，但 CO 可与人体血液中的血红蛋白结合而导致机体组织缺氧，造成中毒，俗称煤气中毒。CO 属于Ⅱ类毒性物质，煤气中所含 CO 越高，其发生煤气中毒的危险性就越大。

生产、回收、输送、使用煤气的设备、管道及阀门等，一旦密封不严、材质选择不合理、防腐或操作不当，煤气会有泄漏；如果作业场所通风不良，有毒气体积聚，或者进入煤气设备内作业时设备内残存有煤气，而作业人员未采取安全防护措施，就会造成煤气中毒事故，严重时会造成人员死亡。

（4）腐蚀性

煤气在使用过程中的管路输送是必不可少的，但在煤气的管路输送过程中经常发生煤气管路腐蚀泄漏的事故。煤气管路的腐蚀除外在环境的腐蚀以外，还有煤气成分中的腐蚀性物质造成的腐蚀。煤气中对管路造成腐蚀的物质主要有 H_2S、CO_2、O_2 等。煤气中的酸性杂质在遇到冷凝水时溶解于水中发生电离，电离出 H^+，从而使冷凝水呈酸性，腐蚀管道及设备。

$$H_2S \longrightarrow H^+ + HS^-$$
$$HS^- \longrightarrow H^+ + S^{2-}$$
$$HCN \longrightarrow H^+ + CN^-$$
$$CO_2 + H_2O \longrightarrow H_2CO_3$$
$$H_2CO_3 \longrightarrow H^+ + HCO_3^-$$
$$HCO_3^- \longrightarrow H^+ + CO_3^{2-}$$

继而：

$$2H^+ + Fe \longrightarrow Fe^{2+} + H_2$$

三、冶金（有色金属）行业几种煤气的比较

（1）煤气中单一气体的理化性质

煤气中单一气体的理化性质比较如表 1-2 所示。

表 1-2 煤气中单一气体的理化性质比较

气体名称	理 化 性 质
CO	无色、无味，分子量 28，密度 1.25kg/m³，自燃点 608.89℃，遇点火源会着火或爆炸，毒性极强
CO_2	无色、无味，不可燃，分子量 44，密度 1.977kg/m³，高浓度时会刺激呼吸系统，引起呼吸加快、困难，并有窒息的危险
H_2	无色、无味，分子量 2，密度 0.0899kg/m³，难溶于水，着火温度 580～590℃，遇点火源会着火或爆炸
N_2	无色、无味，分子量 28，密度 1.25kg/m³，化学性质不活泼，不燃烧，空气中含量增加时会造成窒息，空气中约含 79%
O_2	无色、无味，助燃，分子量 32，密度 1.429kg/m³，空气中约含 21%
CH_4	无色、有微量葱臭味，分子量 16，密度 0.715kg/m³，难溶于水，与空气混合可形成爆炸性气体，着火温度 650～750℃，空气中含量达 25%～30% 时易引起窒息

了解煤气中单一气体的理化性质，有助于人们对不同煤气的危险性及其危险程度有充分的认识。

从各单一气体的理化性质比较可以看出，无论何种煤气，其中的有毒成分主要是CO。如CO_2、N_2和CH_4含量过多，会造成人的窒息。煤气的可燃成分主要有H_2、CO及CH_4，煤气中可燃成分组成较多或是某一种可燃成分较多，决定了该种煤气的爆炸危险程度及其燃烧放热的程度。

（2）各种煤气的理化性质比较

各种煤气由于产生原理不同，其组成成分、物理性质和化学性质也不相同。

参考各煤气的组成，可以了解各煤气中的主要燃烧成分及其热值，从而正确使用各煤气；同时弄清各煤气致人中毒的主要成分以及各煤气发生中毒、着火、爆炸的危险程度，从而采取正确的预防和救护措施。

各种煤气主要技术指标比较如表1-3所示。

表1-3　各种煤气主要技术指标比较

煤气种类	物理性质	密度/(kg/m³)	热值/(kJ/m³)	爆炸极限/%	着火温度/℃	燃烧温度/℃
高炉煤气	无色、无味、有毒、易燃、易爆	1.295	3358.8～3977.5	30.34～89.50	700左右	1500
焦炉煤气	无色、有臭味、有毒、易燃、易爆	0.45～0.55	16328.5～18422.9	4.50～37.59	550～650	2150
转炉煤气	无色、无味、有毒、易燃、易爆	1.35	7536.2～9211.0	18.20～83.22	650～700	2000
混合发生炉煤气	无色、有臭味、有毒、易燃、易爆	1.08～1.15	5861.5～7177.6	烟煤:14.6～76.8 无烟煤:15.5～84.4	650～700	1750

① 转炉煤气CO含量高达50%～70%，发生炉煤气CO含量为26%～31%，高炉煤气CO含量为23%～30%，焦炉煤气CO含量为5%～9%。所以，这几种煤气导致人中毒的危险性都非常大。如果将这几种煤气加以比较，其中发生中毒最危险的是转炉煤气，其次是发生炉煤气、高炉煤气、焦炉煤气。

② 转炉煤气在空气中爆炸极限范围最大，高炉煤气、发生炉煤气次之，焦炉煤气最小。但焦炉煤气的爆炸下限最低，所以焦炉煤气发生爆炸的危险性更大。

③ 在这几种煤气中，焦炉煤气热值最高，其次是转炉煤气、发生炉煤气，高炉煤气最低。所以，在使用高炉煤气时，通常再混入一些焦炉煤气或转炉煤气，以提高高炉煤气的热值。

④ 转炉煤气、发生炉煤气、高炉煤气的相对密度相对较高，发生泄漏事故后，易结成团，集结在地面或角落，不易散发，易造成群死群伤事故。

⑤ 焦炉煤气泄漏时，焦炉煤气有黄色烟雾，并伴有刺鼻气味，可观察到；发生炉煤气有轻微臭味；转炉煤气、高炉煤气则无色、无味，不易察觉。

四、煤气事故的危险性

（1）煤气中毒事故占首位

2002.2～2011.4全国发生的有案可查的58起工业煤气事故中，死亡237人，其中中毒死亡158人，占总数的66.7%。

（2）煤气重大死亡事故多

2002.2～2011.4 全国发生的这 58 起煤气事故中，死亡 3 人及以上的有 52 起，占 93%；重大事故 3 起，占总死亡人数的 21.5%。

1984～1990 年冶金行业煤气重大伤亡事故的件数占全冶金系统重大伤亡事故件数的 19.2%，煤气重大伤亡事故死亡人数占冶金系统重大伤亡事故死亡人数的 17.9%。

（3）安全隐患的多发性

煤气的生产、回收、输送、储存、使用等各个环节的设备、管道及阀门等，一旦因密封不严或操作不当，每个环节都有可能出现煤气泄漏。

（4）煤气安全隐患涉及的区域大、距离远

煤气从生产到回收、输送、储存、使用各个环节，一般都涉及几个生产单位或公司，煤气设备分布面广、煤气管线长达几千米甚至十几千米，安全隐患可能存在的范围大。

（5）易造成群死群伤的事故

从事煤气作业的人员多，密集性大。尤其是检修作业时，一旦发生煤气事故，易造成群死群伤的事故。

（6）影响面广、危害严重

严重影响生产、生活，并可能造成重大财产损失和环境破坏。

第三节　煤气流体动力学基础知识

煤气是流体。流体是气体和液体的总称，其具备的一个共同特征就是流动性。无论是管道输送、流量测定，还是输送流体所需功率的计算和输送设备的选择及操作，都与流体流动的基本原理和规律密切相关。而且，许多单元操作都同流体流动的基本原理和规律密切相关，例如煤气的重力除尘和离心分离除尘等。流体流动过程的基本原理和流体在管道内流动的规律也适用于煤气输送过程的理论原理。

一、煤气体积、压力与温度之间的关系

（1）几个概念

① 气体最基本的特征：可压缩、扩散性。

② 理想气体：理想气体分子之间没有相互吸引和排斥，分子本身的体积相对于气体所占有的体积可以忽略。

③ 热力学温度：单位用"K"表示，又称绝对温度（0℃相当于 273K）。

④ 标准状况（STP）：$p = 101.325\text{kPa}$；$T = 273\text{K}$。

在标准状况下，当 $n = 1.0\text{mol}$ 时有

$$V_m = 22.414\text{L} = 22.414 \times 10^{-3}\text{m}^3$$

（2）气体体积与温度的关系

盖·吕萨克定律：在定量定压下，理想气体的体积与热力学温度成正比，即

$$\frac{V}{T} = C\text{（常数）}$$

亦即

$$\frac{V_0}{T_0} = \frac{V_1}{T_1}$$

（3）气体体积与压力的关系

波义耳定律：在定量定温下，理想气体的体积与压力成反比，即

$$pV = C（常数）$$

亦即

$$p_0 V_0 = p_1 V_1$$

（4）气体压力与温度的关系

查理定律：对于一定量的气体，当体积一定时，其压力与热力学温度成正比，即

$$\frac{p}{T} = C（常数）$$

亦即

$$\frac{p_0}{T_0} = \frac{p_1}{T_1}$$

综合以上定律推导出：

$$\frac{p_0 V_0}{T_0} = \frac{p_1 V_1}{T_1}$$

理想气体状态方程为

$$pV = nRT$$

$$\frac{pV}{nT} = R$$

$$R = \frac{pV}{nT} = 101325\,\mathrm{Pa} \times 22.414 \times 10^{-3}\,\mathrm{m}^3 \div 1.0\,\mathrm{mol} \div 273.15\,\mathrm{K} = 8.314$$

实际气体并不严格遵守气态方程，只有在温度较高、压强不大时，偏差才不显著。一般认为温度不低于 0℃、压强不高于 $1.01 \times 10^5\,\mathrm{Pa}$ 时的气体是理想气体。

二、流体压强的定义

（1）压强

流体单位面积上所受的压力称为流体的静压强，简称压强。

（2）表压

压力表上读取的压强值称为表压。它不是被测流体压强的真实值，而是被测流体的绝对压强与当地大气压强的差值，即表压＝绝对压强－大气压强。

（3）真空度

真空表上读取的压力值称为真空度。真空度表示被测流体的绝对压强低于当地大气压强的数值，即真空度＝大气压强－绝对压强。

绝对压强、真空度和表压之间的关系可用图 1-1 表示。图中 A 表示表压、绝对压强、大气压之间的关系，B 表示真空度、大气压、绝对压强之间的关系。

（4）流体压强的特征

① 流体静压强（力）的方向与作用面垂直。

② 从各方向作用于某一点上的流体静压强（力）都相等。

③ 连通着的流体内同一水平面各点的流体静压强（力）都相等。流体中压强相等的点所组成的面称为等压面。在等压面上静压强为常数。仅在重力作用之下的静止流体中，等压面是一个水平面。

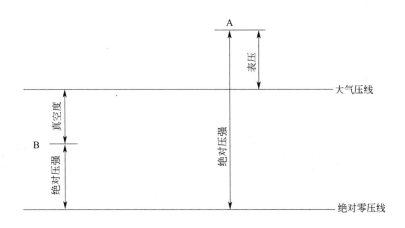

图 1-1　绝对压强、真空度和表压之间的关系

三、流体流动的基本概念

（1）流量

单位时间内流过管路任一截面的流体的量称为流量。若流量用体积来表示，则称为体积流量，用 V_S 表示，单位为 $\mathrm{m^3/s}$。若流量用质量来表示，则称为质量流量，用 W_S 表示，单位为 $\mathrm{kg/s}$。体积流量和质量流量的关系是 $W_S = V_S \rho$，式中 ρ 为流体的密度。

（2）流速

单位时间内流体在流动方向上流过的距离称为流速，用 u 表示，单位为 $\mathrm{m/s}$。

实验证明，流体在管路内流动时，管路任一截面上各点的流速并不相等。在管壁处流速为零，离管壁越远则流速越大，到管路中心处流速达到最大值。

（3）稳定流动与不稳定流动

在流动系统中，按任意位置上流体的压强、流速、密度等物理量是否随时间变化，可以把流体的流动分为两大类：稳定流动与不稳定流动。

流动系统中流体的流速、压强、密度等物理量仅随位置变化，而不随时间变化，称为稳定流动；流体的流速、压强、密度等物理量不仅随位置变化，而且随时间变化，称为不稳定流动。

第二章

煤气的生产原理和利用

第一节　焦炉煤气的生产、净化工艺及其利用

焦炉煤气是炼焦用煤在高温炼焦生产过程中的副产品，即烟煤于隔绝空气的条件下在焦炉炭化室内加热至 950～1050℃的整个结焦过程中释放出来的气态产物经净化而得到的气体产品。

焦炉煤气的组成如表 2-1 所示。

表 2-1　焦炉煤气的组成

组分	H_2	CH_4	CO	C_mH_n	CO_2	N_2	O_2	其他
含量(体积分数)/%	58～60	20～23	5～9	2～4	3～3.5	7～8	0.4～0.5	H_2S、HCN 等

一、焦炉煤气的生产工艺

伴随着整个结焦过程都会有气态产物释放出来，但不同时期的气态产物组成和数量是不同的。这与炼焦工艺操作条件如装炉煤性质和配比、加热制度等有关。另外，与气态产物的析出途径、影响其停留时间的因素（如炉顶空间高度、炭化室高度、单/双集气管等）均有关系。

炼焦用煤被装入焦炉炭化室后，在两侧燃烧室内燃烧的煤气的加热过程中，煤炭经过干燥、热解、熔融、固化、收缩变成焦炭。在烟煤干馏的全过程中都有大量的气态产物析出，被称之为粗煤气或荒煤气。1t 干煤在炼焦过程中可产生净煤气 300～350m³。

(1) 煤热解机理

煤在隔绝空气的条件下被加热，使煤中的有机物质在不同的温度下发生一系列的变化，结果生成了数量和组成不同的气态（煤气）、液态（焦油）和固态（焦炭）产物。炼焦是以煤的热分解为基础的复杂物理和化学变化过程。煤的热分解主要包括煤中有机质的裂解，裂解产品中轻质部分的挥发及残余部分的缩合、缔合反应。

热分解的结果，使煤中对热不稳定的部分——由缩合芳香核组成的煤炭大分子结构上的烷基侧链、官能团及连接结构单元之间的桥键不断裂解，挥发出煤气和焦油等化学产品；而煤的缩合芳香核大分子本身对热相对稳定，随着加热温度的提高不断发生缩合、缔合反应，煤分子的缩合芳香核不断稠化，最终形成焦炭。

按照加热温度来划分，煤的热分解过程主要可以分为以下六个阶段。

① 干燥阶段　常温～120℃，主要是蒸发脱除煤中游离的外在水分和内在水分。

② 脱吸阶段　120～200℃，脱去吸附在煤炭颗粒微孔结构中的CO、CO_2和CH_4等气体。

③ 开始热解阶段　200～300℃，发生部分脱羧基反应，有热解水生成和蒸发，开始分解并释放出CO、CO_2和H_2S等小分子气态产物，在近300℃时有微量焦油析出。

④ 胶质体固化阶段　300～550℃，大量析出焦油和煤气，黏结性烟煤经胶质状态转变为半焦。

⑤ 半焦收缩阶段　550～750℃，主要发生半焦热解，析出大量H_2，半焦收缩并产生裂纹。

⑥ 半焦转变为焦炭阶段　750～1000℃，半焦进一步热分解，继续生成少量H_2，最后半焦变为高温焦炭。

煤热解成焦过程如图2-1所示。

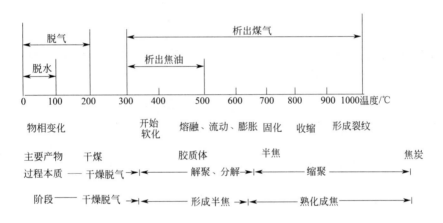

图 2-1　煤热解成焦过程

(2) 炼焦过程中煤气的析出途径

在高温炼焦过程中，随着胶质体生成、固化和半焦分解、收缩，析出大量的气态产物。煤热解产物常称为一次热解产物。焦炉煤气通常不是一次热解产物，而是一次热解产物析出后流经高温焦炭层缝隙、炉墙和炉顶空间时经受高温发生进一步化学变化后的二次热解产物。由于焦炉炭化室内层层结焦，而塑性胶质体的透气性一般较差，大部分气态产物不能穿过胶质塑性层。

① 里行气　炭化室内干煤层热解形成的气态产物和塑性层内产生的气态产物中的一部分只能向上或从塑性层内侧流向炉顶空间，这一部分气态产物称为"里行气"，占气态产物的10%～25%。

② 外行气　占塑性层内所产生的75%～90%的气态产物穿过高温焦炭层缝隙，沿焦饼与炭化室炉墙之间的缝隙向上流向炉顶空间，该部分气态产物称为"外行气"。

里行气和外行气的析出途径如图2-2所示。

粗煤气是里行气和外行气在炉顶空间汇集混合后导出而形成的。由于里行气和外行气析出后流经的路径不同、经受的温度差异较大以及二次热解反应温度和时间不同，因此两者的热解程度不同。外行气一般析出过程中经受的二次热解温度高、时间长，从而热解程度较

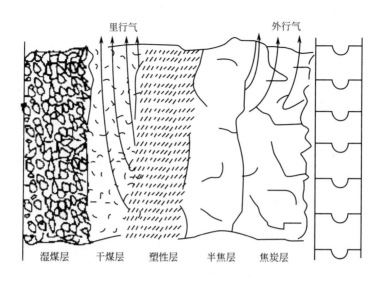

图 2-2　里行气和外行气的析出途径示意图

深，又由于外行气所占比例较里行气大得多，因此外行气对焦炉煤气的组成影响很大。里行气和外行气组成比较如表 2-2 所示。

表 2-2　里行气和外行气组成比较　　　　单位：%

种类	煤气组成（体积分数）									烃基衍生物组成（体积分数）						
	H_2	CH_4	C_2H_6	C_2H_4	C_3H_8	C_3H_6	CO	CO_2	N_2	初馏分	苯	甲苯	二甲苯	酸性化合物	碱性化合物	其他
里行气	20	53	10	2	3	3	2	5	2	40	4	7	10	9	5	25
外行气	60	27	1	2.5	0.2	0.3	5	2	2	4.5	73	17	5.5	—	—	—

（3）煤热解产生煤气的化学反应

煤热解过程中发生的化学反应是非常复杂的，包括煤中有机质的裂解、裂解产物中轻质部分的挥发、裂解残留物的缩聚、挥发产物在析出过程中的分解和化合、缩聚产物的进一步分解与再缩聚等过程。这一过程总体可概括为裂解和缩聚两大类反应，产生粗煤气的反应主要是裂解反应。热解过程对煤气组分影响较大的二次热解反应主要包括裂解反应、脱氢反应、加氢反应、缩合反应和桥键分解反应等。

① 裂解反应：

$$C_2H_6 \longrightarrow C_2H_4 + H_2$$

$$C_2H_4 \longrightarrow CH_4 + C$$

$$CH_4 \longrightarrow C + 2H_2$$

$$\underset{}{\bigcirc}^{C_2H_5} \longrightarrow \bigcirc + C_2H_4$$

② 脱氢反应：

$$\text{环己烷} \longrightarrow \text{苯} + 3H_2$$

$$\text{二甲基联苯} \longrightarrow \text{蒽} + 3H_2$$

③ 加氢反应：

$$\text{苯酚} + H_2 \longrightarrow \text{苯} + H_2O$$

$$\text{甲苯} + H_2 \longrightarrow \text{苯} + CH_4$$

$$\text{苯胺} + H_2 \longrightarrow \text{苯} + NH_3$$

④ 缩合反应：

$$\text{萘} + CH_2{=}CH{-}CH{=}CH_2 \longrightarrow \text{蒽} + 2H_2$$

$$\text{萘} + CH_2{=}CH{-}CH{=}CH_2 \longrightarrow \text{菲} + 2H_2$$

$$\text{苯} + CH_2{=}CH{-}CH{=}CH_2 \longrightarrow \text{萘} + 2H_2$$

⑤ 桥键分解反应：

$$-CH_2-+-O \longrightarrow CO+H_2 \longrightarrow CO+H_2$$
$$-CH_2-+H_2O \longrightarrow CO+2H_2 \longrightarrow CO+2H_2$$

二、焦炉煤气的净化工艺

从焦炉出来的荒煤气中含有多种化工产品，其中很多是宝贵的化学工业原料，同时也含有很多有害杂质。这些有害杂质不仅腐蚀设备、污染环境，而且影响煤气的输送和氨、苯等化学产品的回收。因此，在焦化生产设计的同时，根据煤气的用途和回收化学产品的方法予以不同程度的脱除，因而相应地有不同的煤气净化、回收化学产品的生产系统。

比较完整的煤气净化工艺流程如图 2-3 所示。经气液分离器把荒煤气（82℃）中的焦油、氨水与煤气分离后，进入横管初冷器，把煤气冷却至 24℃ 以下，进一步脱除煤气中的焦油和萘。冷却后的煤气进入电捕焦油器，利用高压电流捕集煤气中残余的焦油滴，之后经煤气鼓风机加压，送往喷淋饱和器。

在喷淋饱和器内，用硫酸对煤气进行喷洒，硫酸与煤气中的氨反应生成硫酸铵，达到除氨的目的。

除氨后的煤气进入横管终冷器，把煤气冷却至 22~24℃，进入洗苯塔。在洗苯塔内，用洗油对煤气进行喷洒，吸收煤气中的苯，以达到回收煤气中苯的目的。

脱除了苯的煤气进入脱硫塔，在此用碱液对煤气进行喷洒。碱液与煤气中硫化氢、氰化氢进行反应，以达到去除煤气中硫化氢、氰化氢的目的。

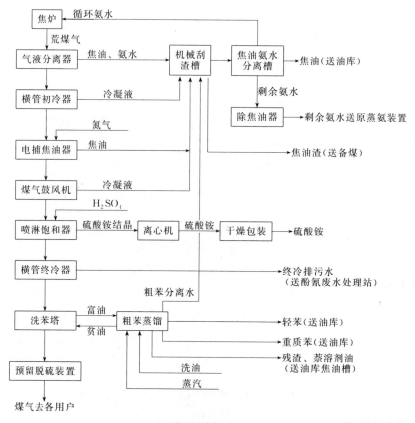

图 2-3　焦炉煤气净化流程示意图

净化后的焦炉煤气是无色、有臭味、有毒的易燃易爆气体，相对密度为 0.45～0.55，热值为 16328.5～18422.9kJ/m³，着火温度为 550～650℃，理论燃烧温度为 2150℃左右，爆炸极限为 4.50%～37.59%，因此焦炉煤气的爆炸危险性相对较大。焦炉煤气中的 CO 含量较高炉煤气少，但也是中毒危险性很大的煤气。

三、焦炉煤气的综合利用

在焦化生产过程中会产生大量的焦炉煤气。焦炉煤气中含有苯、萘、CO、SO_2、H_2S、CH_4 等多种有毒有害气体。向用户供应的煤气必须经过脱萘、脱氨、脱苯、脱硫等净化处理。对于没有利用的富余焦炉煤气，需点燃后放散。这些点燃后放散的焦炉煤气会对环境造成污染。

合理解决这部分富余焦炉煤气是企业面临的一个必须解决的问题。这个问题如果处理得好，既保护了环境又节约了能源，具有良好的经济效益和社会效益。焦炉煤气的综合利用有多种方案，具体采用哪种方案，需要结合具体情况，经过技术、经济等各种因素分析后才能确定。焦炉煤气具体利用分述如下。

(1) 作为居民燃气

焦炉煤气作为居民燃气，在投资规模与其他方案相同的情况下应为首选方案。因为它减少了占地，而且煤气销售具有较高的价格，因此具有较高的经济效益。该方案的投资主要为铺设管道及其相关费用。

（2）作为燃料

如果有稳定的热负荷，作为燃料也是一个合理的选择。焦炉煤气可作为锅炉燃料，也可作为陶瓷厂的窑炉燃料等。焦化厂如果与用户距离较近，可以节省不少投资。该方案的特点是不用增加厂房和固定设备，仅需对使用焦炉煤气的设备进行技术改造即可。

（3）用于发电

焦炉煤气可通过蒸汽锅炉、燃气轮机和内燃机等三种方式发电。

蒸汽发电机组由蒸汽锅炉、凝汽式汽轮机和发电机组成，即以焦炉煤气作为蒸汽锅炉的燃料产生高压蒸汽，带动汽轮机和发电机组发电。此技术成熟可靠，已在国内焦化行业中广泛应用，但也存在系统复杂、占地面积大和启动时间长等问题。

燃气轮机发电机组是焦炉煤气直接燃烧驱动燃气轮机，再带动发电机组发电，具有设备紧凑、占地少、效率高、效益好和启动迅速等优点。但燃气轮机必须运回制造厂检修，因此需要较多的备机，同时要求操作工人有较高的技术素质。

利用焦炉煤气发电是环保节能综合利用的好项目，是国家扶持的项目。在发电方案中，建设燃气轮机热电联供电站是一个技术先进、投资少、见效快、投资回报率高的工程项目，可有效地利用焦炉煤气。

第二节　高炉煤气的生产、净化工艺及其利用

一、高炉煤气的生产工艺

高炉煤气是高炉炼铁的副产煤气，主要可燃成分为 CO 和 H_2，含有少量的 CH_4 和大量的 N_2 及 CO_2。所以它的热值低，一般只有 $3558.8 \sim 3977.5 kJ/m^3$。

高炉每生产 1t 生铁可得到 $1800 \sim 2000 m^3$ 的高炉煤气。

（1）高炉冶炼流程

高炉冶炼流程如图 2-4 所示。

（2）风口回旋区的化学反应

在现代高炉内，由风口鼓入的热风进入焦炭回旋区使焦炭燃烧，生成大量的 CO。另外，鼓风所带入的水蒸气也与焦炭发生反应，生成 H_2 和 CO。反应方程式如下：

$$C+O_2 =\!=\!= CO_2$$
$$2C+O_2 =\!=\!= 2CO$$
$$C+H_2O =\!=\!= CO+H_2$$
$$CO_2+C =\!=\!= 2CO$$

由于鼓入的热风中蒸汽量较少（增湿鼓风时蒸汽量相对较多），故生成气中氢气含量较少。鼓风中的氮气不发生反应，仍以氮气状态存在于生成气中。在炉缸处所形成的煤气组分为 CO、N_2 和少量的 H_2，称为炉缸煤气。而煤气在上升过程中其组成、煤气量不断发生变化。

（3）滴熔带（滴下区）及熔融带（软化半熔区）下部的化学反应

煤气由下向上沿着料柱间隙进入滴下区（滴熔带）、软化半熔区（熔融带），煤气中 CO 含量逐渐增加。这是因为铁、锰、硅、磷等的氧化物直接被还原生成一部分 CO。所发生的主要反应如下：

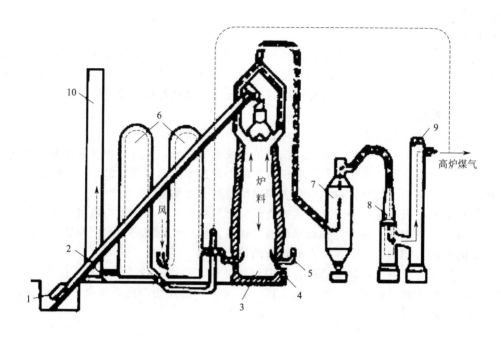

图 2-4　高炉冶炼流程示意图

1—料车；2—上料斜桥；3—高炉；4—铁口、渣口；5—风口；

6—热风炉；7—重力除尘器；8—文氏管；9—洗涤塔；10—烟囱

$$FeO+C \longrightarrow Fe+CO$$
$$SiO_2+2C \longrightarrow Si+2CO$$
$$MnO+C \longrightarrow Mn+CO$$
$$P_2O_5+5C \longrightarrow 2P+5CO$$

同时，部分碳酸盐分解放出的 CO_2 被 C 还原成 CO。因此在此区域，煤气中 CO 含量增加。

（4）熔融带上部及块状区的化学反应

由于铁矿石被还原，消耗一部分 CO 而生成 CO_2，所以在此区域 CO 含量逐渐降低，而 CO_2 含量逐渐增加。所发生的主要反应如下：

$$3Fe_2O_3+CO \longrightarrow 2Fe_3O_4+CO_2$$
$$Fe_3O_4+CO \longrightarrow 3FeO+CO_2$$
$$FeO+CO \longrightarrow Fe+CO_2$$

H_2 在上升过程中部分参加了还原，其含量逐渐减少。但在炉料水分（特别是结晶水）较多时，由于水煤气反应生成了 H_2，会增加煤气中的 H_2 含量。

CH_4 在高炉内生成量不多（一部分来自焦炭的挥发分，一部分由煤气中的氢与碳作用而生成），一般在煤气中的相对含量变化不大，全焦冶炼时炉顶煤气中 CH_4 含量只有 $0.2\% \sim 0.5\%$。

煤气中 N_2 的量基本不变，只是煤气量增加时相对含量（百分比）有所降低。

沿高炉高度煤气组成及煤气量变化如图 2-5 所示。

二、高炉煤气的净化工艺

高炉煤气的理论燃烧温度约为 1500℃，着火点约为 700℃。在多数情况下，必须将空气

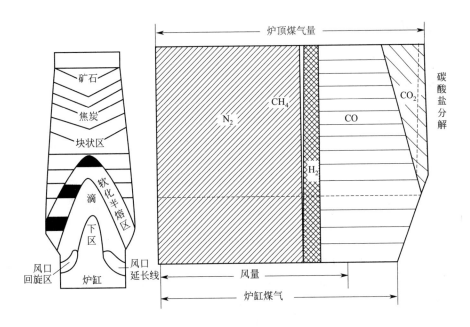

图 2-5　沿高炉高度煤气组成及煤气量变化

和煤气预热来提高其燃烧温度，才能满足用户的要求。高炉煤气从高炉出来时称为粗煤气，含有大量粉尘（为 $10\sim40g/m^3$），必须经过除尘处理达标后成为净煤气，才能满足用户要求。

高炉煤气干法除尘流程如图 2-6 所示。

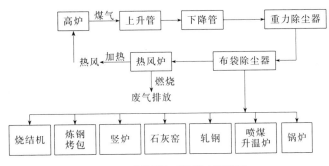

图 2-6　高炉煤气干法除尘流程图

布袋除尘器后的高炉煤气是高压煤气，压力一般在 100kPa 以上，根本无法使用，必须降压后才能给用户（如锅炉、加热炉）使用。降压的方法过去是单一的减压阀组，现在是 TRT 和减压阀组并联使用（平时用 TRT 发电消耗压力能，只有当 TRT 检修时，煤气才走减压阀组）。

(1) 重力除尘器

重力除尘器是高炉煤气进行粗除尘的主要设备。重力除尘器的除尘原理是荒煤气自顶部进入重力除尘器内，煤气流速因中心导入管段面积扩大而降低，固体颗粒受重力及气体推动作用向下运动到达重力除尘器底部，而气体则进行 180°转弯，向上升起。固体颗粒由于质量较大、惯性大，不能像气体那样转弯而是直落到底部，进入灰斗达到除尘的目的。

（2）布袋除尘、湿式除尘系统

现在我国普遍采用干式除尘法，经布袋除尘器后送入煤气用户。

三、高炉煤气的综合利用

由于各钢铁企业炼铁喷煤与焦比不同，其高炉煤气的可燃成分也不相同。大型企业的生产工艺先进、设备精良，其焦比低，高炉煤气的热值也低；中小企业炉容小，能耗高，所以高炉煤气的热值也高。高炉煤气热值一般为 $3358.8 \sim 3977.5 \text{kJ/m}^3$。高炉煤气为低热值气体燃料，属于二次能源，与高热值燃料相比燃烧温度虽不高，但它仍能产生对目前热机而言已足够高的燃气或蒸汽温度。从能源品位来看，高炉煤气目前仍属于高品位能源。

过去高炉煤气的利用只是基于降低企业的生产成本和提高经济效益来考虑，环境保护的制约相对较弱。因此，相当一部分企业由于资金和技术的关系，对高炉煤气的利用处在较低的水平。一部分企业只是利用部分高炉煤气作为配套热风炉的热源，剩余的高炉煤气则作为废气排放，高炉煤气的总利用率只有 45% 左右。还有一部分企业除利用部分高炉煤气作为热风炉热源外，还利用部分高炉煤气作为烧结机热源，高炉煤气的总利用率可达到 55%。回收利用剩余高炉煤气具有重要的经济和环境意义。

目前，高炉煤气的利用途径主要有以下几种。

（1）利用剩余高炉煤气生产石灰

烧结矿生产的主要原料之一就是石灰。特别是近年来普遍提倡采用高碱度烧结矿进行冶炼生产，石灰的用量更大。一般情况下，高碱度烧结矿中氧化钙含量应不小于 20%。另外，石灰是应用较为广泛的一种基本建筑材料，市场空间非常大。所以，无论从企业自身需要还是建材市场需要来看，企业配备石灰生产系统很有必要，特别是利用剩余高炉煤气生产石灰，要比用其他燃料生产石灰的成本低得多。另外，原料石灰石分布广泛，便宜易得，这也是利用剩余高炉煤气生产石灰的一个优越条件。

（2）高炉煤气余压发电

高压操作高炉的煤气，经过除尘净化处理后煤气压力仍然很高，用减压阀组将压力能白白浪费掉变成低压非常可惜。采用高压高炉冶炼方法将高炉炉顶煤气压力经透平膨胀，驱动发电机发电，既回收了压力能又净化了煤气，同时也改善了高炉炉顶压力的控制。高炉煤气余压回收透平发电装置是利用高炉炉顶煤气具有的压力能和热能，使煤气通过透平膨胀机膨胀做功，驱动发电机发电，进行能量回收的一种装置。

（3）纯高炉煤气在加热炉上的应用

高炉煤气用作加热炉燃料对钢坯进行深加工，这样既降低了成本、节约了能源，也提高了产品的竞争力。但纯高炉煤气在加热炉上的应用存在三个问题：一是热值低，二是有毒，三是压力波动大。对此可采取：提高燃料、助燃空气温度，解决有毒问题；建立煤气柜，解决高炉煤气压力和流量波动。

（4）用高炉煤气热风循环解冻技术改造解冻库

热风循环解冻技术，是将高炉煤气在库外专门设置的燃烧炉中燃烧产生的 $800 \sim 900 \text{℃}$ 高温烟气经与部分冷空气以及从库内回收（循环回来）的废气混合，使混合气体温度达到 $180 \sim 200 \text{℃}$ 后，经风机加压输入密闭的解冻库内，并经喷嘴喷射至车体上，依靠对流传热方式解冻车内物料。

（5）回收利用余热的其他措施

把高炉煤气用于热风炉和烧结机，剩余的高炉煤气用于生产石灰和发电。在高炉炼铁生产过程中还有大量的显热值需回收利用，如高炉煤气显热、热风炉废气显热等。高炉炉顶处煤气温度约为450℃，可设置废热换热器回收热量。

回收高炉煤气显热和热风炉废气显热，在高炉炼铁企业内部可得到有效利用。例如，为了提高热风炉效率，可利用废弃显热预热冷空气，节省下来的高炉煤气再用于生产石灰或电力；为了提高煤气发电效率，可利用废弃显热预热蒸汽锅炉回水。另外，在有条件的地区，可利用回收的显热生产蒸汽，向厂区宿舍楼或居民区集中供热等。此外近期，烧结余热发电工艺技术、富余煤气发电工艺技术在钢铁企业也开始得到广泛应用。

第三节 转炉煤气的生产、净化工艺及其利用

一、转炉煤气的生产工艺

转炉煤气也称 LDG 煤气或 LD 煤气，是转炉吹氧炼钢时的副产煤气。

在转炉内把铁水炼成钢的过程，主要是脱碳、升温、去磷、脱硫以及脱氧和合金化等高温物理化学过程。其工艺操作是控制供氧、造渣、温度及加入合金料等，以获得所要求的钢水。

① 脱碳　在高温熔融状态下进行氧化熔炼，把生铁中的碳脱除到所炼钢号的规格范围内。其化学反应式如下：

$$2[C]+\{O_2\}\!\!=\!\!\!=\!\!2\{CO\}+272kJ$$

炼钢是一个氧化过程，必须向熔池供氧。供氧后，氧在炼钢熔池中有三种形式：溶解在钢中的氧，以符号 [O] 表示；溶解在渣中的氧，以符号（FeO）表示；气态氧，以符号 $\{O_2\}$ 表示。无论哪种形式的氧，都能与熔池内金属液中的碳反应，生成一氧化碳气体。其化学反应式如下：

$$[O]+[C]\!\!=\!\!\!=\!\!\{CO\}$$
$$(FeO)+[C]\!\!=\!\!\!=\!\!\{CO\}+[Fe]$$
$$\{O_2\}+2[C]\!\!=\!\!\!=\!\!2\{CO\}$$

② 去磷和脱硫　把生铁中的有害杂质磷和硫脱除到所炼钢号的规格范围内。其化学反应式如下：

$$2[P]+5(FeO)+4(CaO)\!\!=\!\!\!=\!\!4CaO\cdot P_2O_5+5[Fe]$$
$$(CaO)+[FeS]\!\!=\!\!\!=\!\!(CaS)+(FeO)$$

二、转炉煤气的净化工艺

氧气转炉煤气回收法（Oxygen Converter Gas Recovery）简称 OG 法，其工艺流程如图 2-7 所示。转炉烟气借风机吸力进入煤气冷却烟道，回收部分烟气余热。从煤气冷却烟道出来的烟气从上部进入"比肖夫"除尘冷却装置（"比肖夫"装置上部是一个洗涤塔，气液同向而行，进行降温和粗除尘）。然后，气体进入下部的可调文氏管进行精除尘，经除尘后

的气体由下部返入筒体进行脱水，然后从中部引出"比肖夫"装置，经降温除尘的净煤气通过风机加压后通过三通切换阀。当烟气的 CO 及 O_2 含量符合回收要求时，则进入煤气柜储存，需使用时进行精除尘和加压供用户使用。在烟气不合格时，通过三通切换阀将烟气送至放散塔点火放散。

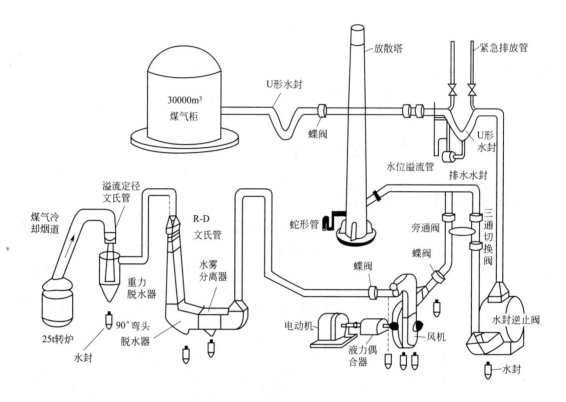

图 2-7　转炉煤气净化回收系统流程图

净化后的转炉煤气主要成分是 CO（50%～70%）和 CO_2（14%～19%），是一种无色、无味、剧毒、易燃、易爆的气体，热值为 7536.2～9211.0 kJ/m^3，着火温度为 650～700℃，爆炸极限为 18.20%～83.22%，转炉煤气的理论燃烧温度比高炉煤气高。净化前的转炉煤气含尘量达 150～200 g/m^3。

三、转炉煤气的综合利用

近年来，氧气顶吹转炉炼钢（简称 L-D 法）在我国得到了大规模发展，转炉炼钢产量占全国总钢产量的 70%以上。转炉煤气（L-D gas，简称 LDG）回收利用技术与环保和节能密切相关，因而越来越受到相关方面的重视，得到较快发展。

转炉煤气的一氧化碳含量较高，其热值也较高，是一种很好的工业气体燃料。回收利用转炉煤气是冶金企业节约能源、降低消耗、减少污染、提高经济效益的有力措施。找到足够的用户和用量，是提高转炉煤气回收率和利用率的关键。下面介绍转炉煤气的主要应用途径。

（1）作为燃气使用

① 转炉煤气在改善球团质量方面的应用。高炉生产对球团的产量和质量要求越来越高，转炉煤气具备提高球团产量、改善球团质量的条件。一是其热值较高（为 7536.2～9211.0 kJ/m^3，约为高炉煤气的 2 倍）；二是其 CO 含量一般在 60%左右，CO 是还原剂，因

此在球团加热时掺入一定量的转炉煤气能够达到上述目的。另外，球团竖炉使用转炉煤气，开发了转炉煤气的一个新用途，可大大拓宽转炉煤气的利用渠道，对提高转炉煤气回收水平、实现煤气结构调整和节能清洁生产、保证燃气发电工程等新增煤气用户对煤气资源的需求具有重要意义。

② 与高炉煤气掺混，用于锅炉、石灰窑。

③ 与高炉煤气掺混用于加热炉，当转炉煤气量和热值波动时，对热风炉影响不大。

④ 转炉煤气直接用于轧钢加热炉。

(2) 作为化工原料

转炉煤气因含有较多的 CO，不含硫，含氢量也很少，是一种很好的燃料。此外，转炉煤气还可以作为化工原料使用，例如在 180℃ 和 17.6×10^5 Pa 压力下与浓度为 $200 \sim 250$g/L 的氢氧化钠反应生成甲酸钠：

$$CO + NaOH == HCOONa$$

甲酸钠不仅是化学工业中生产保险粉的重要原料，而且是生产草酸和甲酸的基本原料。

转炉煤气的 CO 含量较高，含磷、硫等杂质很少，是生产合成氨原料气的一种很好原料，其反应式如下：

$$CO + H_2O == CO_2 + H_2$$
$$N_2 + 3H_2 == 2NH_3$$

(3) 余热的利用

氧气转炉炉气温度一般为 $1400 \sim 1600$℃，经炉口燃烧后，根据炉气的燃烧程度不同，烟气温度高达 2000℃ 左右，可采取汽化冷却烟道回收大量蒸汽，供食堂、洗澡、取暖等设施使用。

(4) 烟尘的利用

转炉烟尘是一种含铁量为 60% 左右的氧化铁粉尘，其数量占铁水装入量的 1%～2%。以 120t（三吹二）转炉车间为例，每年可从烟气中回收氧化铁 2.5 万～5 万吨。

第四节 发生炉煤气的生产、净化工艺及其利用

一、发生炉煤气的生产工艺

以煤或焦炭为原料，以空气、水蒸气或两者的混合物为气化剂，在发生炉内与灼热的碳作用得到一种人造气体燃料，该气体称为发生炉煤气。煤气发生炉结构如图 2-8 所示。

(1) 发生炉煤气的种类

① 空气煤气：以空气为气化剂，主要可燃成分是 CO 和 N_2，理论上 CO 含量为 34.7%、N_2 含量为 65.3%，热值为 4400kJ/m³，主要用于化工和某些特殊用煤气的小型加热器。

② 水煤气：以水蒸气为气化剂，采用空气和水蒸气分阶段吹入发生炉而得到，主要可燃成分是 CO 和 H_2，热值为 $10000 \sim 11700$kJ/m³，主要用于化工原料气，有时也可作为城市煤气的混合成分及其他小型工业用煤气。

③ 混合发生炉煤气：以空气和水蒸气的混合气体作为气化剂生产的煤气（简称发生炉煤气），该煤气可燃成分主要是 CO 及 H_2。因含有大量的 N_2，故热值一般为 $5861.5 \sim 7117.6$kJ/m³。

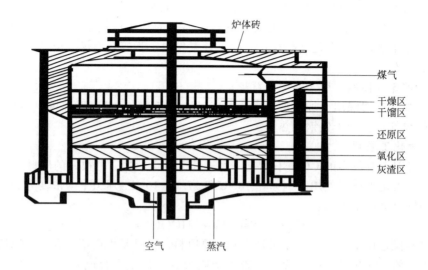

图 2-8 煤气发生炉结构

（2）发生炉煤气反应机理

① 氧化区：

$$C+O_2 =\!=\!= CO_2$$

$$2C+O_2 =\!=\!= 2CO$$

② 还原区：

$$CO_2+C =\!=\!= 2CO$$

$$H_2O+C =\!=\!= CO+H_2$$

$$2H_2O+C =\!=\!= CO_2+2H_2$$

$$CO+H_2O =\!=\!= CO_2+H_2$$

二、发生炉煤气的净化工艺

由发生炉出来的粗煤气中含有烟尘，需要净化。根据净化工艺的不同，其方式主要有两种：烟煤冷却煤气站、无烟煤冷却煤气站。

（1）烟煤冷却煤气站

由煤气发生炉生成的粗热煤气（温度为 450～550℃）首先进入Ⅰ级竖管被热循环水冷却洗涤，煤气中的部分灰尘随热循环水从竖管下部的水封中排出，被竖管洗涤降温后的煤气温度为 85～95℃，经隔离水封进入电气滤清器进行捕焦油和灰尘，煤气温度冷却至 35～45℃。再进入Ⅱ级竖管，进行冷、热两段喷洒进一步脱油、除尘、冷却，出口煤气温度为 30～35℃。通过煤气加压机加压，再经干燥塔脱去水分后通过输送管道输送至用户，如图 2-9 所示。

（2）无烟煤冷却煤气站

单段炉冷却煤气站（无烟煤）工艺流程（图 2-10）：由煤气发生炉生成的未净化煤气（温度为 500～600℃），进入双竖管冷却器经热循环水冷却、洗涤，使煤气中的部分灰尘从

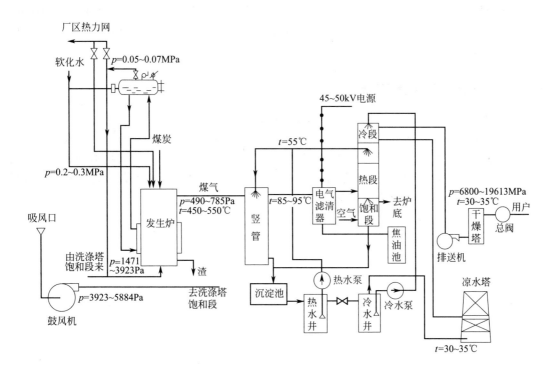

图 2-9 烟煤冷却煤气站工艺流程图

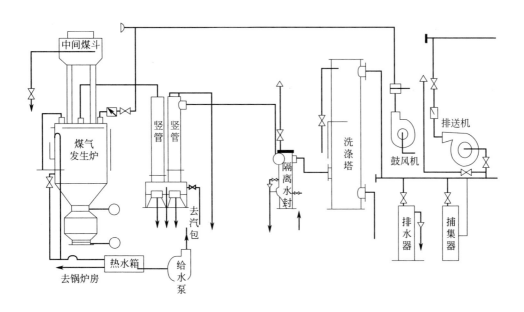

图 2-10 无烟煤冷却煤气站工艺流程图

竖管下部的水封中排出。煤气从竖管中排出（温度降为 80～90℃），经隔离水封进入洗涤塔进行冷却和除尘，使煤气温度冷却至 35～45℃，经煤气加压机加压、捕集器进一步脱去水和焦油后，送往各用户。

净化后的发生炉煤气 CO 含量为 $26\%\sim31\%$，H_2 含量为 $9\%\sim10\%$，热值为 $5861.5\sim7117.6kJ/m^3$；是一种有毒、易燃、无色、有臭味的气体，泄漏后不易散开；另外，燃烧时火苗大、温度高，极易扩散蔓延。

三、发生炉煤气的发展前景

发生炉是一种小型生产煤气的设备，以烟煤和无烟煤作为主要原料；生产的煤气主要用于冶金、化工、轻工、建材等领域，主要用于小钢厂、轧钢等小型工业企业。煤气发生炉的煤气产量很低，与焦炉煤气、高炉煤气、转炉煤气产量无法相比，只能满足本身需求，没有综合利用的余地。发生炉煤气生产属于污染严重、逐步被淘汰的落后工艺。现在越来越多的此类小微企业已经将发生炉改造成电炉加热炉、天然气加热炉。

第三章

煤气管道的输配及其附属装置

第一节　煤气管道、管网的分类

一、煤气管道的分类

煤气管道可根据用途、敷设方式和输送煤气压力等进行分类。

(1) 根据用途分类

① 长距离输气管线　其干管和支管的末端连接城市或工矿企业，作为该供应区的气源点。

② 城市燃气管道　在供气地区将煤气分配给工业企业用户、公共建筑用户和居民用户。包括煤气分配管道、用户引入管道和室内燃气管道等。

③ 工业企业输气管道

a. 工厂引入管道和厂区煤气管道。将煤气由煤气加压站引入工厂，分送到各用气车间。

b. 车间煤气管道。从车间的管道引入口将煤气送到车间内用气设备（如窑炉）。车间煤气管道包括干管和支管。

c. 炉前燃气管道。从支管将煤气分送给炉上各燃烧设备。

(2) 根据敷设方式分类

① 地下煤气管道　厂区煤气管道埋地敷设时，应与建筑物或道路平行，宜设在人行道或绿化带内，不得通过堆积易燃易爆材料和有腐蚀物的场地。埋地管道应设在土壤冻结线以下地层，其管顶敷土深度不得小于 0.7m。煤气管道不得在地下穿越建筑物或构筑物，不得敷设于有轨电车的轨道之下。为保证安全及煤气管道安装维修方便，要求煤气管道与各种其他管道、建筑物有一定间距，最小净距应符合有关标准规定。

② 架空煤气管道　煤气管道通过障碍或工厂区时，为了管理维修方便，煤气管道常采用架空敷设。架空敷设的煤气管道应尽量平行于道路或建筑物，系统应简单明显，以便于安装和维修。架空敷设的煤气管道不允许穿越爆炸危险品生产车间、仓库、变电所、通风间等建筑物，以免发生意外事故。煤气管道由专用管架支撑。根据管架高度不同可分为以下几种。

a. 高架管道。管道下部净空能满足车辆通行的需要（包括电机车的架空线、大件运输汽车、液态金属车和熔渣车等）。

b. 低架管道。管道下部空间不能通行的架空管道。

c. 墙架管道。采用牛腿管架沿墙敷设的管道。

d. 枕架管道。在地面或房顶用管枕支架的管道。

由于工矿企业厂区地下埋设的上下水道、管沟、电缆和构筑物较多,煤气输送管网基本上由架空煤气管道构成。架空煤气管道损坏时检修方便,泄漏煤气时容易发现,一旦发生煤气泄漏,因为通风良好,危害程度较轻;且管道架空敷设比埋地敷设受电化学腐蚀危害小,管道防腐处理简单。在厂区地面公路、铁路和建筑物(构筑物)密集的情况下,架空煤气管道较地下煤气管道更便于施工建设,节省投资,受钢铁企业各种地面作业危害的机会相对较少。

(3)根据输送煤气压力分类

煤气管道之所以要按输送煤气压力来分类,是因为煤气管道的气密性与其他管道相比有特别严格的要求,煤气管道漏气可能导致火灾、爆炸、中毒或其他事故。煤气管道中压力越高,管道接头脱开和管道本身出现裂缝的可能性和危险性也越大。当管道内煤气压力不同时,对管道材质、安装质量、检验标准和运行管理的要求也不同,按不同燃气种类可分类如下。

① 天然气管道　中国输气干线的划分如下。

高压管道:$p>4\text{MPa}$。

中压管道:$1.6\text{MPa}<p\leqslant4\text{MPa}$。

低压管道:$p\leqslant1.6\text{MPa}$。

② 副产气管道　钢铁企业副产气的压力分级没有明确规定。按照设备试验压力规定:高压管道 $p\geqslant0.1\text{MPa}$,低压管道 $p\leqslant0.005\text{MPa}$,两者之间为中压管道。但是煤气供应上习惯划分为高压管道 $p\geqslant0.1\text{MPa}$,低压管道 $p\leqslant0.002\text{MPa}$,其间为中压管道。

③ 生活用气管道　根据中国《城镇燃气设计规范》(GB 50028—2006)(2020 年版)的规定,城镇燃气管道按照输气压力分为四种(高压、次高压、中压、低压)七级(高压 A、B,次高压 A、B,中压 A、B,低压),具体分级如表 3-1 所示。

表 3-1　城镇燃气管道设计压力(表压)分级　　　　单位:MPa

名　称		压　力	名　称		压　力
高压燃气管道	A	$2.5<p\leqslant4.0$	中压燃气管道	A	$0.2<p\leqslant0.4$
	B	$1.6<p\leqslant2.5$		B	$0.01<p\leqslant0.2$
次高压燃气管道	A	$0.8<p\leqslant1.6$	低压燃气管道		$p\leqslant0.01$
	B	$0.4<p\leqslant0.8$			

按照介质压力对煤气管道分类,在很大程度上是考虑煤气管道阀门等附属设备使用工作压力的范围,在选型时能匹配标准并适合相应的规范要求。

(4)按管道功能分类

在将煤气通过输气系统送往各用户之前,需要将焦炉煤气及高炉煤气、转炉煤气收集起来,并经净化、加压等工序,在各个过程都需要通过管道和设备来完成。按管道在完成煤气输送过程中的功能不同可分为如下几种。

① 集气主管　将若干气源汇集的管道,如图 3-1 所示。

炼焦炉汇集各炭化室煤气的集气管道、各高炉产生的高炉煤气的汇集管道和净煤气的汇集管道均属此类。

② 分配主管　供给两个以上用户的输气管道,如图 3-2 所示。

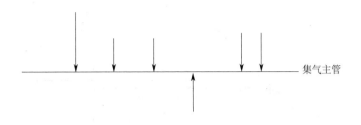

图 3-1　集气主管

③ 输气主管　公用输气的主干管道。
④ 用户主管　为特定用户供气的主管道。
⑤ 支管　直供煤气用户设备的管道。
⑥ 联络管　能连通两条煤气管道的管道。
⑦ 回返管　煤气加压站加压机前、后两管
道的联络管。

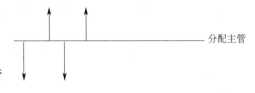

图 3-2　分配主管

⑧ 上升管　管内气流由下而上的竖管。
⑨ 下降管　管内气流由上而下的竖管。
⑩ 吸气管　正常使用中管内介质压力低于大气压力的输气管道。
⑪ 放散管　煤气放入大气的连通管段。
⑫ 引火管　提供点火源的煤气小管。
⑬ 导管　传递煤气参数变化信息的小管。
⑭ 取样管　用来采集煤气用于化学检验的小管。
⑮ 检查管　为检查煤气管内情况而专门设置的小管。

二、 煤气管网的分类

同一气源的若干煤气用户主管连接成的互相关联的统一供气体系，称为管网。各种气源的供气管网组成企业的供气系统。各供气管网是相对独立的体系，但是彼此间又有一定的联系。管网构成的形式取决于整个企业的布局和发展规划，它关系到企业各部门的供气可靠性、资源利用的合理性和企业发展的可能性。这就与单一煤气管道只顾及本身能力、操作和安全等因素大不相同，它着眼于宏观效果，必须从企业全局进行综合处理，要保证安全、可靠地供给各类用户具有正常压力和足够数量的燃气。布置煤气管网不仅要满足使用上的要求，而且要尽量缩短管线，以节省金属用量和投资费用。常用煤气管网有以下类型。

(1) 树枝型煤气管网

树枝型煤气管网（图 3-3）是最常见、应用最普遍的管网类型。它是由一条分配主管如树干分枝一样，按用户位置前后分别接通用户主管，同时随煤气流量减少，分配主管逐渐缩小管径。

树枝型煤气管网的分配主管一般随两侧用户的最短距离沿公路敷设，通常架设在路北或路东以免影响路面光照。树枝型煤气管网结构简单、操作方便、投资节省，故获得普遍采用。但是，供气工况发生变化，特别是煤气使用量超过设计水平或煤气压力低于设计指标时，就不能保证所有用户的供气要求，而受影响最大的就是末端煤气用户。因此，树枝型煤气管网的供气可靠程度是按煤气流量前后来排列的，此类型煤气管网在煤气供应上首先限制了末端用户的发展。若要满足末端用户的要求，势必要增大主干线的设计富余量。另外，主

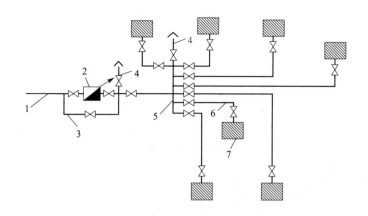

图 3-3　树枝型煤气管网
1—煤气源；2—流量计；3—旁通管；4—放散管；5—主管；6—支管；7—用气点

干线需要停气作业时牵涉所有用户，相关因素多，给工作安排带来很大困难，因而难于实现。

由于树枝型煤气管网有以上优缺点，目前在钢铁企业里主要用于可以间断生产的煤气用户区。

（2）辐射型煤气管网

辐射型煤气管网（图 3-4）的特点是分配主管短而粗，不随用户敷设，而是作为各用户主管的集中引入始端。这种管网的组成形式常见于多座高炉的煤气净化区和多用户的煤气加压站。

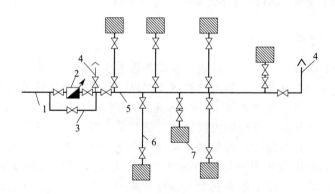

图 3-4　辐射型煤气管网
1—煤气源；2—流量计；3—旁通管；4—放散管；5—主管；6—支管；7—用气点

辐射型煤气管网使各用户煤气主管彼此很少干扰，供应上同等地得到保证，停气检修也易于实现；由于集中操作，便于控制管理。但这种类型管网的管线敷设量大且集中，造成线路多、支架庞大，使空间阻塞，投资成本也较高。分配主管虽然较短，但是要停气抢修几乎是不可能的，这就成为维修的薄弱环节。综合以上优缺点，从保证煤气供应和生产管理上看，这种类型的管网在一定情况下还是必须采用的。

（3）环型煤气管网

环型煤气管网由一些封闭成环的管道组成，其特点是煤气分配主管构成无端点的闭环路，任何一个节点均可由两向或多向供气。只有距离气源的远点，不存在供气管道的末端，如图 3-5 所示。

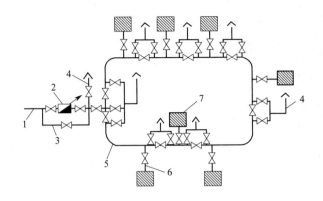

图 3-5　环型煤气管网
1—煤气源；2—流量计；3—旁通管；4—放散管；5—主管；6—支管；7—用气点

环型煤气管网的优点是远点煤气用户受近点煤气用户供气的影响大为减少，实现了供气的全面保证。任何管段停气作业均不致造成大面积停产；分配主管构成环状，无异于两路供气，有利于安全生产和企业发展的需要，同时具有供气调节的灵活性。显然，管线增长使投资加大是缺点。

环型煤气管网通常用于炉组较多、热工要求严格又需要不间断生产的用户，如炼焦车间、大型平炉车间（使用煤气熔炼的）以及企业供气的主干线。从生产安全的角度考虑，采用环型煤气管网是必要的。

（4）双管型煤气管网

双管型煤气管网是两条煤气分配主管、双路同时保证各用户供应煤气的结构形式。实质上，双管型煤气管网是双重的树枝型管网，如果末端连通则变成重叠式的环型煤气管网。因此，双管型煤气管网较环型煤气管网投资少，场地空间占用相对少，同时具有抢修时不间断供气和用户相互干扰较少等优点。在钢铁企业里，如果厂区狭窄，敷设管线的地面受限制，用双管型煤气管网来保证炼焦车间、转炉车间的连续生产无疑是可行的。

第二节　工业用煤气管道的安装、试验和验收

一、管网和附属装置的安装

鉴于企业对煤气管网和附属装置的特殊要求，其安装应遵循以下原则。

① 煤气管道上安装的所有设备和附件在安装前都应进行清洗、涂油和试压，超过供货要求的安装时间都应按出厂技术条件重新试验合格后，才准许安装在管道上。

② 煤气管网基础达到 70％的设计强度时才允许安装支架。

③ 煤气管道的环焊缝应离开支架托座 300mm 以上，水平焊缝应在托座的上方。

④ 管段之间的连接力求对头焊接，不宜采用搭接焊法，接点位置应在管道跨距 1/4～

1/3 处。

⑤ 法兰连接应优先考虑粘胶密封衬垫，安装时要对称地上螺栓并逐步拧紧。如采用油浸石棉绳垫应将其全部置放在螺孔里侧，每个螺栓不得垫两个以上垫圈或用螺母代替垫圈，紧固后外露螺纹不少于 2～3 扣，并应防止松动，螺孔不允许气割扩孔。

⑥ 补偿器的内部导流板出口应面向排水点方向。

⑦ 阀门在安装时必须确认其开关位置与外部标志一致。

⑧ 如果采用孔板流量计，流量孔板的内孔锐边迎煤气来源方向，导管取出口应钻孔并且保持光滑，两面无毛刺，而且垂直于管中心、流量孔中心偏差不超过 1/100。

⑨ 非圆形截面的煤气管道的椭圆长轴应垂直于地面。

⑩ 煤气管道上安装的阀门的阀杆应垂直地面；阀的轴向应保持水平。特殊情况下需要偏斜安装时应征得设计部门的同意，但偏斜角度一般不超过 15°。

⑪ 煤气管道上开口连接支管或附件时，管端插入不得超过管壁（取样、测温、测压等管道除外）。

⑫ 煤气管道安装的轴向允许偏差应不大于 20mm，径向偏差不大于高度的 3/1000。

⑬ 煤气管道安装的同时进行管架的调整和固定工作。设计排水坡度的管道应严格按图纸调整标高，一般水平管道的最高点和最低点在支架附近 1～2m 处。应避免把最低点选在补偿器附近。

⑭ 钢支架的安装轴线与定位轴线的偏差不得超过 5mm，柱脚螺孔与中心轴线的偏移应小于 1.5mm，柱脚底板翘曲偏差应小于 3.0mm。

⑮ 支架的垂直度：管道长度小于或等于 10m 时，管架垂直偏差应小于 10mm；管道长度大于 10m 时，管架垂直偏差应小于管道长度的 1/1000。

⑯ 煤气管道及附属装置安装、调整完毕后应进行内部清扫，清除焊渣、碎铁及杂物。经建设单位检查认可后封闭人孔，去掉临时使用的支撑和固定件。

⑰ 在试压合格后拆除试压盲板，进行二次涂防腐漆，进行管道及设备保温和基础的二次浇灌。

⑱ 基础二次混凝土浇灌前应将结合面清洗干净，并在浇灌后的 24h 保持湿润。

二、煤气管网的试验与验收

煤气管网的试验是整体质量的检验。因此，试验前管网系统（包括氮气、蒸汽、电力、上下水线、计器仪表以及附属设施）必须施工完毕。经过检查认定符合设计和有关规范要求才能进行试验。凡新建、改建和长久停用后的煤气管网都必须经过试验验收后才能投入生产。

（1）试验的准备工作

① 煤气管道试验前必须与其他管道和设备用盲板隔断开。

② 试验的煤气管道以阀门隔离的各部分应分别在不安装盲板的情况下单独试验，但相邻两段不能同时进行，插板阀和水封只做整体试验。

③ 煤气管道试验前附属装置应提前进行试验，包括以下内容。

a. 阀门的全程开关试验。

b. 排水器和水封槽的有效水封高度测量，水封装置、排水器上阀门的开关试验。

c. 汽道通汽试验及加热设施试漏、试压。

d. 给排水试验。

e. 电气传动试验。

f. 吹扫用氮气管的试验。

④ 在封闭管道上的所有开孔在封闭前应清点人员，确认管道内无人。

⑤ 准备压缩空气（或氮气气源）、测试用温度计和压力表。

⑥ 通知有关部门（包括安全技术和煤气防护单位）派人参加，并备好记录、资料。

⑦ 准备检漏用肥皂水、刷子或其他测漏仪表。

⑧ 制订试验方案与计划，送有关部门同意后实施。

（2）试验标准与方法

① 煤气管网的计算压力的规定

a. 高炉至减压阀的管道计算压力取高炉炉顶的最高工作压力。

b. 炼铁厂高炉减压阀以后的净高炉煤气管道的计算压力为煤气自动放散装置的最高设定压力；如果没有煤气自动放散装置，其计算压力等于高炉炉顶的正常压力。高压高炉净煤气总管从过剩煤气放散管算起的 300m 范围内，管道排水器的水封有效高度不小于 3000mm（减压阀后的净高炉煤气总管为常压）。

c. 焦炉煤气抽气机前的煤气管道计算压力等于抽气机的最大负压绝对值。净焦炉煤气管道的计算压力为煤气自动放散装置的最高设定压力。没有净焦炉煤气自动放散装置时，计算压力等于抽气机的最大工作压力。

d. 转炉煤气抽气机前的煤气管道计算压力等于抽气机的最大负压绝对值。

e. 煤气加压机前的煤气管道计算压力等于过剩煤气自动放散装置的最高设定压力。机后煤气管道计算压力等于机前煤气管道计算压力与加压机产生的最大静压力之和。

f. 天然气管道的计算压力为最高工作压力。

g. 混合煤气管道的计算压力按混合前压力较高的一种煤气管道计算压力选取。

h. 发生炉煤气管道的计算压力为炉顶最高压力。

② 试验项目的规定　煤气管道的计算压力大于或等于 100kPa 时，应进行强度试验，强度试验合格后进行严密性试验。煤气管道的计算压力小于 100kPa 时，可只做严密性试验。

③ 强度试验标准　架空煤气管道的强度试验压力为计算压力的 1.15 倍。强度试验时压力要逐步缓升，至试验压力的 50% 时进行检查，如无泄漏及异常现象，继续按试验压力的 10% 逐级升压直至试验压力为止，每级稳压 5min，检查无变形、泄漏为合格。

④ 架空煤气管道严密性试验

a. 严密性试验压力的规定如下。

加压机前室外煤气管道：计算压力 +5kPa，且不小于 20kPa。

加压机前室内煤气管道：计算压力 +15kPa，且不小于 30kPa。

抽气机、加压机后室外煤气管道：机械最大静压力 +20kPa。

抽气机、加压机后室内煤气管道：机械最大静压力 +30kPa。

炉顶压力小于或等于 30kPa 的常压高炉煤气管道：50kPa。

高压高炉减压阀组前煤气系统：炉顶工作压力 ×1.15。

高压高炉减压阀组后净高炉煤气管道：50kPa。

发生炉脏煤气和半净煤气管道：炉底送风最大压力，但不小于 3kPa。

转炉煤气抽气机前煤气冷却、净化设备和煤气管道：计算压力 +50kPa。

b. 试验时间及允许的每小时平均泄漏率的规定如表 3-2 所示。

表 3-2 试验时间及允许的每小时平均泄漏率的规定

计算压力/MPa	环境条件	试验时间/h	允许的每小时平均泄漏率/%
<0.1	室内外、地沟、无维护结构车间	2	1
≥0.1	室内及地沟	24	$0.25 \times 0.3/DN$
≥0.1	室外及无维护结构车间	24	$0.5 \times 0.3/DN$

注：DN 为试验管道公称直径，单位为 m。

第三节 煤气管网的操作和维护检修

一、管网的操作

(1) 送煤气操作

其实质是将管道内的空气替换为生产使用的煤气。这是一项危险作业，应在有领导、有组织的统一指挥、分工负责的情况下有计划、有步骤地进行。

① 准备工作

a. 组织准备。由设备主管单位技术负责人提出作业计划、确定人员组织分工、进行安全教育。向有关部门申请批办作业手续。

b. 条件准备。

● 全面检查管网及设备是否具备生产条件和安全生产要求，对工作中的重要问题做到心中有数，确认不漏、不堵、不冻、不窜、不冒、不靠近点火源放散、不放入室内、不存在吹扫死角和不影响后续工程进行。

● 辅助设施齐备，吹扫用氮准备，专用汽道送汽，排水器注水，传动电缆供电，蝶阀全开，阀门在规定位置，仪表投入运行。

● 防护及急救用品、操作工具、试验仪器以及通信联络工具的准备。

② 送煤气步骤

a. 作业前动员及教育。

b. 全线准备工作及安全保障检查。

c. 按计划打开末端放散管，监视四周环境变化。

d. 抽盲板。

e. 连接氮气管，从煤气管道始端通入氮气以置换内部空气，在末端放散管附近取样试验至含氧量低于 2%，关末端放散管后停止通氮气。如通蒸汽置换空气，见末端放散管出现白色蒸汽逸出即可，但通煤气前不能停汽，以免造成高真空度吸入空气。更不能关闭放散管停汽，否则会使煤气管道出现真空抽瘪事故。

f. 通知煤气调度后打开管道阀门，以煤气置换氮气（如果是蒸汽，在开启煤气阀门后关闭），在管道末端放散并取样，做爆发试验至连续三次合格后关闭放散管。

g. 全线检查安全工作状况。

h. 通知煤气调度正式投产供气。

③ 送煤气注意事项

a. 阀门在送煤气前应处于全开位置，并准备好润滑部分防尘、电气部分防雨的盖罩，入冬前做好防冻保温。

b. 补偿器事先刷好防冻油。

c. 排水器事先抽掉试压盲板，并注满水。

d. 冬季送煤气前蒸汽管道应提前送汽，保持全线畅通，无盲管和死端。

e. 阀门在送煤气前处于全开位置。

f. 抽出盲板后应尽快送煤气，因故拖延时间必须全线设岗监护安全。

g. 炉前煤气支管送煤气前，应先开烟道闸或抽烟机，先置引火物后开燃烧器并应逐个点火，燃烧正常后再陆续调整煤气和空气流量至燃烧正常。

h. 冬季应注意观察放散情况，看是否有冻冰堵塞。

i. 送气后，吹扫用的蒸汽（或氮气）气源必须断开与管道的连接。

（2）停煤气操作

停煤气操作通常是指煤气管道不但停止输气，而且要清除内部积存的煤气，使其与气源切断并和大气连通，为检修或改造创造正常作业的安全条件。停煤气操作属煤气危险作业，应有组织、有领导、按计划、按步骤地进行。

① 准备工作

a. 组织准备。由设备主管单位技术负责人提出作业计划，确定人员组织及分工，进行安全教育。向有关部门申请批办作业手续。

b. 条件准备有以下几项。

● 煤气管道停气后的供气方式及生产安排。

● 煤气来源的切断方式及其保障安全措施。如需盲板作业，事先检查准备盲板、垫圈、备用螺栓、焊支撑法兰的斜垫铁，架设操作平台及通道；根据盲板位置和载荷情况，必要时还需准备临时管道支架。

● 准备吹扫中间介质（氮气或蒸汽）的连接管及通风机。

● 根据停煤气后的施工内容，准备消防用品和化验仪器设备。

● 放散管及阀门的功能检查。

● 防护用具、清扫工具、施工机具及备品备件材料的准备。

② 停煤气操作步骤

a. 作业前动员及安全教育。

b. 全线工作准备及安全保障检查。

c. 通知煤气调度，具备停煤气条件后，关闭阀门。

d. 堵盲板。

e. 开末端放散管并监护放散。

f. 通氮气或蒸汽，至放散管放出大量氮气或蒸汽，检验合格后停止送氮气或关小蒸汽阀门。

g. 开启空气鼓风机，至末端放散管含氧量达到 19.5％ 为合格。

h. 排水器由远至近逐个放水，驱除内部残余气体。

i. 关闭空气鼓风机。

j. 通报煤气调度，作业结束。

③ 注意事项

a. 切断煤气的常用可靠方式有：闸阀＋水封、密封蝶阀＋眼睛阀、蝶阀＋水封。使用单独的水封或单独的其他阀门不能可靠切断煤气。

b. 开末端放散管前应将蝶阀置于全开位置。

c. 用蒸汽吹扫煤气时，管道的放散出口必须在管道的上面；依靠空气对流自然通风清除残余气体时，进气口必须在最低处，排气口在最高处。

d. 分段放气时必须全部放散口都打开，达到标准要求后才能停止鼓风。

e. 进入管道内部工作前必须取空气样试验，含氧量达到 19.5% 后，方能进入作业。

f. 焦炉煤气及其混合煤气的管道停气后在外部动火时，管道内部应处于密闭充氮气或蒸汽的条件下进行，并准备黄泥、石棉被等封闭材料，以备切割后着火时使用。开孔进入管道内动火作业时，应在管道内通风后含氧量达到 19.5%，将作业点外延 1.5m 范围内的焦油、萘等沉积物清理干净，并喷洒消火泡沫液。

g. 凡是利用水封切断煤气的，都应同时将联用的阀门关严，并将水封前的放散管全开，应保持水封溢流排水，冬季应加保温措施。

h. 在堵盲板处发现漏煤气时，只允许塞填石棉绳，严禁用黄泥或其他包扎方式处理，以免形成煤气通路窜入停气一侧。遇有漏气情况，应定时取样检测管内气体组成变化。

i. 煤气管道停气作业时应有计划地安排排水器清扫、阀门检修和流量孔前管道清理。

二、管网的维护

煤气管网维护的目的在于保证输气安全和保持设备经常处于正常工作状态。基本内容是防火、防漏、防冻、防腐蚀、防超载和防失效。工作方法是经常巡检和定期维护工作相结合。

（1）煤气管网的巡检

企业煤气管网巡检的基本任务是监护设备的运行状态，及时发现和处理运行中的故障，排除危险因素。当发现泄漏时及时处理、汇报，以保证管网的安全运行和正常输气。

维护检查的内容包括以下。

① 煤气管道及附加管道有无漏气、漏水、漏油现象，一经发现应按分工及时进行处理。

② 架空煤气管道跨间挠曲、支架倾斜、基础下沉及附属装置的完整情况，金属腐蚀和混凝土损坏情况。

③ 地下煤气管道上部回填层有无塌陷、取土、堆重、铺路、埋设、种树和建筑情况。

④ 架空煤气管道上有无架设电线、电缆以及增设管道或其他物件，管道下有无存放易燃易爆物品，管线附近有无取土挖坑、增设仓库或建筑物。

⑤ 煤气管道上及周围的明火作业是否符合安全规定，防火措施是否得当，电焊作业是否利用煤气管道导电，气焊作业的气体发生器是否危及煤气管道安全，附近管道漏气及煤气废水是否会危害附近人员。

⑥ 排水器及水封水位能否保证，排水能否正常，下水道是否堵塞，与生活下水道是否连通。

⑦ 冬季管道附属装置的保温情况如何，有无冻结及堵塞情况。

⑧ 管线附近施工有无利用管道、支架起重及拖拉的情况，吊挂物是否会危及管道安全，发现后应及时制止。

⑨ 架空煤气管道接地装置及线路是否完好，地下煤气管道拐点桩及防腐设施是否完好。

⑩ 各处消防、急救通道的阻塞情况，停气检修用户及新建煤气工程对现有管网的影响。

（2）煤气管道定期维护工作

定期维护工作是煤气管道维护工作中工作量较大的专项工作，主要内容如下。

① 每 5 年进行一次煤气管道及附属装置的金属表面涂刷防腐漆。

② 每 2 年刷新一次管网标识并测量一次标高。

③ 每年进行一次管网壁厚检测并详细记录。

④ 每年进行一次输气压降检测和主要气源流量孔到管道以及集气主管的沉积物检测。

⑤ 每年入冬前和解冻后要检查一次泄漏，填写记录并限期处理。阀门填料每季度检查一次。

⑥ 每年雨季到来之前，普遍检测一次接地电阻；检查一次防雷装置、防雨装置和防风装置；疏通清理一次下水井和排水管道。

⑦ 每年第一季度和第三季度普遍进行润滑查补工作。煤气管道阀门在停气和送气前加油一次。

⑧ 每年停蒸汽前进行一次防寒设备检查，制定检修改造计划，第三季度完成施工。

⑨ 每年第二季度普遍进行一次排水器清扫、除锈和刷油漆。

⑩ 每年第三季度进行一次钢支架根部涂漆和混凝土支架补修。

⑪ 每年入冬前进行一次放散管开关试验，放掉阀前管内的积水，检查一次补偿器存油并补充。

⑫ 每年春季进行一次管网和操作平台的清扫、整修。

（3）煤气管网的设备管理

① 煤气管网必须有与实物一致的全部完整图纸和资料存档。

② 企业必须有完整的平面布置管网图。

③ 煤气管道必须建立专门技术资料档案。内容包括设计单位、时间，设计依据，设计能力与载荷，地质及测绘资料；修建单位、时间，使用材料和选用设备的试验资料，试验及施工有关资料。

三、煤气管道的检修

（1）输气压力及流量检修

① 情况判断与分析

a. 如果管网压力一致性波动，则说明波动来自原净化系统。如果波动出现或重点表现在一条管道上，则应着重检查该管道。

b. 如果煤气压力波动而煤气流量未协同波动，可能是由压力表导管积水造成的；若煤气流量波动而煤气压力不协同波动，则可能是由流量导管积水造成的。同时也要注意到：如煤气压力或煤气流量一方长时间稳定不波动，也可能是导管堵塞，尤其是在冬季要特别注意这种现象的出现。

c. 如果输气压力和流量同时波动，又发生在特定的管道上，则应检查该管道，造成的原因是管道积水或阀门活动。一般管道积水造成的波动先由弱到强再由强转弱，是阶梯状波动；蝶阀由于蝶片的活动失灵、销钉断或转动轴头键松动造成失控，被气流冲击影响输气压力，流量会往复波动。这种波动变换较快，波幅均匀一致、无强弱之分。

② 故障检查与处理

a. 导管积水：可拆卸活接头将水放出。

b. 导管堵塞：应先从取出口检查，后检查导管。根据情况用铁丝或用压缩空气清扫。

c. 管道积水：应首先检查低洼段排水器，对于水平管道则可按流向逐个检查排水器工况。打开排水器检查管头，大量冒煤气就表明工作正常，应转入下一个排水器检查。

如果管头无煤气外喷，则表明堵塞发生在管道集水漏斗与第二道阀门之间，应关闭第二道阀门。对焦炉煤气管道或其混合煤气管道从试验管头通蒸汽，对高炉煤气管道、转炉煤气管道通用高压水疏通，必要时可带煤气拆卸部件并用铁丝疏通。如果开管头后向外喷水或先喷水后喷气，说明排水器第二道阀门以下管口堵塞。

如管头较长时间向外喷水，应将第二道阀门关闭，将下部法兰螺栓拆卸，开阀门先放掉管内积水，操作人员戴防毒面具监视，直至冒出煤气再将阀门关闭，与此同时应拆卸排水器手孔以清扫堵塞管口。

如管头先喷水后喷气，说明此段管道未积水。待管道积水处理后，再处理堵塞下水管的排水器。

d. 管道上阀门的故障，经初步判定后应立即去现场处理。先检查外部传动的连接部分是否有松动、位移情况。如外部一切正常，应在附近安装临时压力表，对阀门进行反复开闭，对一定管道长度范围内进行试验以考察其对输气的影响和变化，特别是置于全开位置时，能否减小波动的幅度；如试验结果表明确系阀门失控，应在煤气管道轴线水平方向带煤气钻孔，插入两根管子，将阀门固定在全开位置，待停气后进入管内检修。

（2）输气压力下降以及流量减小（甚至到零）

① 情况判断分析

a. 首先应检查排除气源影响因素、阀门是否有人为关闭的因素及输送中途冒煤气的突发因素。

b. 用多种仪表对比或安装临时压力表排除仪表导管及仪表本身显示的虚假因素。

c. 在寒冷季节首先应考虑阀门（特别是未全开的阀门）、流量计、文丘里管喉部等结冰、积萘的可能性及低注管段的积水问题。

② 检查处理

a. 通过各种仪表的记录检查对比变化的时间、范围和同步性，排除气源影响因素，才能认定某管道的压力下降、流量减小的具体原因。

b. 经查阅和向有关人员询问，证实阀门未经开关操作。排除人为原因后，应立即巡检查找是否有排水管冒煤气和管道断裂情况，以排除人为的和事故的突变影响因素。如果排水器冒煤气，应带煤气操作，将下水管第二个阀门关闭，给排水器重新注水（对于复式排水器，要从第一室加水至第二室溢流后，密闭加水孔）后开阀恢复正常使用。如果出现管道断裂，应根据断裂程度确定是带煤气补焊、带煤气打卡子围补还是停煤气检修。

c. 在排除以上情况后，应安装临时压力表，逐级检测压力降。其目的有二：一是排除仪表显示的虚假现象，二是找出压力降最大的管段进行分析。

d. 在温暖季节重点检查排水器的工况，尽早排放管内积水。在冬季则应检查排水情况，同时检查阀门、流量孔板、文丘里管喉部等处是否堵塞。一般阀门结冰不易直观检查，只能借助测量阀门前后压差来判断，如果阀板未处于半关位置，这种可能性是不大的。对于蝶阀、流量孔板和文丘里管喉部的结冰，一般采用手锤在管道上下敲打，从敲打声音即可辨别。用测压差方法同样是可靠的，对于蝶阀可以用手扳动，从是否灵活和吃力的手感来判别。如果已经确定冻结部位，而当时的蒸汽又充足，则可以接胶管喷蒸汽。蒸汽压力较高时可直接通入管内解冻，能较快地收效。但是，如果蒸汽压力过低时，蒸汽通入管内可能立即结成冰花，使管道全部堵塞而造成停气事故。此时，可以就近用焦炉煤气或其他较高热值的煤气点火烘烤管道来解冻。在蒸汽或煤气加热前，通过敲击先确定冻结部位的冻结高度和长度，必须考虑到冻结高度超过半周和冻结较长的管段有可能出现膨胀，应尽量从两端向中心加热。点火烘烤时应避开法兰以防垫圈损坏而漏气，一旦发现泄漏的煤气起火应及时补救。天气寒冷时用手锤敲击不可用力过猛（特别是焊缝处），以免震裂管道，使故障扩大。

（3）企业停电后的管网维护

① 企业因停电引起全部停产时，应首先通知所有用户消火，关闭放散管并利用煤气柜储存量和可供气源（如天然气、气化气等）保持管网压力在 500Pa 以上，同时监视用户不得使用煤气和杜绝火源，以保证停产设备和管网处于安全状态，也有利于迅速恢复生产。

② 企业停电后，如果没有煤气来源补充，也可用氮气和蒸汽充压，使管网始终处于正压状态。

③ 企业停电后，若不具备任何充压条件，应在保持管网密闭的状态下做好防火，同时准备投产时吹扫作业计划。

（4）企业停电后可能出现的问题及注意事项

① 由于停电造成停气灭火后，当重新充压或送气时，可能造成人员中毒或设备爆炸。

② 由于联系不周，充压时改变煤气成分，造成熄火或燃烧不全引起中毒或爆炸。

③ 由于停蒸汽，煤气从连接处进入蒸汽管道引起中毒，或者产生虹吸作用使煤气水封有效高度不足，造成送煤气后冒煤气，冬季保温设备和蒸汽管道也可能冻结失效。

④ 由于停水造成水管冻裂、热力式插板松开漏气以及冷却设备温升过热等问题。

⑤ 由于停电，自动化设备改变开关方向或保持在停电当时位置上。

⑥ 由于燃烧器阀门不严，火未熄灭，造成回火或回火引起爆炸。

⑦ 由于管道或设备内密闭充气，冷却时产生真空使水封有效高度降低或设备被抽瘪造成事故。

⑧ 送气时由于煤气管道冲扫不当，出现环流或死角，保留空气或充压造成恢复生产后出现爆炸或灭火。

⑨ 停电后气源中断的煤气系统必须保持密闭。定压自动放散管应消火后关严。在煤气系统上严禁烟火并停止任何作业。

⑩ 部分区域停电时应根据具体情况处理，但必须注意煤气不同品种混合时可能出现的问题。

第四节　煤气管道泄漏的处理

一、煤气管道泄漏处理

（1）漏眼冒煤气处理

用锥形木楔堵漏，适用于煤气管道漏洞；用木楔和石棉绳堵漏，适用于煤气管道或设备破口。作业时应戴好防毒面具。

采用上述两种方法堵漏快速简便、有效，但不能长期使用，应用铁板包好后及时补焊。对腐蚀严重的泄漏慎用，以防打木楔时孔洞扩大，增大泄漏面积。

有时可使用铜制工具应急堵漏，此时应严禁一切可能产生火花的作业，并佩戴防毒面具。

（2）焊口裂缝漏煤气处理

对于小裂缝，应戴好防毒面具，可顶着煤气管道正压力直接补焊。

对于管道裂缝、腐蚀较重的部位，应戴好防毒面具，打卡子后再进行补焊。打卡子堵漏方法：制作紧贴管道的环形钢板覆盖管道裂口，内衬橡胶软垫，外面用带钢卡子固定或用环形钢板本身作卡子固定。

对于有条件切断煤气的泄漏事故，应尽量在灭完火后切断煤气，充蒸汽扫气后再进行处理。

若管径超过 200mm，或者煤气管道和设备泄漏煤气后立即堵漏有困难，又无备用设备时，应派专人监护，严格控制其周围点火源，备用蒸汽，防止着火，同时制定方案进行带压补焊。

（3）用环氧树脂不动火带压堵漏

煤气管道不动火带压堵漏，是采用瞬间堵漏剂和低温快速固化高强度玻璃钢复合堵漏。

① 堵漏剂使用方法　瞬间堵漏剂在常温条件下快速固化，把漏口牢牢粘死。带水及油污表面亦可粘接，粘接强度高，调节引发剂用量还能在低温下固化。堵漏时，如管道漏处太大，先应采取措施尽量缩小，然后再在漏点周边涂一层堵漏剂，放置几分钟。当发现堵漏剂发热并出现凝聚现象时，及时将堵漏剂对准漏点并加压堵漏 2～3min 后即可止漏。

有时漏点管壁周边均已腐蚀严重，管壁厚度有的仅剩 1～2mm，堵漏点可能还会扩大再漏。为加大增强面积，通常要在漏点部位粘接一块长 4～6mm、厚 400mm×500mm 弧形钢板，然后将涂有堵漏剂的钢板覆盖在漏点处，并用手葫芦拉紧，2h 后即可卸下手葫芦，进行下一步环氧玻璃钢增强加固。

② 增强玻璃钢加固　增强玻璃钢由环氧树脂基体材料和玻璃纤维增强材料组成。为了改善树脂某些性能如提高强度等，往往在树脂中加入 Al_2O_3、SiO_2 等填料。

为使增强玻璃钢与煤气管道牢牢结合，防止煤气从堵漏材料与锈层中渗出或冒出，煤气管道的表面除锈也是一个关键环节。金属表面除锈，通常可采用喷砂、喷丸、酸洗、砂轮机打磨。对于腐蚀相当严重，薄如牛皮纸一般的旧煤气管道，这些除锈方法均不适用，只能根据修复部位的不同，采用钢丝轮、钢刷、砂布等除锈。

施工时首先在已除锈的煤气管道上刮涂一层环氧树脂红胶并刮涂均匀，不可漏刮；然后贴一层玻璃布，并将红胶刮透玻璃布，再刮一层红胶，并缠绕一层纤维布，刮透红胶并排除气泡，这样反复缠绕 8 层。最后一道完成后再刮一层红胶，约 0.5～1h 自然固化。

（4）高空煤气管道泄漏处理

对于直径为 1.0～1.5m 且距地面 40m 的高空煤气管道，若发生煤气泄漏是难以短时堵住的。因此，应将该煤气管道的进出口煤气阀门关闭，堵上盲板，用蒸汽保持正压，停止该煤气管道的运行。如有备用管道，可将备用管道投入生产，然后再制定详细的堵漏方案。

（5）负压煤气管道断裂处理

鼓风机前的负压煤气管道出现腐蚀、裂缝时，煤气不会向外泄漏，但吸入空气后，使煤气管网危险性提高。这种情况一般可能发生在焦化厂。处理方法如下。

① 煤气管道较小损坏的处理方法　停电捕焦油器，在运行中加卡箍，内衬橡胶板制止泄漏。运行稳定时，在煤气含氧量不大于 1% 的条件下补焊。

② 煤气管道较大损坏时处理方法

a. 立即停鼓风机和电捕焦油器。焦炉侧煤气管道靠焦炉保持正压，焦炉停止出炉，打开集气管放散管、上升管放散管降压。

b. 鼓风机前煤气管道及鼓风机内通入蒸汽保持正压。

c. 在煤气管道损坏处用卡箍或两个半圆管道内衬橡胶板包上，用卡子固定。

d. 在煤气含氧量不大于 1% 的条件下补焊。

二、管件泄漏处理

法兰间泄漏煤气时，应戴好防毒面具，用铜制工具将法兰螺栓拧紧，如仍泄漏煤气则加塞石棉绳止漏。

开闭器芯子泄漏煤气时，应戴好防毒面具，将开闭器压盖螺栓卸开，重新塞上石棉绳后再将螺栓拧紧。

膨胀圈损坏泄漏煤气时，可在正压状态下用电焊补焊。如不能直接补焊，可用保护套将膨胀圈包上后再补焊，但保护套上部应设放气头。

三、水封及排水器泄漏处理

(1) 泄漏原因

① 煤气管网压力波动值超过水封有效高度将水封击穿。

② 水封亏水，又没有及时补水，使水封有效高度不够而冒煤气。

③ 冬季由于伴热蒸汽不足，造成排水器内部结冰。

④ 下水管插入水封部分腐蚀穿孔，或者排水器筒体、隔板等处腐蚀穿孔，形成煤气走近路。

⑤ 水封及排水器下部放水阀门失效或冬季阀门冻裂将内部水放空。

(2) 水封及排水器泄漏煤气的处理

按上面提到的原因，当发生第①、②、⑤条情况时，首先将水封及排水器上部阀门关闭，控制住跑气，待空气中的 CO 含量符合要求时，进行水封及排水器补水。如果加水仍不能制止煤气窜漏，则表明是由于第③、④条情况造成的，应立即关闭排液管阀门并堵盲板，然后卸下排液管，更换新管。

处理水封及排水器冒煤气故障时，联系工作要畅通，人员到位要及时，要采取必要的安全措施。不能少于两人操作，并戴好防毒面具。周围严禁行人及点火源，以免造成煤气中毒和着火、爆炸事故。对于新投产的项目，设备处于调试过程中，易发生压力波动，应将排水器排水阀门关闭，进行定时排水，待压力稳定后投入正常运行。

(3) 检查排水器是否亏水

① 将排水器上部泄水阀门关闭，将排水器上部高压侧丝堵打开，探测高压侧是否满水。

② 管网运行压力在 15kPa 以下时，若高压侧处于水面高度不变，说明排水器基本不亏水；反之则说明亏水，应及时补水。

③ 低压侧探测排水器有水，易给人造成假象，不能说明排水器整体不亏水。

④ 将高压侧丝堵上好后，恢复正常运行。

第五节　煤气管道的附属装置

一、隔断装置

煤气隔断装置是重要的生产装置，也是重要的安全装置。凡经常检修的部位应设可靠的隔断装置。密封蝶阀加眼镜阀作为可靠隔断装置在煤气管道上得到了广泛应用。

(1) 隔断装置的基本要求

对煤气管道用的隔断装置的基本要求如下。

① 安全可靠　生产操作中需要关闭时能保证严密不漏气；检修时切断煤气来源，没有漏入停气一侧的可能性。

② 操作灵活　煤气隔断装置应能快速完成开关动作，适应生产变化的要求。

③ 便于控制　能适应现代化生产的集中自动化控制操作。

④ 经久耐用　配合煤气管道使用的煤气隔断装置必须考虑耐磨损、耐腐蚀，保证较长的使用寿命。

⑤ 维修方便　隔断装置的密封件、润滑材料和易损件，应能在煤气正常输送中进行检修，日常维护中便于检查，能采取预防或补救措施。

⑥ 避免干扰　其开关操作不妨碍周围环境（如不冒煤气），也不因外来因素干扰（如停水、停电、停蒸汽等）而无法进行操作或使功能失效。

⑦ 不得使用带铜制部件　焦炉煤气、发生炉煤气管道，水煤气（半水煤气）管道的隔断装置不得使用带铜制部件。

⑧ 采取防冻措施　寒冷地区的隔断装置应根据当地的气温条件采取防冻措施。

一般隔断装置安装的部位如下。

① 车间总管自厂区总管接出处应装设隔断装置，如接点到车间厂房距离超过 1500m，或距离虽短而通行或操作极不方便时，应在靠近厂房处安装第二个隔断装置。

② 厂区总管或分区总管经常切断煤气处。

③ 每个炉子或用户支管引出处。

(2) 常用的隔断装置

工厂常用的隔断装置有插板阀、闸阀、蝶阀、眼镜阀、扇形阀、旋塞、盘形阀、盲板、双板切断阀和水封等。

① 插板阀　插板阀（图 3-6）是可靠的隔断装置。现用插板阀已由原来的硬密封改为胶衬软密封的电动叶形插板阀和密封预压式插板阀，以减少煤气泄漏。插板阀一般用于高炉煤气净化系统，如煤气压力小于 1000mmH$_2$O 的管道。因操作时大量冒出煤气，故装设插板阀的底部距地面应有一定距离。如果使用金属密封面的插板阀，管道底部距地面应不小于8m；使用非金属密封面的插板阀，管道底部距地面不小于 6m；在煤气不易扩散的区域，上述数值还应适当提高。封闭式插板阀的安装高度可适当降低。

图 3-6　插板阀

图 3-7　闸阀

② 闸阀　闸阀（图3-7）是使用较为广泛的隔断装置，可用于净煤气管道中的任何部位。但因闸阀严密性差，必须与水封、盲板、眼镜阀、扇形阀中任一种联合使用，才可以成为安全可靠的隔断装置。由于闸阀结构笨重，切断可靠性差，在国外已逐渐被球阀和蝶阀所代替。经常操作的闸阀应采用电动的；明杆闸阀的手轮上应标明"开"或"关"的字样和箭头，螺杆上应有保护套；闸阀的耐压强度应超过煤气总体试验的要求；安装闸阀时，应重新按出厂技术要求进行严密性试验，合格后才能安装。

闸阀及其与眼镜阀联合使用如图3-8所示。

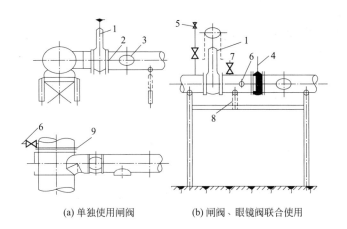

(a) 单独使用闸阀　　　　　(b) 闸阀、眼镜阀联合使用

图 3-8　闸阀及其与眼镜阀联合使用示意图
1—闸阀；2—摩铁；3—人孔；4—眼镜阀；5—放散管；
6—吹扫管；7—放气管；8—型钢托架；9—法兰

③ 密封蝶阀　密封蝶阀（图3-9）只有和水封、插板阀、眼镜阀等并用，方可作为可靠的隔断装置。密封蝶阀是低压煤气管道上经常调节和开关部位的断流隔断装置，具有重量轻、操作方便、可实现遥控等优点，可以取代笨重、操作费力、可靠性差的闸阀，还可与普通蝶阀配合用于流量控制和调节系统。密封蝶阀的公称压力应高于煤气总体严密性试验压力；单向流动的密封蝶阀，安装时应注意使煤气的流动方向与阀体上箭头方向一致。

④ 球蝶阀（NK阀）　90°行程完成开关动作的球蝶阀（图3-10），近年已成为国外煤气管道上使用广泛的隔断装置。它特别适用于经常停气检修的部位，以减少抽堵盲板的煤气危险作业。

球蝶阀有下列优点。

a. 在煤气进出口两端采用氯丁二烯或氟橡胶密封圈，因两次（端）密封，焊气压力使阀板密封圈与阀座严密贴合，所以一般都可以切断煤气。必要时在阀内通水，使之溢流，可以起到与U形水封相同的作用，可以完全可靠切断煤气。

图 3-9　密封蝶阀

b. 有气动和电动两种，可以远距离操作控制；备有手动操作装置，可以就地进行操作。操作控制方便，操作速度快。

c. 它比U形水封占空间小，比同直径的闸阀轻。

d. 通水切断时水量小，从而减少供排水操作次数。

(a) 实物

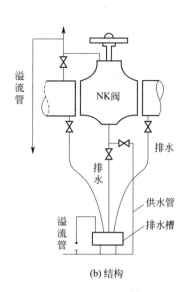

(b) 结构

图 3-10　球蝶阀

e. 通水切断煤气时能起到相当于盲板的作用，安全可靠，操作简便，不影响其他用户生产，可以取代或减少抽堵盲板的危险作业。在北方使用时注意冬季必须有可靠的防冻措施，否则会出现大问题。

⑤ 眼镜阀和扇形阀　眼镜阀（图 3-11）和扇形阀不宜单独使用，应设在密封蝶阀或闸阀后面。现在眼镜阀放在密封蝶阀后面使用得到了企业广泛认可。眼镜阀和扇形阀应设在厂房外，如设在厂房内，应离炉子 10m 以上。

⑥ 旋塞　旋塞（图 3-12）一般用于需要快速隔断的支管上。旋塞的头部应有明显的开关标志。焦炉的交换旋塞和调节旋塞应采用 2×10^4 Pa（2040mmH$_2$O）的压缩空气进行严密性试验，经 30min 后压降不超过 5×10^2 Pa（51mmH$_2$O）为合格。试验时，旋塞密封面可涂稀油（50 号机油为宜），旋塞可与 $0.03m^3$ 的风包相接，用全开和全关两种状态试验。

图 3-11　眼镜阀

图 3-12　旋塞

⑦ 盘形阀　盘形阀（或钟形阀，如图 3-13 所示）不能作为可靠的隔断装置，一般安装在脏热煤气管道上。盘形阀的使用应符合下列要求。

a. 拉杆在高温影响下不歪斜，拉杆与阀盘（或钟罩）的连接应使阀盘（或钟罩）不致歪斜或卡住。

b. 拉杆穿过阀外壳的地方，应有耐高温的填料盒。

⑧ 盲板　盲板（图 3-14）主要适用于煤气设施检修或扩建延伸的部位。盲板应用钢板制成并无砂眼，两面光滑，边缘无毛刺，盲板的厚度按使用目的经计算后确定。堵盲板的地方应有撑铁，以便于撑开。

图 3-13　盘形阀

图 3-14　盲板

⑨ 双板切断阀　阀腔注水型且注水压力为煤气计算压力至少加 5000Pa，并能全闭到位，保证煤气不泄漏到被隔断一侧的双板切断阀是可靠的隔断装置。非注水型双板切断阀为不可靠的隔断装置，要求与闸阀同。

⑩ 水封　水封使用较普遍，因其制作、操作和维护均较简便，投资少，只要达到煤气计算压力要求的有效水封高度，即可切断煤气。它主要用于焦炉煤气和净高炉煤气，以及加热炉、平炉和锅炉等用户的煤气管道上，也可用于其他气体〔如乙炔气（如用作正水封和逆水封）、氢气（如安全水封）等〕生产和输送过程。

工厂煤气管道使用的水封主要有以下几种类型。

a. 隔离水封（或隔板水封，如图 3-15 所示）。隔离水封一般附属于某一设备使用，其缺点主要是隔板腐蚀和漏气难以事先预防，煤气阻损亦较大。

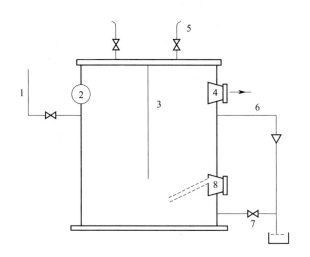

图 3-15　隔离水封

1—进水管；2—进气管；3—隔板；4—出气口；
5—放散管；6—溢流管；7—排水阀；8—清理门

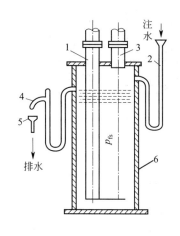

图 3-16　缸式水封

1—煤气管；2—注水管；3—放散管；
4—溢流排水管；5—排水漏斗；6—筒体

b. 缸式水封（或罐形水封，如图 3-16 所示）。缸式水封一般用于炉前支管闸阀的后面，或者需设置第二道隔断装置时装在其他隔断装置后并用。其缺点主要是插入的管道易腐蚀，日常无法检查，一旦穿孔就可能使水封失效而酿成灾难；煤气阻损也较大。

图中水封放散压力 p_{fs} 可按下式确定：

当 $p_j \leqslant 0.3\text{MPa}$ 时有

$$p_{fs} = 1.15 p_j + p_{dg}$$

当 $p_j > 0.3\text{MPa}$ 时有

$$p_{fs} = p_j + 0.5 + p_{dg}$$

式中　　p_{fs}——放散压力，MPa；

　　　　p_j——计算压力，MPa；

　　　　p_{dg}——地区大气压力，MPa。

c. U 形水封（图 3-17）。U 形水封控制水封高度的溢流管设在外面，煤气阻损较小，也便于维护检查，使用较为普遍。

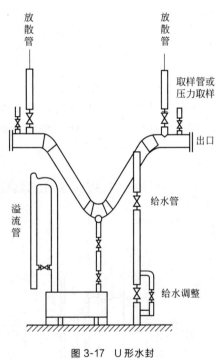

图 3-17　U 形水封

U 形水封只有装在其他隔断装置之后并用才是可靠的隔断装置。U 形水封的有效高度或有效压头应为煤气计算压力加 500mm H_2O。水封的给水管上应设 U 形给水封和逆止阀。煤气管道直径较大的水封，可就地设泵供水，水封应在 5～15min 内灌满。禁止将水封的排水管、溢流管直接插入下水道。水封下部侧壁上应安设清扫孔和放水头。U 形水封两侧应安设放散管、吹扫用的进气头和取样管。

在工厂煤气净化回收、使用和输送管网中，水封使用较为普遍，但问题也较多。主要问题是：必须有可靠的水源，以保证断水时的操作；水封若单独使用，一旦煤气压力过高，突破水封有效高度，就会造成严重事故；注水和放水需要很长时间，不适应操作变化的需要；寒冷地区使用水封，冬季易出现冻结；煤气阻损较大，不利于输送；一些工厂水封设计结构不合理，易发生故障或不便于维护检查，或者达不到水封有效高度；加以有些工厂管理不善等，工厂煤气水封事故也较多，且往往造成煤气着火、爆炸和中毒等重大事故。

二、排水器

目前许多工厂副产煤气普遍采用湿式净化工艺。煤气管道输送的是被水蒸气饱和的煤气，还含有气流携带的机械水，以及酚、氰、萘、油雾等杂质和固体尘粒，因此在煤气管道输送过程中产生大量冷凝液，这会加速煤气管壁的电化学腐蚀；冷凝液较多时，被煤气流推动，还将产生潮涌，造成煤气压力波动，冷凝液的积聚会使管道断面减小，增加压力降，在低洼段形成水封使输气停止；严重的甚至造成煤气管道荷载过大或煤气管道震晃而倒塌。

煤气冷凝物中萘的凝降影响煤气输送最为突出，尤其是焦炉煤气输送（萘是冷凝液中主要的冷凝聚物）。在冬季，管径较小而输送距离较远的情况下，萘与油蒸气相溶形成稠度较大的胶体黏附管壁，甚至会堵塞煤气管道。

因此，对于工厂室外煤气管道，每 200～250m 间距应设置一个排水器，阀门后的车间煤气管道也应设置排水器，以排出管网中的冷凝水、杂质和污物。排水器水封的有效高度为煤气计算压力加 500mmH$_2$O。但高压高炉从过剩煤气放散管算起 300m 以内的净煤气总管，其排水器水封的有效高度应不小于 3000mm。

（1）普通型排水器

排水器结构如图 3-18 所示（图中 h 为水封有效高度）。

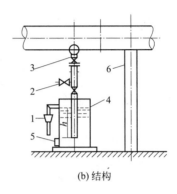

(a) 实物　　　　　　　　　　　(b) 结构

图 3-18　排水器

1—溢流管；2—检查管；3—闸阀；4—水封筒；5—排污管；6—托架

排水器可分低压（小于 1000mmH$_2$O）排水器、高压（1000～3000mmH$_2$O）排水器和自动排水器（用于地下管道）三种。由于煤气压力不同，为保持设备高度在便于操作维修的范围内，排水器的水封可采取单式水封和复式水封两种。煤气排水器的水封有效高度或有效压头小于 1000mmH$_2$O 时，可采用单式单室水封（图 3-18）；水封有效高度大于 1000mmH$_2$O 时，可采用复式双室水封或多室水封。

复式水封的原理：以双室为例（图 3-19），当煤气压力 p 突破第一室水封后，在第一室水面上空间聚集形成 p_1 压力，如 p_1 压力不足以突破第二室水封高度，则形成以下压力平衡：

对于第一室有

$$p = H + p_1$$

对于第二室有

$$p_1 = (H - h) + p_0$$

式中，p_0 为大气压。

则相对压力为

$$p = H + (H - h) = 2H - h$$

故

$$p < 2H$$

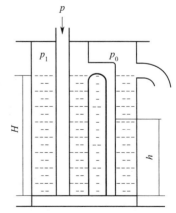

图 3-19　复式水封原理

排水器按结构又可分为卧式和立式两种。复式水封卧式排水器如图 3-20 所示，其缸位低，便于操作和维护检查。但是，一旦发生超高煤气压力突破水封，会吹出卧式排水器的存水，造成煤气持续外逸，极易发生煤气事故。所以卧式排水器必须在确有卸压保障的煤气管网上使用，一般应在设有煤气柜并有多处自动控制放散装置的工厂使用。

立式排水器的插入管段和复式水封的隔板若受腐蚀穿孔，造成水封高度降低而冒煤气，难以事先检查和预防处理。但间断地把煤气压力升高突破水封，使插入管段内的水从溢流口排出，而水位暂时下降且降低不大，一般尚能封住外逸的煤气而保证水封的有效性。如果持续时间较长，使水封不断排水，则同样会造成水封失效而发生煤气事故。虽然这类事例较为罕见，但也不能掉以轻心。

煤气管道冷凝液的排放，应考虑到冷凝液所含有害成分的危害。焦炉煤气冷凝液中含有挥发酚、硫化物、氰化物、苯等有害物质；高炉煤气冷凝液中含有酚、氰、硫等有害物质；转炉煤气冷凝液中含有硫、铅、铬、镉等有害物质。因此，冷凝液排放必须符合国家标准要求。此外，冷凝液中的溶解气体，排放时随压力降低会释放出来，其中一氧化碳、硫化氢、氨、苯、甲苯和酚等经呼吸道使人中毒；苯、酚还易经皮肤吸收；二氧化碳、甲烷

图 3-20 复式水封卧式排水器

和乙烯等易滞留在不通风处（如地下井、阀室等）使人窒息；局部还可能达到爆炸范围，有引起着火、爆炸的危险。因此，煤气管道排污区域应视为煤气危险区域来管理，其排放不得与生活下水道相连通，并限制在就地或有限范围内集中处理。

排水器设在室外，在寒冷地区应有防冻措施；设在室内，应有良好的自然通风。排水器应设有清扫孔和放水的闸阀或旋塞；每只排水器均应设检查管头，溢流管口应设漏斗；排水管应设闸阀或旋塞；两条或两条以上的煤气管道及同一煤气管道隔断装置的两侧，宜单独设置排水器。如设同一排水器，其水封有效高度按最高压力计算。

（2）新型自动安全节水排水器

近年来，新型自动安全节水排水器（图 3-21）在钢铁企业得到了广泛的应用。新型自动安全节水排水器省去了给水系统，节约了用水。冬季防冻采用了电伴热带。

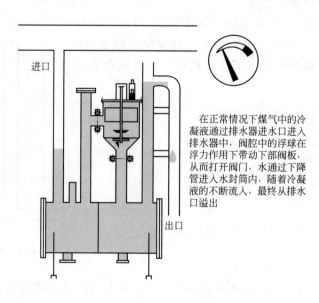

在正常情况下煤气中的冷凝液通过排水器进水口进入排水器中，阀腔中的浮球在浮力作用下带动下部阀板，从而打开阀门，水通过下降管进入水封筒内，随着冷凝液的不断流入，最终从排水口溢出

图 3-21 新型自动安全节水排水器

三、放散管

放散管可分为过剩煤气放散管和吹刷煤气放散管。

(1) 过剩煤气放散管

过剩煤气放散管也称为调压煤气放散管，如图 3-22 所示。过剩煤气放散管应安装在净煤气管道上，并设有点火装置和灭火设施；一般与周围建筑物水平净距不小于 15m，其管口高度应高出周围建筑物，距地面不小于 50m，在山区可适当加高；所放散煤气必须点燃，煤气出口速度应大于火焰传播速度；放散管管径应根据燃烧器及净煤气总管之间的压力降来确定。

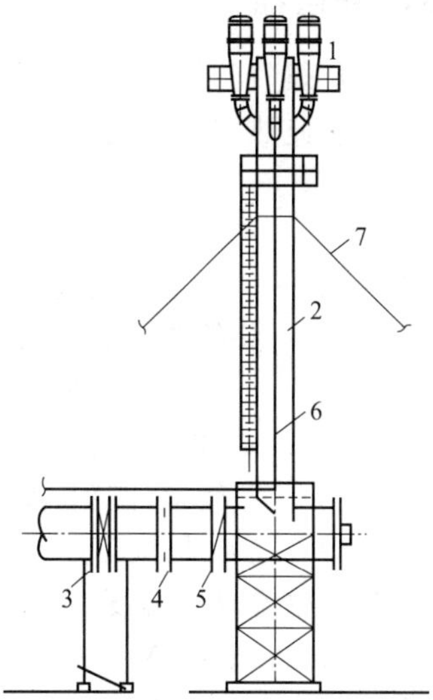

图 3-22 过剩煤气放散管

1—燃烧器；2—放散管；3—闸阀；4—流量孔板；5—调节蝶阀；6—灭火蒸气管；7—挣绳

(2) 吹刷煤气放散管

吹刷煤气放散管，是煤气设备和煤气管道转换时的吹刷装置，作用是使煤气设备和煤气管道内部或者存放煤气、或者存放空气，而不存在两者混合的爆炸性气体。在煤气设备和煤气管道的最高处、煤气管道及卧式设备的末端、煤气设备和煤气管道的隔断装置前面以及煤气管道易积聚煤气而吹不尽的部位，均应安设吹刷煤气放散管。放散管口必须高出煤气管道、设备和走台 4m，离地面不小于 10m。放散管的闸阀前应装设爆发试验的取样管。放散管口应采取防雨、防堵塞措施。煤气设施的吹刷放散管不能共用。禁止在厂房内或向厂房内放散煤气。图 3-23 为煤气管道末端吹刷放散管。

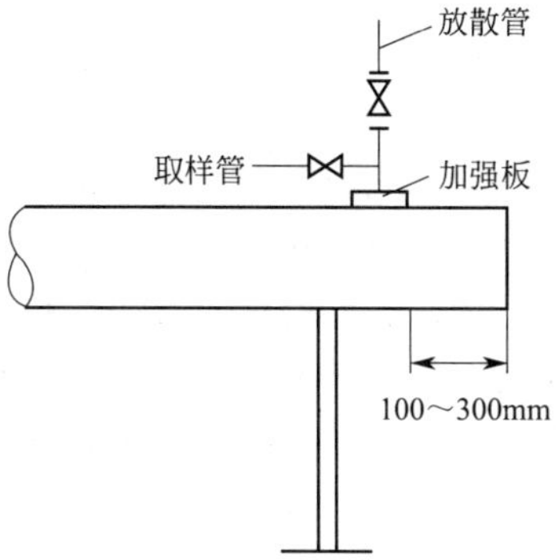

图 3-23 煤气管道末端吹刷放散管

(3) 高炉煤气剩余煤气放散管

高炉煤气剩余煤气放散管，主要是为适应高炉休风时能迅速地将煤气排入大气而设置的，一般都设在煤气上升管顶端、除尘器的上圆锥体处或洗涤塔顶部，以及隔断装置圆筒的顶端等处。其煤气出口速度应高于燃烧速度，否则将引起回火。当煤气出口速度低于燃烧速度时，可使用蒸汽灭火停止燃烧。一般，大中型高炉放散燃烧器的煤气出口速度为 35～40m/s。

热风炉煤气放散阀设在燃烧阀与切断阀之间的煤气旁通管道中部。当热风炉燃烧阀与切断阀都关闭时，可放散掉两阀之间管道中留存的煤气和两阀关闭时从阀口泄漏出的煤气或热空气，这样可防止热风从燃烧阀阀口窜入煤气管道而造成爆炸事故。

(4) 煤气柜放散管

煤气柜一般设有以下三种放散管。

① 煤气柜进出口管放散管。它是作为与煤气柜活塞高位相联锁的放散管，活塞超过高位时联锁自动放散煤气。

② 柜顶放散管。煤气柜及系统出故障时，煤气柜活塞超过高位而撞上柜顶放散管，放散出大量煤气。

③ 置换煤气或空气用的放散管。煤气柜检修时，活塞下降到柜底，用氮气置换煤气或空气用的放散管。

四、补偿器

工厂煤气管道必须考虑管道受输送介质温度变化和环境气温变化影响而发生的线性膨胀或收缩。此热胀冷缩的数值，称为管道补偿量，其计算式如下：

$$\Delta L = \alpha(t_1 + t_2)L$$

式中　ΔL——管道补偿线，cm；

α——管道线胀系数 [当 $t \leqslant 75℃$ 时，$\alpha = 1.2 \times 10^{-3}$ cm/(m·℃)]；

t_1——热煤气管道温度；

t_2——冷紧时的温度，一般按 $-5℃$ 计算；

L——管道计算长度，m。

式中 t_1、t_2 是按工厂一般为冷煤气管道考虑的，如输送热介质，则 $t_1 - t_2$ 应为输送热介质使管壁升高的温度。

例如，2m 长的 A3 无缝管，因输送热介质，温度升高 200℃，钢线胀系数取 0.0012cm/(m·℃)，弹性模量为 2×10^5 MPa，则按上式可得

$$\Delta L = 0.0012 \times 200 \times 2 cm = 0.48 cm$$

按胡克定律：

$$\sigma = \varepsilon E$$

式中　ε——管道相对变形量，$\varepsilon = \dfrac{\Delta L}{L}$；

E——弹性模量。

则有　$\sigma = 2 \times 10^5 \times \dfrac{0.48}{200} MPa = 480 MPa$。

显然，如不考虑补偿量，则温度升高 200℃ 时，产生的应力 σ 已超过 A3 无缝管极限强度，势必使管道遭到破坏，导致严重事故。

设计建设工厂煤气管道和进行煤气管道布置时，应首先考虑自然补偿，在自然补偿不能满足要求的情况下才设置补偿器（图 3-24）。根据确定的线路和跨距来布置煤气管道支架，同时必须进行煤气管道补偿计算。

(1) 自然补偿

自然补偿亦称自然补偿器，有 L 形、Z 形等布置形式。它主要考虑煤气管道支架的形式。煤气管道可在固定点区段内自由变形，受部分半绞接支架约束，可多采用近似悬臂架或摇摆支架。图 3-25 为 L 形布置管段，其自然补偿管段采用半绞接支架和连续布置多个摇摆支架，其个

图 3-24　补偿器

数应以合成应力不超过许用弯曲应力为原则。

(2) 补偿器

补偿器有波型、鼓型、方型、填料型等形式（图 3-26），一般室内采用鼓型补偿器，室外采用填料型补偿器。

补偿器安装时应进行冷紧，以便发挥补偿器的作用，减少煤气管道安装补偿器数量。冷

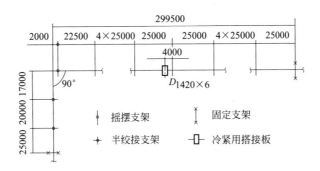

图 3-25 L形布置管段

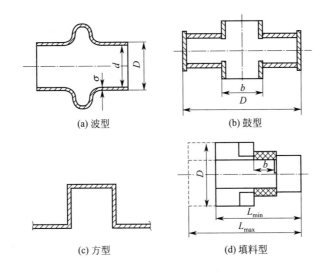

图 3-26 补偿器形式

紧时，应根据安装时大气温度进行调整补偿量，其拉伸量或压缩量为

$$\Delta L_1 = \frac{\Delta L\left[(t_1 - t_2) \times 12 - t\right]}{t_1 - t_2}$$

式中 ΔL——补偿器采用的补偿量，cm；

  t——冷紧时的大气温度，℃；

  t_1——管壁计算最高温度，℃；

  t_2——当地采暖室外计算温度，℃。

补偿器宜选用耐腐蚀材料制造；应有利于煤气管道的气密性，尽量不增加煤气管道的泄漏点，在承受煤气计算压力下不产生泄漏；对于带填料的补偿器，必须有调整填料紧密程度的压环；补偿器内及煤气管道表面应经过加工，厂房内不得使用带填料补偿器；补偿器的能力不得少于计算补偿量的要求；补偿器的导向板必须与煤气管道同心，安装前应认真检查四周间隙并清除杂物等，确保伸缩无阻；补偿器的使用寿命，应能匹配煤气管道使用周期，并且维护简便。

图 3-27　泄爆阀

梯或过道旁，必须要有警示标志。

五、泄爆阀

泄爆阀（图 3-27）用于系统超压时的自动泄压，以减少因煤气管道、设备内气体压力过高带来的危害，避免发生事故，保护生产系统设施免受破坏和人身安全。

有的泄爆阀外侧设计有阀盖，阀膜破裂时，阀盖弹起后在重力作用下复位。

泄爆阀安装时应注意以下几点。

① 安装在煤气设备易发生爆炸的部位。

② 应保持严密，泄爆膜的设计应经过计算。

③ 泄爆口不应正对建筑物的门窗，如设在走

第四章
煤气储存及输送过程的安全管理

第一节　煤气柜的分类及应用

一、设置煤气柜的作用

企业设置煤气柜主要有以下三个作用。

① 可有效地回收放散煤气　煤气柜可以及时回收企业内部生产不均衡所造成的煤气放散量，有效地吞吐用户所难以适应的频繁的煤气波动量。当煤气有剩余时存入煤气柜内，煤气不足、管网压力下降时，再补入管网，起到以余补欠的作用，从而减少煤气放散量。

② 可充分合理地使用企业内部的副产煤气　建立了煤气柜，在企业煤气平衡中，可以不考虑煤气缓冲量，从而充分利用企业副产煤气，以减少外购燃料量，提高企业煤气的使用率。

③ 稳定管网压力，改善轧钢加热炉等的热工制度　利用煤气柜调节煤气管网压力，稳压效果好，可大大改善煤气供应的质量，使加热炉热工制度稳定，提高加热炉的煤气利用效率，从而可降低煤气消耗量，同时还可以改善产品的质量。

二、煤气柜的防火要求和防火间距

煤气柜的防火要求和防火间距应符合 GB 0016—2014《建筑设计防火规范》（2018 年版）的规定，一般煤气柜之间的防火间距应不小于相邻两柜中较大煤气柜的半径；干式煤气柜防火间距应较湿式煤气柜与建筑物、堆场的防火间距规定要求增加 25%。煤气柜与构筑物之间的防火间距，湿式煤气柜与建筑物、堆场的防火间距分别如表 4-1、表 4-2 所示。

表 4-1　煤气柜与构筑物之间的防火间距　　　　　　　　　　单位：m

厂外铁路（中心线）	厂内铁路（中心线）	厂外道路（路边）	厂内道路（路边）		架空输电线
			主要	次要	
25	20	15	10	5	不小于 1.5 倍杆高

表 4-2 湿式煤气柜与建筑物、堆场的防火间距   单位：m

建筑物名称	煤气柜容积/m³		
	≤500	500～10000	>10000
明火或散发火花地点,民用建筑,易燃、可燃液体储罐和易燃材料堆场,甲类物品库房	25	30	40
不同耐火等级的其他建筑物　一、二级	12	15	20
三级	15	20	25
四级	20	25	30

由于煤气柜容量有限，它不可能制作得很大，因而不能适应波动幅度过大、延续时间过长的煤气量波动。所以，煤气柜需要有锅炉房或其他缓冲用户配合，方能取得理想的调节与回收剩余煤气的效果。

三、煤气柜的分类

煤气柜按密封方式不同可分为两大类，即湿式煤气柜及干式煤气柜，如表 4-3 所示。

表 4-3 煤气柜分类

按密封方式分类	按结构类型分类
湿式（水封）煤气柜	直立升降型 螺旋升降型
干式煤气柜	稀油密封型（MAN 型） 润滑脂密封型（KLONEEN 型） 橡胶夹布帘型（WIGGINS 型）

湿式煤气柜易于加工制造和安装，操作管理简便，运行可靠。湿式煤气柜靠水密封，密封性较好，但其基础载荷大，对地基要求较高，因而基础工程费用较大。寒冷地区尚需考虑水槽的防冻问题。此外，湿式煤气柜受塔体结构的限制，储存煤气的压力较低，一般不超过 4kPa，且塔内压力随塔节升降而变化，对稳定企业煤气管道压力的作用不大。

在干式煤气柜中，煤气储存于活塞的下部，靠活塞上下移动而改变其储气容积。干式煤气柜最大的优点是储气压力较高，一般可达 6～8kPa，最高可达 12kPa；煤气压力在活塞升降过程中变化不大，因而稳定管网压力的效果较好。由于干式煤气柜制造、安装要求比较高，因而造价较高，金属耗量也较大。但随着煤气柜容积的增大，干式煤气柜与湿式煤气柜的投资差额逐渐缩小。当煤气柜容积大到 200000m³ 时，两者造价基本相同。

与湿式煤气柜相比，干式煤气柜主要优点如下。

① 储气压力高而稳定　干式煤气柜压力波动小，一般波动在 ±5% 左右。储气压力可按需要设计，目前设计压力为 6～8kPa，最高可达 12kPa。可直接与冶金工厂煤气管网连接，系统简单，稳压效果较好。

湿式煤气柜储气压力随钟罩升降而变动，压力波动范围为 1.5～4.5kPa，储气压力低，不能直接与冶金工厂煤气管网连接。输送气需经过加压机升压。管网系统复杂，且需增加基建和日常运行费用。

② 基础工程费用低　干式煤气柜由于没有大型水槽，荷重小，基础易于处理，特别对地质条件差的地区更为有利。以 150000m³ 煤气柜为例，干式煤气柜总重 2200t；而湿式煤气柜重达 40372t，其中水重 39000t，金属柜体重 1372t。

③ 使用年限长，维修工作量小　湿式煤气柜由于钟罩经常浸入水中，钢板易受水侵蚀，需经常进行刷漆防腐，维修工作量大。投产 5～6 年就锈蚀，需经常进行修补。一般寿命为 15～20 年。

干式煤气柜内壁有油膜保护，不会产生锈蚀。柜体防锈刷漆工作量小，使用寿命可长达 50 年以上。

④ 冬季不需要大量的保温用蒸汽　湿式煤气柜在北方寒冷地区，为防止水槽冻结，需用蒸汽保温，耗用大量蒸汽。以一个 $50000m^3$ 湿式煤气柜为例，冬季（150 天）时水槽所需保温蒸汽量约为 10t/h。

冬季时，干式煤气柜只需少量蒸汽用于加热密封油，其蒸汽耗量不到 100kg/h，因而运行费用低。

⑤ 无大量污水排放，对环境污染少　湿式煤气柜经常有含酚、氰污水外排，在停气检修时，一次要排放大量的含酚、氰污水。以 $150000m^3$ 湿式煤气柜为例，一次排放大约 39000t，难以处理，易造成污染。在雨季，柜顶部的雨水流下外排时，也会造成对环境的污染。

干式煤气柜只有少量的煤气冷凝水外排，经集水井收集后，定期用车运到水处理车间集中处理，不会造成对环境的污染。

⑥ 操作简便，运行安全　湿式煤气柜需经常向水封槽补水，水位不足时，有泄漏煤气的危险。冬季在北方地区还要防止因水封冻结引起的操作事故。

干式煤气柜操作简便，运行安全。一般遥控的干式煤气柜可以无人管理，每周只需进柜检查一次即可。

⑦ 占地面积小　干式煤气柜高度与直径之比，可较湿式煤气柜为大。因此相同容积的煤气柜，干式煤气柜比湿式煤气柜占地面积小。

由以上比较可以看出，干式煤气柜虽造价较高，一次投资大，但在使用年限上却远远超过湿式煤气柜，且操作维护简单，所以大型工业企业大多采用干式煤气柜进行煤气的储存。

四、煤气柜容量的确定

由于企业内部生产不均衡的特点，使得煤气的发生与消耗没有一个固定的变化规律。因此，在确定煤气柜的容量时，只能根据企业的具体生产情况，从满足煤气调度需要出发，分析各种瞬间波动因素。一般应用概率统计的方法来确定煤气柜的容量。

（1）高炉煤气柜容量

高炉煤气柜的容量，应能满足以下各种情况的需要。

① 高炉突然休风的安全容量　企业内容积最大的一座高炉突然休风，煤气发生量急剧减少，发电厂锅炉或其他用户更换燃料或停用煤气需要一定的时间，在此时间内需继续供给高炉煤气，所需煤气平时储于煤气柜内，休风时由煤气柜继续供给这部分煤气容量称为高炉突然休风的安全容量。

② 煤气波动调节容量　钢铁企业正常生产情况下煤气的发生和使用不断变化，常造成煤气供需的不平衡，煤气柜用来调节这种不平衡所需的储气容量称为煤气波动调节容量。在确定此容量时，除考虑煤气的波动情况外，还应考虑发电厂或其他缓冲用户增减或停用煤气的影响。

③ 突然发生的过剩煤气安全容量　煤气发生量突然增多，在煤气柜不可能完全吸收的情况下，需要打开煤气放散塔进行放散。由于打开放散塔有滞后时间，在这个时间内增多的煤气要储入煤气柜内，煤气柜应经常保留这部分容量，以吸收突然发生的过剩煤气。这部分

储量称为突然发生的过剩煤气安全容量。

④ 煤气柜安全容量　为使煤气柜在生产中安全运行，不允许升到最高点或降至最低点，以免因碰撞壁面造成损坏。为此应留有上、下限安全容量，干式煤气柜约为总柜容量的 10%；湿式煤气柜因拱顶容积的影响，安全容量占总柜容量的 15%～20%。

以上四部分容量之和即为所求的高炉煤气柜容量。

（2）焦炉煤气柜容量

焦炉煤气柜的容量，包括以下几部分。

① 焦炉煤气送气机突然故障的安全容量　当焦炉煤气送气机发生故障，进柜煤气量突然减少，用户需由煤气柜继续供给焦炉煤气时，煤气柜储存这部分煤气的容量称为焦炉煤气送气机突然故障的安全容量。

② 煤气波动调节容量　主要用来调节焦炉煤气产生和使用不平衡造成的煤气量波动。

③ 突然发生的过剩煤气安全容量　当最大或较大焦炉煤气用户突然出现故障停止用气时，焦炉煤气突然出现过剩，在打开放散塔放散的滞后时间内，过剩煤气需储入煤气柜内。煤气柜应经常保留这部分容量。

④ 煤气柜安全容量　焦炉煤气上、下限安全容量与高炉煤气柜一样，干式煤气柜取总柜容量的 10%，湿式煤气柜为总柜容量的 15%～20%。

以上四部分容量之和，即为所求的焦炉煤气柜容量。但在企业煤气供应中，为保证转炉煤气供应没有合成转炉煤气时，在焦炉煤气柜容量计算中，还需考虑转炉煤气停止供应时，用作制备合成转炉煤气的焦炉煤气储备量。

（3）转炉煤气柜容量

钢铁企业设置转炉煤气柜容量包括以下几部分。

① 变动调节容量　由于转炉煤气回收是间歇进行的，而煤气外供则是连续的。为解决这种间歇回收与连续外供之间的不平衡所必需的煤气储量，称为变动调节容量。这可由转炉煤气回收时间内的瞬间小时最大产气量与按车间作业时间计算的平均小时产气量的差值来确定。

② 突然发生的过剩煤气安全容量　考虑正在回收煤气时，外供加压机突然故障，大量煤气突然过剩，在打开放散管放散的滞后时间内，过剩煤气需储入煤气柜内。煤气柜应经常保留住一部分容积，以吸收这部分煤气。

③ 煤气柜安全容量　干式煤气柜上、下限安全容量各取总柜容量的 5%，湿式煤气柜取总柜容量的 15%～20%。

以上三部分容量相加，即为所求的转炉煤气柜容量。

第二节　低压湿式煤气柜

湿式煤气柜是一种结构较简单的储气柜。湿式煤气柜是在水槽内放置钟罩和塔节，钟罩和塔节随着煤气的进出而升降，并利用水封隔断内外气体来储存煤气的容器。煤气柜的容积（容量）随煤气量的变化而变化。根据结构不同，低压湿式煤气柜又有直立升降式煤气柜（简称直立柜）和螺旋升降式煤气柜（简称螺旋柜）两种。

一、直立柜

直立柜结构如图 4-1 所示。它是由水槽、水封环、顶架、导轮、立柱、外导轨框架、增加压力的加重装置及防止造成真空的装置等组成的。

① 水槽 水槽通常是由钢板或钢筋混凝土制成的，有地上式和地下式两种。地上式水槽又分为地上满堂水槽和地上内胆式环形水槽两种，如图 4-2(a)、（b）所示；地下式水槽常采用双壁沉井式，如图 4-2(c) 所示。一般中小型储气柜在地基条件比较好的地区都采用地上满堂水槽。大型储气柜在地基条件比较差的地区，一般采用地上内胆式环形水槽或地下双壁沉井式水槽，其特点是荷重小、基础沉降量少、造价较低。水槽的附属设备有人孔、溢流管、进出气管、给水管、垫块、平台、梯子以及在寒冷地区防冻用的蒸汽管道等。

② 钟罩和塔节 钟罩和塔节是储存煤气的主要结构，由钢板制成，每节的高度与水槽高度相当，总高为直径的 $60\%\sim100\%$。钟罩顶板上的附属装置有人孔，放散管，人孔应设在正对进气管和出气管的上部位置，放散管应设在钟罩中央最高位置。

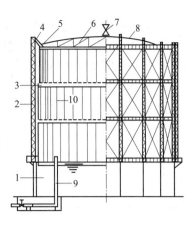

图 4-1 直立柜结构

1—水槽；2—外导轨框架；3—水封环；
4—导轮；5—顶环；6—顶架；
7—放散阀；8—顶板；
9—进出气管；10—立柱

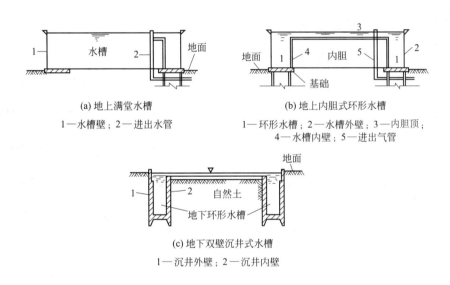

(a) 地上满堂水槽

1—水槽壁；2—进出水管

(b) 地上内胆式环形水槽

1—环形水槽；2—水槽外壁；3—内胆顶；
4—水槽内壁；5—进出气管

(c) 地下双壁沉井式水槽

1—沉井外壁；2—沉井内壁

图 4-2 各种水槽结构

③ 水封环 水封环设于各塔节之间，是湿式煤气柜的密封机构，由上挂圈和下挂圈组成（图 4-3）。上挂圈和下挂圈之间形成 U 形水封，达到气密效果。为防止水封在挂钩和脱钩时"跑气"，应根据各节压力及水封间隔（即图 4-3 中的 A、B、C 宽度），在下挂圈的外圈板上开一定数量的不同高度的溢水孔。

④ 导轮与导轨 导轮与导轨是湿式煤气柜的升降机构，其数量按煤气柜升足时承受风力、半边雪载及地震力等条件计算确定。导轨与导轮的数量相等，并且应为 4 的整倍数。

⑤ 立柱 立柱是煤气柜钟罩及塔节侧壁板的骨架，未充气时承受钟罩及塔节的自重。

⑥ 外导轨框架 外导轨框架是煤气柜升降的导向装置，它既承受钟罩及塔身所受的风压，又作为导轮垂直升降的导轨。外导轨框架一般在水槽周围单独设置。另外，在外导轨框

架上还设有与塔节数相应的人行平台,同时可作为横向支撑梁。

⑦ 顶环 顶环即钟罩穹顶与侧壁板交界处的结构,是煤气柜的重要结构。顶环的受力特点是:无气时承受顶板、顶架自重和雪载,使顶环受力;充气后,顶环在内部气压和钟罩各节自重的作用下受压。

⑧ 顶架 顶架的主要作用是安装和支撑顶板,未充气时承受顶板、顶架自重和雪载;充气后,顶板受气压作用与顶架脱离,顶架承受其自重和径向压力。顶架的结构一般为拱架或桁架。

直立柜的主要技术经济指标如表 4-4 所示。

表 4-4 直立柜的主要技术经济指标

公称容积 /m³	有效容积 /m³	单位耗钢 /kg·m³	单位投资 /元·m³	压力 /Pa	节数(包括钟罩) /个	总高度 /m	水槽直径 /m	水槽高度 /m
600	630	57.51	128.09	1960	1	14.5	17.48	7.4
6000	6100	32.39	64.13	1580	1	24.0	26.88	11.8
10000	10100	28.35	60.07	1270/1880	2	29.5	27.93	9.8

注:单位投资为参考数据,应根据设计时的实际费用调整。

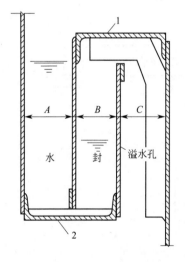

图 4-3 水封环结构
1—上挂圈;2—下挂圈

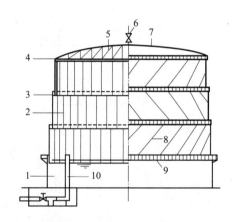

图 4-4 螺旋柜结构
1—水槽;2—立柱;3—水封环;4—顶环;
5—顶架;6—放散阀;7—顶板;8—导轨;
9—导轮;10—进出气管

二、螺旋柜

螺旋柜没有导轨柱,柜身依靠安装在每个钟罩侧板上并与侧板上下边成 45°角的导轨来升降。钟罩由于受到气体的压力作用缓慢旋转上升或下降。由于导轨互相牵制作用,使螺旋柜不致在升起后倾斜。导轮安装在水槽平台上或者不转动的柜身上端,并且按等间距排列。螺旋柜结构如图 4-4 所示。

螺旋柜比直立柜节省金属材料 15%~30%,并且外形较为美观。但是,螺旋柜不能承受较强的风压,故在风速太大的地区不宜采用;此外,其施工允许误差较小,基础的允许倾斜量或沉陷量也较小,导轮与轮轴往往产生剧烈磨损。

螺旋柜的各项参数如表 4-5 所示。

表 4-5 螺旋柜的各项参数

公称容积 /m³	有效容积 /m³	水槽直径 /m	节数(包括 钟罩)/个	高度/m		耗钢 量/t	金属消耗量 /kg·m³	压力/Pa	
				钟罩及塔节	水槽			有配重	无配重
5000	4927	22.000	2	15.93	8.0	123.368	24.5	—	2110 1200
20000	22000	39.000	3	23.15	8.0	371.104	18.5	3000 2600 2100	2000 1530 1000
50000	54200	46.000	4	39.680	9.98	662.580	13.2	—	2280~1180
100000	105800	63.848	4	39.928	10.00	926.760	9.5	—	2250~1030
150000	166000	67.000	5	56.750	11.28	1372.000	8.30	—	2800~1600

三、低压湿式煤气柜存在的主要问题

① 在北方采暖地区，冬季要采取防冻措施，因此管理较复杂，维护费用较高。

② 由于塔节经常浸入、升出水槽水面，因此必须定期进行涂漆防腐。

③ 直立柜耗用金属材料较多，尤其是在大容量时更为显著。螺旋柜和干式煤气柜金属材料用量较相近，容积越大，则干式煤气柜越经济。

第三节 干式煤气柜

干式煤气柜主要由圆形或多边形的柱状外筒、沿筒内壁上下的活塞、底板和顶板组成。煤气储存于活塞的下部，靠活塞上下移动来改变煤气柜的储气容积。干式煤气柜按活塞与筒壁的密封方式分为以下四种。

一、稀油密封式（MAN 型）煤气柜

稀油密封式煤气柜也称曼型或曼阿恩型煤气柜，其结构如图 4-5 所示。

柜体外壳一般制成正多边形，近年来国外也有制成圆形的。稀油密封式煤气柜主要分为侧板、柜顶、底板及活塞四部分。稀油密封式煤气柜的密封结构如图 4-6 所示。

安装在活塞上的油槽和侧壁之间的间隙充满密封油，密封油下流量的大小由滑板控制，使其油压与活塞下部储气压力相平衡而进行密封。密封油为经过特殊处理的煤焦油和特别的矿物油，需具有随温度变化的幅度小、良好的油水分离性能、凝固点低、着火点高（为了运行安全）等特性。

密封油循环使用过程：活塞油槽中的密封油从滑板和侧壁间的间隙往下流，积存在底部油沟中，然后汇集至集油箱，在此进行油水分离。当油量达到一定量时，泵自动启动，将密封油打入送油管中。密封油从侧壁顶部的溢流孔沿侧壁流到活塞油槽中，自动保持密封部位的油压平衡。

此外，在溢流孔旁还设置备用油箱，在停电等紧急情况下，可以手动操作补充密封油。

稀油密封式煤气柜中储气最高压力可达 6400Pa。为节省占地面积，可适当增加高径比，高径比一般控制在 1.2~1.7 范围内。

为了操作安全，在柜顶中央设有换气装置，柜顶的檐部设有通风孔以及管理用的内部电梯和外部电梯。活塞升降速度一般不超过 1m/min，最大可达 4m/min。稀油密封式煤气柜的各项参数如表 4-6 所示。

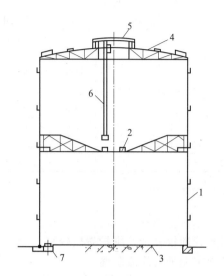

图 4-5 稀油密封式煤气柜结构
1—外筒；2—活塞；3—底板；
4—顶板；5—天窗；
6—梯子；7—煤气入口

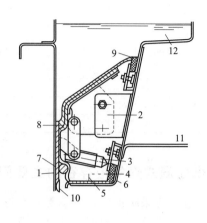

图 4-6 稀油密封式煤气柜的密封结构
1—滑板；2—悬挂支托；3—弹簧；4—主帆布；5—保护板；
6—压板；7—挡水；8—悬挂帆布；9—上部覆盖帆布；
10—冰铲；11—活塞平台；12—活塞油杯

表 4-6 稀油密封式煤气柜的各项参数

容积/m³	角数	边长/mm	最大直径/mm	侧板/mm	供油装置数量/个
5000	8	6500	16985	28300	1
20000	14	5900	26514	43000	2
50000	20	5900	37715	53051	3
100000	20	7000	44747	73217	4
150000	24	7000	53629	76526	4
200000	26	7000	58073	85510	4
250000	22	8824	62003	94350	5
300000	24	8824	67603	94867	5
400000	26	8824	73206	107000	6

二、干油密封式（KLONEEN 型）煤气柜

干油密封式（KLONEEN 型）煤气柜也称润滑脂密封型气柜，其结构如图 4-7 所示。

干油密封式煤气柜具有一个直立的圆柱体外壳，侧板外部设有若干加强用的基础，以承受风压和内压。为节约钢材，塔顶制成球形。活塞的外周由环形桁架组成，为加强活塞的强度，一般将活塞设计成圆形。密封结构安装在活塞环形桁架的外周下部，是用树胶与棉织品薄膜制成的密封垫圈。密封垫圈内还注入特制的干油润滑脂，使活塞可以平滑升降。活塞升降时，通过配重将密封垫圈紧压在侧板内壁上，以保持所需的气密性。活塞升降速度一般为 2m/min，最高可达 4m/min。干油密封式煤气柜的密封结构如图 4-8 所示。

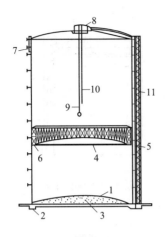

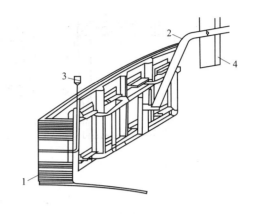

图 4-7　干油密封式煤气柜结构　　　　　图 4-8　干油密封式煤气柜的密封结构

1—底板；2—环形基础；3—砂基础；4—活塞；　　　　1—密封垫圈；2—连杆；

5—密封垫圈；6—加重块；7—放散管；8—换气装置；　　3—润滑油注入口；4—活塞梁

9—内部电梯；10—电梯平衡块；11—外部电梯

　　煤气出入通过柜底连接的管道。这种煤气柜密封采用密封垫圈及干油润滑脂，不需循环供油装置；与稀油密封式煤气柜相似，基础载荷小，工程造价低；储气压力为 6~8kPa，最高可达 8.5 kPa。干油密封式煤气柜的各项参数如表 4-7 所示。

表 4-7　干油密封式煤气柜的各项参数

容积/m³	储气压力/Pa	煤气种类	高度/mm	直径/mm
40000	5000	炼焦煤气	50028	35200
70000	4250	高炉煤气	56092	44800
80000	6500~7500	高炉煤气	63250	44800
100000	4000~5000	高炉煤气	74284	44800
100000	6000	高炉煤气	76000	44800
150000	4000	高炉煤气	84896	51200
150000	6000	高炉煤气	88000	51200
150000	8000	高炉煤气	85596	51200
150000	8500	高炉煤气	87000	51200

三、布帘式（WIGGINS 型）煤气柜

　　布帘式煤气柜也称威金斯型干式煤气柜，其结构如图 4-9 所示，主要由底板、侧板、顶板、活塞、套筒式护栏以及保持气密作用的特制密封帘和简单的平衡装置等组成。柜内壁下端与活塞之间用特制的密封帘连接。密封帘为具有可挠性的特殊合成橡胶膜，它随活塞升降而卷起或放下，以达到密封的目的。密封帘是煤气柜的关键部分，要求具有很好的弹性及足够的强度，并且要求能适应较广的温度范围，以保证可靠的气密性与经久耐用。密封帘由石棉玻璃纤维或尼龙线作底层、外敷氯丁合成橡胶等材料制成。

　　布帘式煤气柜储气压力最高可达 6kPa，活塞升降速度一般不超过 4m/min。这种煤气柜柜体及基础构造都很简单，造价和操作维护费用较低。

　　布帘式煤气柜的各项参数如表 4-8 所示。

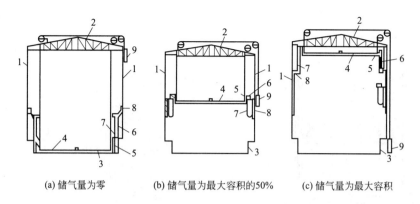

(a) 储气量为零   (b) 储气量为最大容积的50%   (c) 储气量为最大容积

图 4-9　布帘式煤气柜结构

1—侧板；2—罐顶；3—底板；4—活塞；5—活塞护栏；6—套筒式护栏；
7—内层密封帘；8—外层密封帘；9—平衡装置

表 4-8　布帘式煤气柜的各项参数

公称容积/m³	直径/mm	高度/mm	钢材耗量/t
10000	28346	18898	220
50000	46573	38100	750
100000	59740	46939	1400
140000	65227	53340	1920

四、新型干式煤气柜（POC）

新型干式煤气柜是我国自行设计、自行制造的容积最大的煤气柜之一。煤气柜的容积最大可达 $30\times10^4\mathrm{m}^3$，柜体高度达 120m，直径为 64m，柜体重近 5000t，是目前较先进的干式煤气柜。

新型干式煤气柜的结构特点如下。

① 外壳侧板为圆筒形，从筒体受力的结构状态来看较多边形侧板要好得多；同时采用大尺寸侧板，从而减少了侧板块数，侧板无需折边，既加快了制作进度，又减少了钢材的用量。

② 柜顶、活塞均为球形，从受力的结构状态来看是最为理想的。特别是活塞，由于其重心位置低于形心位置，当活塞倾斜后具有自动复原的性能（球面自动对心）。

③ 采用凸起的球面底板，减小了死空间的容积，既简便了煤气置换的操作，又减少了对环境的污染，同时也有利于中央底板的排水。

④ 活塞与圆筒形柜壁接触，采用稀油密封。从运行几年的使用情况来看，油泵站的平均日启动次数为 12 次，仅为稀油密封式煤气柜的 40%。

⑤ 密封材料采用橡胶填料，其柔软性、耐磨性、严密性及使用寿命都较稀油密封式煤气柜的钢滑板要好。新型干式煤气柜密封圈的设计使用寿命超过 20 年，而稀油密封式煤气柜一般只有 4～6 年。

⑥ 设有防活塞回转装置两套，保证了活塞导轮上下滚动的方向，使活塞倾翻的力作用在立柱上而不是侧板上。

新型干式煤气柜具有储存煤气压力高（高压）、煤气柜运行平稳（稳定）、节省建柜所需钢材（经济）三大优点。新型干式煤气柜正常运行的日常维护工作量较少，只需对活塞导轮、电梯、吊笼等的润滑部位进行定期加油。每年补充密封油量不到 5t，费用不过 20000元。无易损件，极少需要维修。同时，由于没有煤气加压系统，减少了该部分的运行、维护、检修费用，故新型干式煤气柜的运行费用比稀油密封式煤气柜减少约 10 万元/年。图 4-10 为我国在贵州建造的新型干式煤气柜外形。

图 4-10　新型干式煤气柜外形

五、煤气柜的选择

钢铁企业在选用煤气柜时，应根据储存煤气的种类、性质及所需储存压力来选择。MAN 型及 KLONEEN 型煤气柜储气压力较高，可以满足高炉、焦炉煤气储气压力的要求。WIGGINS 型煤气柜储气压力较低，适合于储存转炉煤气。

MAN 型煤气柜采用的是稀油密封，并且柜底油沟中设有蒸汽加热管，当储存煤气中含有的苯、甲苯、焦油等溶入密封油中，并流至柜底油沟经加热后可重新挥发出来，不致影响密封油的质量。所以，MAN 型煤气柜多用于储存焦炉煤气。MAN 型煤气柜同样可用于储存高炉煤气，但高炉煤气中的含尘量不可太高，一般应在 $10mg/m^3$ 以下。若含尘量高，密封油易被污染，这些灰尘易沉积于底部油沟、油水分离器及其他部位中，从而缩短油系统的清扫周期、增加系统清扫维护的工作量，同时还将增加密封油的补充量。

KLONEEN 型煤气柜密封结构中采用润滑油脂，活塞与柜壁紧密接触。这种润滑油脂在溶入煤气中的苯类及焦油、氨、硫化氢等后，黏度会下降，导致密封性能降低。因此，KLONEEN 型煤气柜一般不宜用于储存焦炉煤气，特别是未经脱苯、脱硫处理的焦炉煤气。至今国外多数 KLONEEN 型煤气柜用于储存高炉煤气，少数用于储存经过处理的焦炉煤气。

WIGGINS 型煤气柜的内部活塞与柜壁间是用橡胶膜连接来形成密封结构的，活塞与柜壁之间的间隙较大，因此对煤气中的含尘量不敏感，同时其储气压力较低。在冶金企业中，最适合储存转炉煤气。

第四节　煤气柜的日常操作及检修

一、煤气柜的大修

一般煤气柜大修的主要项目有：更换煤气柜的密封装置；检修导轮和两套防回转装置；对外部电梯和内部吊笼进行检修；更换计量仪表；对立柱侧板的漏油点进行补焊；对柜体立柱变形、桁架变形、基础下沉、柜体倾斜进行相应处理；检修中测量柜体立柱的变形等。

在进行煤气柜大修时一般处理煤气的方案为（以 $100000m^3$ 布帘式煤气柜为例）：煤气柜剩余 $10000m^3$ 存气时切断气源，利用煤气柜 $DN1000$ 放散阀将活塞下降；当只有 $4000m^3$ 存气时，关闭 $DN1000$ 放散阀，开煤气柜底部 3 个 $DN150$ 放散阀，控制活塞的下降速度（$0.2\sim0.3m/min$）；当只有 $2000m^3$ 存气时，利用 2 个 $DN150$ 放散管放散，严格控制活塞的下降速度（低于 0.2m/min）；当只有 1000m³ 存气时，用 1 个 DN150 放散管放散，让活塞缓慢落实。再向煤气柜内通氮气，先将柜内 200m³ 死空间的煤气置换，并操作 3 个 DN150mm 放散阀使活塞缓慢上升（或下降）反复置换残余气 3 次，再启动鼓风机向柜内鼓风，用空气将氮气置换，使活塞下的空间内含氧量达 20%，置换完毕后，活塞按上述操作落底，最后开 DN1000mm 放散阀，煤气柜连通大气，进入下一工序。

将 20 根活塞支撑置于设计位置处，确保密封门的严密性和将活塞升至足够高度 [存气达 (7~8)×10⁴m³]，同时采取其他安全措施，保证作业人员的安全，一次性地将活塞支撑立好，交付大修施工。

新的密封滑板在更换安装前，必须重新检查、校正，再进行滑板的焊接，以确保密封结构的密封质量，因此需加工制作高精度的检查校正平台且放在柜外。

二、煤气柜的气密性试验

在新煤气柜投入运行之前或煤气柜大修完成之后，均需进行气密性试验。干式煤气柜的气密性试验一般采用间接法，即在煤气柜内充入空气，充气量约为全部储气容积的 90%，静置 1 天后的柜内气体标准容积为起始点容积，再静置 7 天后的柜内空气容积为结束点容积。起始点容积与结束点容积相比，泄漏率不超过 2% 为合格。测定的柜内空气容积折算为标准容积 V_N，即

$$V_N = V_t \frac{273(B + p - p_{H_2O})}{p_0(273 + T)}$$

式中　V_N——标准状态下煤气柜内气体容积，m³；

　　　V_t——测定的柜内空气容积，m³；

　　　B——柜容 1/2 高度处所测得的大气压力，Pa；

　　　p——煤气柜工作的表压力，Pa；

　　　p_{H_2O}——柜内水蒸气分压，Pa；

　　　p_0——标准状态下的压力为 101325Pa；

　　　T——充入煤气柜内的空气的平均温度，℃。

三、煤气柜的安全要求

煤气或空气的置换是煤气柜安全的重要环节。煤气柜在投产启用前或检修前，均需进行气体置换，以免煤气与空气在柜内形成爆炸性混合物。置换方法主要有间接置换和直接置换两类。

煤气柜使用惰性气体（这里指不参与燃烧的气体）进行间接置换，不会产生爆炸和污染，是安全可靠的方法。置换的介质可选用氮气、二氧化碳、惰性气体发生器产生的烟气或煤气燃烧器在控制空气比例下完全燃烧所产生的烟气，以及水煤气制气装置产生的吹扫气。应注意选取与待置换的煤气特性截然不同的置换介质。例如，应避免某些煤气与所使用的惰性气体有很相似的二氧化碳含量的情况，应考虑选取相对密度大的惰性气体置换相对密度小的煤气或者相对密度小的惰性气体置换相对密度大的煤气等。

(1) 置换空气

煤气柜启用前使用惰性气体置换空气时，应将排气口打开，浮塔（湿式）或活塞（干式）处于最低安全位置；通过进口阀门或出口阀门放进惰性气体，如惰性气体是燃烧产物，置换应继续到排出的惰性气体中的 CO_2 含量至少为原来气体中 CO_2 含量的 63%；如惰性气

体为纯 CO_2，则排出气体中至少含 50% 的 CO_2；应注意置换对象还应包括煤气柜的进口管路和出口管路；在关闭惰性气体源前，将顶部浮塔或活塞浮起，对可能出现的气体体积的收缩应考虑适当修正量；关闭惰性气体源，换接煤气管道，使用排气口向煤气柜进煤气，以便尽可能地置换惰性气体；换气需持续到煤气柜残存的惰性气体不致影响煤气特性为止；在整个置换过程中，应始终保持柜内正压，一般为 $150mmH_2O$ 左右，最少不低于 $50mmH_2O$；随后关闭排气口，此时柜内已装满煤气，可投入正常使用。

（2）置换煤气

在煤气柜进行检修或停止使用需要置换煤气时，煤气柜应排空到最低的安全点，关闭进口阀门与出口阀门，使煤气柜安全隔离；应保持煤气柜适当的正压力；所选用的惰性气体介质，不应含有大于 1% 的氧或大于 1% 的 CO。使用氮气作置换介质时，所用量必须为煤气柜容积的 2.5 倍。

惰性气体源应连接到能使煤气低速流动的煤气柜最低点或最远点位置上，正常情况下应连接在煤气柜进口管路或出口管路上；顶部排气口打开，以使置换期间煤气柜保持一定压力；置换要持续到排出气体为非易燃气体，使人员和设备不会受到着火、爆炸和中毒的危害（可用气体测爆仪和易燃或有害气体检测仪对煤气柜内的气体进行检测）。

用惰性气体置换完毕，应将惰性气体源从煤气柜断开；然后向煤气柜通入空气，用空气吹扫持续到煤气柜逸出气体中 CO 含量小于 $24\mu L/L$，含氧量不少于 19.5%（体积分数）。

对于焦炉煤气，还应测试苯和烃类等含量，以达到无毒、无害，无着火、无爆炸危险，人员可不戴呼吸器进入煤气柜内工作；并经指定人员检查确认和规定人员批准后，且经检查现场没有可燃性气体或沉积物时，方可进行焊接、气割或火焰清理等动火作业以及其他检修作业。

煤气柜用煤气直接置换的方法，危险性较大。因为在用煤气直接置换过程中，煤气与空气的混合气体必定经过从达到爆炸下限至超过爆炸上限的过程，存在着着火、爆炸的危险。此外，用煤气直接置换必将向大气中放散大量煤气，对周围环境造成污染，所以一般不宜使用此方法。对于有的煤气柜，限于条件或其他原因而采用煤气直接置换方法时，必须采取严格的特殊防范措施，如煤气柜周围 100m 内应设警戒线，进入煤气流经管道的速度不得大于 10m/s，整个煤气柜应良好接地（任何部位接地电阻均应小于 4Ω）等。如不符合规定的特殊安全防范措施要求，则应采用其他方法置换。从目前来看，用煤气直接置换的方法已不允许使用了。

（3）其他安全措施

煤气柜周围应设有防止任何未经批准的人接近煤气柜的围墙等设施，柜梯或台阶应装有带锁的门；四周 6m 之内不应有障碍物、易燃物和腐蚀性物质；煤气柜所有工作处，均应有安全通道和安全作业区，包括梯子、抓手罐盖等，在高出地面 2m 的煤气柜上任何部位工作应有合适的工作台或脚手架或托架，并备有安全带和挽具；在煤气柜上使用的绳子、安全带、挽具和托架等所使用的钩应是自闭型的；出口和入口的连接件应与煤气柜完全隔开；煤气柜的固定地沟或入口处应备有相应的警示标志、呼吸器、苏生器、灭火装置和其他急救设备；放气点周围 40m 内应清除点火源。

在煤气柜外壳或进入煤气柜工作必须经特殊批准，进入煤气柜应至少两人，要有专人监护，并有煤气柜内发生意外事件的报警装置或无线电通信装置，不得穿戴易产生火花的衣服鞋袜，并备有呼吸器等急救设备。

湿式煤气柜每级塔间水封的有效高度不小于最大工作压力的 1.5 倍；应设有容积指示装置、充气达到上限时自动放散装置和手控放散装置、柜位降到下限时自动停止向外输出煤气或自动充压的装置；操作室应设有压力计、流量计、高度指示计和容积上下限声光报警信号。

干式煤气柜应设有连续监测活塞上方大气成分和异常的报警装置、油泵供电失灵报警装置、煤气柜内部发生意外事件时能从煤气柜顶部传到地面的报警装置；控制室应设活塞升降速度、煤气出入口阀开度、煤气放散阀和调整阀开度以及放散管流量等测定和显示装置，以及各种阀的开关和故障信号装置；大型煤气柜应设外部和内部电梯，电梯应有极限开关和防止超载、超速装置及救护提升装置。

（4）煤气柜安全检查

煤气柜安全检查，包括每天例行检查、月检查、季检查和年检查，这是煤气柜安全的基础工作。表 4-9 和表 4-10 分别是湿式煤气柜例行安全检查表和干式煤气柜月安全检查表。

表 4-9　湿式煤气柜例行安全检查表

企业名称_____

所在地址_____

煤气柜号码_____类型_____煤气储量_____

塔节号码

检查时塔节位置

  1. 第一节

  2. 第二节

  3. 第三节

  4. 第四节

煤气柜最大容量

煤气柜在充气时压力状况

  1. 顶板

  2. 侧板

  3. 下挂圈和上挂圈

  4. 导向装置（导轮架、导轮、轴、导轨和导绳）

  5. 水槽

  6. 其他构件（柱、构架和支架）

水槽和塔节

  1. 水封高度（在最浅一点）

  2. 水位安全可靠吗?

如有异常应采取的步骤

检查日期

签名：　　　　　日期：

湿式煤气柜的安全检查重点是：煤气柜水分析、导柱垂直度、煤气柜垫块、上下挂圈水位、导轨框架结合点、铆接缝的搭接边缘、螺旋导轨的板面和柱子的腐蚀状况、梯子和扶手状况、埋地柜体外壳各部位状况、防爆装置和防冻设施状况等。

干式煤气柜的安全检查重点是：煤气柜所有活动部件和煤气柜壁的腐蚀、泄漏情况，密封和密封介质分析以及导轨构件所有活动部分，活塞和活塞倾斜度（不允许超过活塞直径的

1/500），导轮和套筒的磨损，油井和油槽，梯子和内部提升机，顶盖和天窗，进出气口和煤气容量安全阀及排污阀，检测仪和遥控指示仪以及电气设备，等等。

表 4-10　干式煤气柜月安全检查表

企业名称＿＿＿＿＿＿＿＿＿＿＿＿＿＿＿＿＿＿＿＿＿＿＿＿＿＿＿＿＿＿＿

所在地址＿＿＿＿＿＿＿＿＿＿＿＿＿＿＿＿＿＿＿＿＿＿＿＿＿＿＿＿＿＿＿

煤气柜号码＿＿＿＿＿＿＿＿＿　型号＿＿＿＿＿＿＿＿　煤气储量＿＿＿＿＿＿＿＿＿＿

	年　月
（1）活塞上大气压测试	
（2）插上门闩，检查内部折梯和梯子	
（3）检查所有导轮的磨损、材料损坏、轴瓦可靠性，保证其良好润滑和正常运转，检查滑轮、钢丝绳及螺钉状况	
（4）检查密封板或密封环控制杆	
（5）检查密封垫圈、布帘密封介质（如有褶折，必须报告）	
（6）检查切线导轨	
（7）检查电气设备	
（8）选择四个等距离点，检查活塞标高，检查柜壁和保护板之间的间隙	
（9）检查内外塔节	
（10）检查垂直支柱上的铆钉是否受到剪切或冷轧	
（11）检查柜壁翼板腐蚀情况	
（12）检查窗户及顶部、侧面和上部人行道有无缺陷和泄漏	
（13）检查活塞内部及活塞的腐蚀或损坏	
（14）检查齿轮和钢丝绳	
（15）检查进出气管网阀门，检查煤气容量，检查安全阀和制动阀	
（16）检查密封焦油或密封油的增加或减少，检查密封介质相对密度、黏度、检查萘及水的含量	
（17）检查供电故障报警装置	
（18）顶部水槽焦油安全阀的试验	
（19）呼吸装置、灭火器、担架及事故报警器的检查和试验	
（20）检查事故绞车和钢丝绳，当活塞位置尽可能低时，绞车松开再卷紧	
（21）每年一次综合性检查，特别注意（2）、（3）、（4）、（9）及（14）这几条	
（22）备注	

签名：　　　　日期：

四、煤气柜的安全技术检验

煤气柜施工安装后必须进行严格检查与试验。

（1）湿式煤气柜的检验

包括：基础验收，柜体内外涂漆和水槽底板上的沥青层的验收，水槽压水试验、升降试验以及严密性试验。

① 升降试验　应检查塔体升降平稳性、导轨和导轮的正确性以及罐整体。每塔节上升时塔内气体计算压力以施工实际用重量为依据。

② 严密性试验　上述升降试验合格后，应重新鼓入空气，关闭进出口阀门，使罐体稳定在稍低于升起的最高位置。注意不要充入空气过多，以免因气温上升膨胀而造成底部水封被压穿大喷或损坏煤气柜。

煤气柜严密性试验方法分为监测泄漏量的间接试验法和涂肥皂水的直接试验法两种。

① 间接试验法　将煤气柜内充入空气或氮气，充气量约为煤气柜全部储容量的90%，以静置7天后柜内空气标准容积为结束点容积，并与开始试验容积相比，泄漏率不超过2%为合格。

② 直接试验法　在各塔节及钟罩顶的焊缝全长上涂肥皂水，然后在反面用气泵吹气，以无气泡出现为合格。

（2）干式煤气柜的检验

应按其结构类型特点，相应检查活塞倾斜度、活塞回转度、活塞导轮与柜壁的接触面、柜内煤气压力波动值、密封油位、油封供油泵运行时间和油封结构、煤气柜所有活动部件以及与密封口接触的柜壁钢板边缘和焊缝等。

干式煤气柜安装完毕后，同样需要进行严密性试验，其试验方法和要求与湿式煤气柜相同。

五、煤气柜的运行管理

（1）煤气柜基础的保护和管理

基础不均匀沉陷会导致柜体的倾斜。湿式煤气柜倾斜后，其导轮、导轨等升降机构易磨损失灵、水封失效，以致酿成严重的漏气失火事故。干式煤气柜倾斜后，也易造成液封不足而漏气。因此，必须定期检查观测基础不均匀沉陷的水准点。发现问题及时处理，处理的方法一般可用重块纠正塔节（或活塞）平衡或采取补救基础的土建措施。

（2）控制低压湿式煤气柜中钟罩升降的幅度

钟罩的升降应在允许的红线范围内，如遇大风天气，应使塔高不超过两节半。要经常检查储水槽和水封中的水位高度，防止煤气因水封高度不足而外漏。宜选用仪表装置控制或指示其最高、最低操作限制。

（3）补漏防腐

煤气柜一般都在露天设置，由于日晒雨淋，煤气柜表面易腐蚀，一般要安排定期检修，涂漆防腐。另外，煤气本身有一定的化学腐蚀性，所以煤气柜不可避免地会有腐蚀穿孔现象发生。补漏时，应在规定允许修补的范围内采取相应的措施，确认修补现场不存在可爆气体时，方可进行。补漏完毕，应进行探伤、强度和气密性试验等验收检查。

（4）冬季防冻

对于湿式煤气柜，要加强巡视，注意水封、水泵循环系统的冰冻问题；对于干式煤气柜，应在柜壁内涂覆一层防冻油脂。

稀油密封式煤气柜防冻的方法是向底部油沟的蒸汽加热管内通入蒸汽。如果柜壁上结冰，则采用柜壁外加保温层的方法。

（5）建立煤气柜的维修制度

确定煤气柜的维修周期，并定期检查。

第五节　煤气混合站与加压站

一、混合站与加压站的配置

混合站与加压站位置的选择应按简化管网布置，或者接近煤气来源处，或者接近用户，两者也可分开布置。加压站位置，应能满足进站总管煤气压力不低于以下数值的要求：

焦炉煤气　　100mmH$_2$O

高炉煤气　　100mmH$_2$O

混合煤气　　150mmH$_2$O

混合站与加压站的相互配置，应根据煤气压源（具有压力的煤气源）、用户对煤气热量和压力的要求以及总图布置情况而定，有以下三种形式。

（1）先混合后加压（见图4-11）

图4-11　先混合后加压流程简图

（2）先加压后混合

又分以下三种情况。

① 高、低热值煤气分别加压后混合。

② 只对高热值煤气或低热值煤气加压后混合。

③ 高、低热值煤气分别加压，按用户要求配比不同热值，设几个混合站（图4-12）。

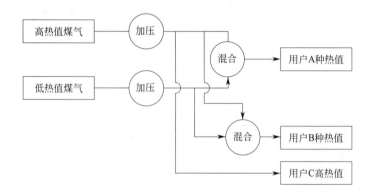

图4-12　设几个混合站示意图

（3）单独混合或单独加压（图4-13）

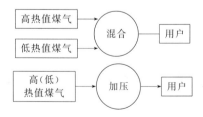

图4-13　单独混合或单独设立加压站示意图

二、建构筑物的危险性分类

根据《建筑设计防火规范》（GB 50016—2014）（2018年版）和《工业企业煤气安全规程》（GB 6222—2005），煤气加压站、混合站和焦炉煤气等抽气机室主厂房的火灾危险性分类及建筑物的耐火等级如表 4-11 所示。

表 4-11 火灾危险性分类及建筑物的耐火等级

厂房名称	火灾危险分类	耐火等级
发生炉煤气加压站主厂房	乙	三级
煤气混合站主厂房	乙	二级
其中，爆炸下限小于 10% 者	甲	
焦炉煤气抽气主厂房	甲	二级
直立连续式炭化炉煤气抽气主厂房	甲	二级
转炉煤气抽气机室和加压站厂房	乙	二级
水煤气加压站厂房		

　　焦炉煤气、水煤气以及其他爆炸下限小于 10% 的煤气或混合煤气的加压站厂房、属甲级火灾危险性和有爆炸危险性厂房，均应为单独建筑物，应设置防爆泄压面积，该面积与厂房体积的比值可取 $0.05 \sim 0.10 \mathrm{m}^2/\mathrm{m}^3$；门窗应向外开，要有不少于两个出口和入口。甲、乙级危险性的加压站和混合站，均应考虑相应的安全间距、安全通道、防火间隔以及其他安全疏散设施。其中混合站和加压站的安全疏散距离（指工作地点到出口）可按《建筑设计防火规范》（GB 50016—2014）标准执行。

　　煤气加压站和混合站的管理室与主厂房之间，应采取隔墙、隔音措施，应设有能观察机械运转并有隔音的双层有机玻璃窗；管理室应装设二次仪表，一次仪表不得引入管理室内；站房内应设有一氧化碳监测装置，并把信号传送到管理室内。

三、工艺设备要求

　　为保证用户混合煤气的热值和压力稳定，混合站应设有热值、压力、流量等调节设备，一般采用流量配比或热值指数调节的自动调节系统，由压差调节装置与蝶阀、流量孔板等组成。图 4-14 为三个蝶阀的热值指数调节系统示意图。

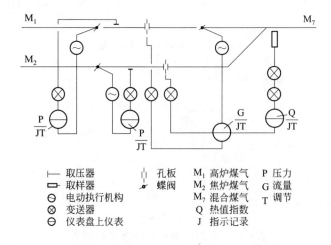

⊢ 取压器	⊣ 孔板	M_1 高炉煤气	P 压力
⊐ 取样器	• 蝶阀	M_2 焦炉煤气	G 流量
⊖ 电动执行机构		M_7 混合煤气	T 调节
⊗ 变送器		Q 热值指数	
⊖ 仪表盘上仪表		J 指示记录	

图 4-14　三个蝶阀的热值指数调节系统示意图

　　混合站在引入煤气管道的起始端应设置闸阀、盲板及顶开装置，应设有煤气主管压力低于规定值的报警声光信号。引入混合煤气管道为两条时，它们之间的净距离不小于 800mm，混合煤气压力在运行中应保持正压。

对混合站发生的故障（其中包括煤气源全部切断或某种煤气来源切断、停电及混合站压力波动等），应及时处理。对煤气源切断，需查明切断原因：通知各煤气用户止火或保温；煤气源全部切断时，应立即往煤气管道送蒸汽或氮气；某种煤气气源切断时，可分情况，关闭切断煤气源的蝶阀，调节保持煤气源的蝶阀，必须保持煤气管道压力在 $500mmH_2O$ 以上。

加压站的作用是保证用户对煤气压力的要求和煤气管道压力稳定的需要，有室内和露天两种布置形式。其主要设备是加压机，一般多采用离心式鼓风机。可选用高、低压分别加压的系统，或合并按较高压力设计成一种压力系统。加压机所需提升压力按下式确定：

$$\Delta p = p_1 + \Delta p_1 + \Delta p_2 - p_2$$

式中　p_1——用户接点处煤气压力；

　　Δp_1——加压站至用户接点处煤气管道的压力降；

　　p_2——进入加压站的煤气压力；

　　Δp_2——加压站内的压力降。

【例】　1200 薄板厂要求煤气压力为 $1800mmH_2O$，进入加压站总管煤气压力为 $350mmH_2O$，输送管道压力降为 $250mmH_2O$，加压站内压力降一般为 $30\sim50mmH_2O$，求加压机所需提升压力？

【解】　由上式可得

$$\Delta p = (1800 + 250 + 50 - 350)mmH_2O = 1750mmH_2O$$

加压站每台加压机、抽气机前后应设可靠的隔断装置；应设有进出加压机站的煤气主管压力低于 $70mmH_2O$ 时的报警声光信号和停止一台加压机运转的装置（当压力低至 $50mmH_2O$ 时，应能停止全部加压机运转）；在进出口总管应设大回流管和电动蝶阀，以保证加压机流量大于压缩机的喘振流量；进口末端应设有放散管；给水总管应有压力降至 $0.1MPa$ 的报警信号；加压站应两路电源供电；主机之间以及主机与墙壁之间的净距一般不小于 $1.5m$，主要通道宽度应不小于 $2m$；发生炉煤气加压机的电动机必须与空气鼓风机联锁，鼓风机停止时加压机应自动停机。鼓风机发生故障（例如鼓风机振动的故障等）时，应查明原因及时处理。

第五章

煤气事故的预防和处理

第一节　煤气中毒事故的预防和处理

在生产劳动过程中，工业毒物引起的中毒称为职业中毒。工业企业中生产和使用的煤气大多含有较高的一氧化碳（CO）。一氧化碳是一种窒息性毒气，是引起人体中毒事故的主要气体。通常所说的煤气中毒，即指一氧化碳中毒。

煤气是工业企业中焦炉、热风炉、轧钢加热炉以及其他各种加热炉的主要燃料。煤气从产生到净化、输送加压以及到用户使用过程中，不仅煤气设备的分布面广，而且接触煤气的人员在各企业占很大的比例。按照国家卫生标准，在工作环境中一氧化碳最高允许含量为 0.0024%（即 CO 浓度为 24ppm，相当于 30mg/m³），当空气中一氧化碳含量高于国家卫生标准时，则因含量和接触时间的不同，会导致接触者轻度、中度、重度煤气中毒，甚至死亡。

一、一氧化碳中毒的机理

一氧化碳为无色、无臭、无刺激性气体，所以空气中散布有一氧化碳时很难被人发觉，而且相对密度（0.967）与空气接近，能长时间地混合在空气中。各种煤气的一氧化碳含量如表 5-1 所示。

表 5-1　各种煤气的一氧化碳含量

煤气种类	一氧化碳含量/%	煤气种类	一氧化碳含量/%
高炉煤气	23~30	铁合金煤气	60~80
焦炉煤气	5~9	发生炉煤气	26~31
转炉煤气	50~70	水煤气	32~37

一氧化碳是一种窒息性毒气，属Ⅱ级毒物，空气中一氧化碳控制标准为小于 $30mg/m^3$。一氧化碳被吸入后，经肺泡进入血液循环系统。由于它与血液中的血红蛋白（Hb）的亲合力比氧气大 200~300 倍（240 倍），故一氧化碳吸入人体后，即与血红蛋白结合，生成碳氧血红蛋白（HbCO）。碳氧血红蛋白无携氧能力，又不易解离，解离所需时间是氧和血红蛋白（HbO_2）的 3600 倍，并且碳氧血红蛋白的存在影响氧和血红蛋白的解离，阻碍氧的释放，造成全身各组织缺氧，甚至窒息死亡。空气中一氧化碳浓度达到 $1.2g/m^3$ 时，短时间可致人死亡。

　　煤气中毒的程度与空气中一氧化碳含量的高低、个人的身体强弱及中毒时间的长短有关。空气中一氧化碳含量对人体的危害程度如表 5-2 所示。

表 5-2　空气中一氧化碳含量对人体的危害程度

空气中一氧化碳含量/%	报警仪显示量/(mg/m³)	中毒症状
0.02	200	吸入 2～3h,轻微头痛
0.04	400	吸入 1～2h,开始前额痛;吸入 2.5～3.5h,后脑头痛
0.08	800	吸入 45min,头晕恶心、痉挛;吸入 2h 后,失去知觉
0.16	1600	吸入 20min,头痛恶心、痉挛;吸入 2h 后,死亡
0.32	3200	吸入 5～10min,头痛;吸入 30min,死亡
0.64	6400	吸入 1～2min,头痛;吸入 5～10min,死亡
1.28	12800	吸入即昏迷;吸入 1～2min,死亡

二、一氧化碳中毒的症状

(1) 急性中毒

　　急性中毒是指一个工作日或更短的时间内接触高浓度毒物所引起的中毒。急性中毒发病很急，变化较快，多数是由于生产中发生意外事故而引起的。如果急救不及时或治疗不当，易造成死亡或留有后遗症。

　　随着一氧化碳在作业场所的浓度及作用时间的增加，其中毒症状逐渐加重，表现如下。

　　① 轻度中毒　吸入一氧化碳后出现头痛、头昏、头沉重感、恶心、呕吐、全身疲乏无力、耳鸣、心悸、神志恍惚。稍后，症状便加剧，但不昏迷。离开中毒环境，吸入新鲜空气能很快恢复。轻度中毒者体内的碳氧血红蛋白含量一般在 20% 以下。

　　② 中度中毒　除上述症状加重外，面颊部出现樱桃红色，呼吸困难，心率加快，大小便失禁，昏迷。大多数中毒者经抢救后能好转，不留后遗症。中度中毒者体内的碳氧血红蛋白含量在 20%～50% 之间。

　　③ 重度中毒　多发生于一氧化碳浓度极高时，中毒者很快进入昏迷状态，并出现各种并发症：脑水肿、休克或严重的心肌损害、肺水肿、呼吸衰竭、上消化道出血等。有的重度中毒者可能留有后遗症，如偏瘫、自主神经功能紊乱、神经衰弱等。重度中毒者体内的碳氧血红蛋白含量在 50% 以上。

(2) 慢性中毒

　　慢性中毒是指长时期不断接触某种较低浓度工业毒物所引起的中毒。慢性中毒发病慢，病程进展迟缓，初期病情较轻，与一般疾病难以区别，容易误诊。如果诊断不当、治疗不及时，会发展成严重的慢性中毒。

　　长期吸入少量的一氧化碳可引起慢性中毒，慢性中毒者数天或数星期后才出现症状，如贫血、面色苍白、心悸、疲倦无力、消化不良、呼吸表浅、体重减轻、头痛、感觉异常、失眠、记忆力减退等。这些症状大多数可以慢慢恢复，但也有极少数不能恢复而引发后遗症。

三、煤气中的其他毒物

(1) 硫化氢

　　硫化氢属 II 级毒物，是有臭鸡蛋味的无色透明的气体，密度为空气的 1.19 倍。它是一种神经毒物，通过呼吸系统进入人体与人体细胞色素氧化酶中的三价铁作用，而且对人体中的各种酶均能起作用，使新陈代谢作用降低。硫化氢在空气中含量不大时，即能使人眩晕、心悸、恶心；当空气中硫化氢含量达到0.1％以上时，可立即使人发生昏迷和呼吸麻痹而呈"闪电式"死亡。当吸入硫化氢后，人很快失去对硫化氢气味的感觉。因此，中毒的危险性更大。

净煤气中含有的硫化氢，是由于净化不彻底残留的，国家规定车间空气中硫化氢的最高容许浓度为$10mg/m^3$。由于发生煤气中毒时最显著的特征是一氧化碳中毒，所以硫化氢中毒现象常常被掩盖，但是长期接触仍然会引起中毒反应：头痛眩晕以及眼角膜发炎、疼痛等。

（2）苯

苯是易挥发的液体，属Ⅰ级毒物，车间空气中苯的短时间接触容许浓度为$40mg/m^3$。在煤气中残留的苯主要来自焦炉煤气，以蒸气形态存在，少量附着在管道、阀门、风机、调压器等设施的内壁上。高浓度苯对中枢神经系统有麻痹作用，可引起急性中毒；长期接触苯对造血系统有损害，可引起慢性中毒。在煤气输配行业，主要防止的是苯的慢性中毒。苯可通过呼吸系统和皮肤进入人体，使长期接触苯的人的造血组织遭到破坏，使血象和骨髓象发生变化，造成不同程度的再生障碍性贫血，严重时还会引发白血病。

（3）氨气

氨气属Ⅱ级毒物，主要是对上呼吸道有刺激和腐蚀作用，车间空气中氨气的短时间接触容许浓度为$30mg/m^3$，人对氨气的嗅觉阈为$0.5\sim1mg/m^3$。人接触氨气后，眼和鼻有辛辣和刺激感、流泪、咳嗽、喉痛，出现头痛、头晕、无力等全身症状。重度中毒时会引起中毒性肺水肿和脑水肿，可引起喉头水肿、喉痉挛，中枢神经系统兴奋性增强引起痉挛，通过三叉神经末梢的反射作用引起心脏停搏和呼吸停止。

除以上有毒物质外，焦炉煤气中还有微量的HCN、SO_2等有毒物质。

四、煤气中毒事故的预防

（1）组织管理措施

加强煤气安全管理，严格执行《工业企业煤气安全规程》（GB 6222—2005）和《焦化安全规程》（GB 12710—2008）、《炼铁安全规程》（AQ 2002—2018）、《炼钢安全规程》（AQ 2001—2018）、《轧钢安全规程》（AQ 2003—2018）等安全规程，并应制定本企业的实施细则，建立健全煤气安全管理的各项规章制度，包括预防煤气中毒事故的有关制度和措施。

从事煤气作业的人员上岗前，必须经过煤气安全知识教育培训，考试合格并取得操作资格证书后方能上岗工作。

在煤气设备上抽堵盲板、动火检修、进入受限空间等作业，必须办理申请手续。操作时，煤气防护人员到现场监护，否则不能工作。

煤气区域应悬挂明显的安全警示标志，以防误入造成煤气中毒。

推行煤气区域三类划分和分类管理制度。比如在发生炉煤气站，根据可能引起中毒的概率及煤气容易泄漏和扩散的程度，一般将其危险区域分为以下三级。

① 甲级危险区　在甲级危险区有中毒和致死的危险。甲级危险区包括：未经吹扫的洗涤塔、隔离水封、电气滤清器等设备空间；停炉后未经吹扫的发生炉内部空间及未经吹扫的煤气管道内部；带压力抽堵盲板、更换孔板、更换管道法兰等工作场所。

在此区域工作必须持有煤气操作证，戴上空气呼吸器，并应有人在现场监护。

② 乙级危险区　乙级危险区包括：已经吹扫和清洗过的煤气设备、管道内部及周围场所；正在运行的煤气管道上或有关的设备周围场地以及打开盖的煤气排送机周围场地；在经过吹扫的煤气设备和管道上进行焊接工作的周围场地；吹扫煤气设备、管道及放散残余煤气或点燃放散火炬塔时的周围场地；不带压力抽堵盲板及更换法兰等工作的周围场地。

在此区域工作必须持有煤气操作证，备有空气呼吸器，并要求救护人员监护。

③ 丙级危险区 丙级危险区包括：煤气排送机间、煤气发生炉操作间及化验室等操作场所；煤气使用部门的煤气操作场所；厂区煤气管道及附属设施周围场地。

在此区域允许工作，但需有人定期巡视检查。

（2）杜绝煤气"跑、冒、泄、漏"

① 煤气鼓风机、加压机的轴头密封要严密，防止因泄漏发生煤气中毒。

② 煤气排水器应定期检查溢流情况。冬季要伴随蒸汽保温，避免因亏水造成煤气压力超过水封有效高度，使水封被击穿。

③ 采用 U 形水封与隔断装置并用的煤气切断方式，不准单独将 U 形水封作为隔断装置使用。使用 U 形水封时，补水量要充足，必须保持高水位溢流。泄水管不准漏水，水封要设专人检查监护，防止水封亏水。

④ 蒸汽管道不能与煤气管道长期连通，防止煤气倒流造成煤气中毒。水管应装逆止阀，以防断水时倒窜煤气。

⑤ 热风炉开炉点火前，要按工艺要求进行烘炉和烟道烘烤；烟道要有足够的负压，避免气体外溢，造成煤气中毒。

⑥ 高炉冷却设备与炉壳、风口、渣口以及各水套软探尺的箱体、检修孔盖的法兰和链轮都应保持密封。硬探尺与探尺孔间应用氮气或蒸汽密封，通入大、小钟平衡杆之间的密封处旋转密封间的氮气或蒸汽的压力，应超过炉顶工作压力 0.001MPa（100Pa）。

（3）安全操作

① 在煤气放散过程中，40m 内禁止有人，并设置警戒线，防止误入。

② 打开煤气设备、管道人孔时，要佩戴呼吸器并侧开身子，防止煤气中毒。

③ 高炉出铁口外溢煤气，要用明火点燃。到炉身以上工作时，必须两人以上，并携带一氧化碳检测报警仪。

④ 严禁在煤气地区停留、睡觉或取暖。高炉洗涤区域排水沟是极易泄漏煤气的地方，因此禁止在排水沟周围停留。

（4）煤气安全检测技术

① 对煤气设备，特别是室内煤气设备，应有定期检查泄漏的规定和要求，发现泄漏及时处理。

② 对新建、扩建、改建或大修后的煤气设备，在投产前必须进行气密性试验，合格后方可投产。试验时间按《工业企业煤气安全规程》（GB 6222—2005）相关规定执行。

③ 煤气岗位人员巡检和检查设备设施时，必须携带一氧化碳检测报警仪，发现一氧化碳浓度超标及时处理。

④ 检修人员进入煤气管道、设备内部工作，必须检测一氧化碳浓度，合格后方可作业，并对一氧化碳浓度不断监视。在设备内的操作时间应根据一氧化碳浓度不同而确定，氧含量应不低于 19.5％方可进入。

（5）安全防护措施

① 在生产、操作、施工中，如一氧化碳浓度超过规定标准或含氧量不达标时，应佩戴空气呼吸器。

② 发生煤气中毒事故或煤气设备、管网发生泄漏时，抢救人员必须佩戴空气呼吸器等隔绝式防毒面具，严禁冒险抢救或进入泄漏区域。

③ 进行煤气设备检查或危险作业，必须有监护人员在场监护。

五、煤气中毒事故的应急救援处理原则

加强煤气安全管理，预防煤气中毒事故的发生。一旦发生煤气中毒应及时进行抢救，把事故损失降到最低限度。

① 发生煤气中毒事故后要立即打电话通知厂调度、煤气防护站，及时报告事故情况。

② 煤气防护站应尽快组织好抢救人员，携带救护工具、设施，迅速赶赴现场。进入煤气危险区的抢救人员必须佩戴空气呼吸器或氧气呼吸器。关闭阀门切断煤气来源，防止煤气扩散。同时要打开门窗和通风装置，排除过量的一氧化碳气体。

注意：禁止在无防护的情况下盲目指挥和强行施救，严禁使用纱布口罩或其他不能防止煤气中毒的器具。

③ 将中毒者迅速及时地救出煤气危险区域，抬到空气新鲜的地方，解除一切阻碍呼吸的衣物，并注意保暖。抢救现场应保持清净、通风，并指派专人维护秩序。

④ 中毒轻微者，如出现头疼、恶心、呕吐等症状，可直接送往附近卫生所急救。

⑤ 中毒较重者，如出现失去知觉、口吐白沫等症状，应通知煤气防护站和附近卫生所赶到现场急救。

⑥ 中毒者已停止呼吸，应在现场立即做人工呼吸并使用苏生器，同时通知煤气防护站和附近卫生所赶到现场抢救。

⑦ 中毒者未恢复知觉前，不得用急救车送往较远医院急救。就近送往医院抢救时，途中应采取有效的急救措施，并应有医务人员护送。

⑧ 有条件的企业应设高压氧舱，对煤气中毒者进行抢救和治疗。

第二节　煤气火灾事故的预防和处理

一、燃烧原理

（1）燃烧的含义

同时伴有放热发光的激烈的氧化反应叫做燃烧。

（2）燃烧的三要素

燃烧的三要素如图 5-1 所示。

（3）燃烧的充分条件

① 具备一定数量的可燃性物质。

② 要有足够数量的助燃物质。

③ 点火源具备一定的强度（温度和热量）。

④ 燃烧三要素同时存在并相互作用。

可燃物、助燃物、点火源是构成燃烧的三个要素。如果缺少其中的任何一个要素，燃烧便不能发生。

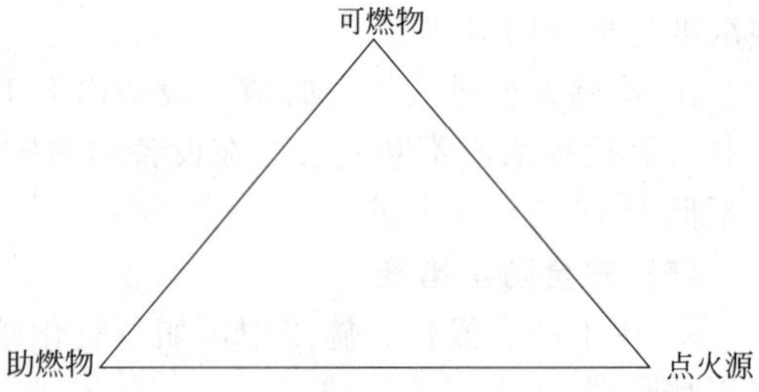

图 5-1　燃烧的三要素——燃烧的必要条件

（4）气体的燃烧方式

① 扩散燃烧　如果可燃气体与空气的混合是在燃烧过程中进行的，则发生稳定式燃烧，称为扩散燃烧。由于可燃气体与空气是逐渐混合的并逐渐燃烧消耗掉，因而形成稳定式燃烧，只要控制得好，就不会造成火灾。除火炬燃烧外，气焊的火焰、加热炉中煤气的燃烧等

均属扩散燃烧。

② 动力燃烧　如果可燃气体与空气是在燃烧之前按一定比例均匀混合的，形成预混气，遇点火源则发生爆炸式燃烧，称为动力燃烧。在预混气的空间里，充满了可以燃烧的混合气，一处点火，整个空间就立即燃烧起来，发生瞬间的燃烧，即爆炸现象。

③ 喷流式燃烧　如果可燃气体处于压力下而受冲击、摩擦或其他点火源作用，则发生喷流式燃烧，如高压气体从燃气系统喷射出来时的燃烧。

二、发生煤气火灾事故的原因

煤气作为一种气体燃料，在生产过程中，通过混合燃烧或扩散燃烧，发生氧化反应为生产提供热能。但煤气作为易燃、易爆的气体，一旦由于各种原因与空气混合达到着火范围，遇到点火源，就会发生着火事故。发生煤气火灾事故的原因如下。

① 煤气发生泄漏，水封被击穿或被解除，煤气设施附近有点火源存在，引发着火事故。

② 在带煤气作业或抽堵盲板时，使用铁制工具，由于敲打或摩擦产生火花，也会引起着火事故。

③ 在运行的煤气设备、管道上不采取安全措施进行动火作业，很容易引起着火事故。

④ 煤气设备未设置可靠接地装置，静电集聚产生静电放电或遭雷击后会引起着火事故。

⑤ 煤气设备停气后，未可靠地切断煤气来源，动火时易发生着火事故。

⑥ 煤气管道吹扫合格后，动火部位的杂质清理不净也容易引起管道内部着火。

⑦ 电气设备不符合防爆标准，也会引起煤气火灾、爆炸事故。

⑧ 发生炉顶煤仓因有煤气从辅助煤箱泄入炉顶开口处，动火时引起炉顶煤仓着火。

凡能引起可燃物质燃烧的点火能源统称为点火源。通过对多起煤气着火爆炸事故的分析，引起煤气着火爆炸事故的点火源包括：明火、摩擦与撞击、高温表面及高热物、电气火花、静电火花、雷电等。

三、煤气火灾事故的预防

（1）防止煤气泄漏

防止煤气着火事故，首先应防止煤气泄漏，保证煤气设施的严密性。煤气设施投产前必须进行严密性试验。运行的煤气设施必须定期进行检查，防止煤气泄漏。煤气设备、管道的下列部位较易造成泄漏，应经常检查：阀芯、法兰、膨胀器、焊缝、计量导管、铸铁管接头、排水器、煤气柜与活塞间、鼓风机轴头、蝶阀轴头等。

（2）防止煤气接触点火源

常见的点火源有明火、电火花、静电、雷电、摩擦、撞击、高温物质、光射线、化学反应热、绝热压缩及其他。

① 禁止明火　明火是指敞开的火焰、火花、火星等。在工厂中常见的明火有：维修用火、加热用火和机动车排气管、烟囱排放的火星等。焊割是对金属进行焊接和切割，是工厂经常采用的一种明火作业。几种常见的明火源及其温度如表5-3所示。

表5-3　几种常见的明火源及其温度

明火源名称	火源温度/℃	明火源名称	火源温度/℃
火柴火焰	500～650	汽车排气管火星	600～800
烟头中心	700～800	焊割火星	2000～3000
机械火星	1200	烟囱飞火	600

为防止明火引起的着火事故，应严格执行煤气设备和煤气区域动火作业的管理制度。在煤气设备和煤气区域附近严禁一切点火源，禁止吸烟、生火炉，煤气设备及管道附近不准堆放易燃易爆物品。停送煤气时，一定要管理好明火。要防止硫化亚铁、带油破布、棉纱头自燃，并采取隔离措施。

② 防止摩擦与撞击　摩擦与撞击引起的点火源包括：机械上轴承缺油、润滑不均造成摩擦起热，金属零件、铁钉等落入旋转设备，金属机件碰撞，铁制工具与煤气设备、管道撞击产生火花，等等。防止摩擦与撞击的措施如下。

a. 防止机器轴承摩擦发热起火，机械轴承要及时加油，保证良好的润滑。

b. 带煤气作业时防止工具敲击、摩擦起火。带煤气抽堵盲板时，必须采用铜制等不产生火花的工具。

c. 带煤气作业时，禁止用钢丝绳起吊。

d. 机房、生产厂房内禁止穿带钉子的鞋。

e. 带煤气钻孔时，钻头应涂有黄油。

③ 防止静电放电　静电是由于两种不同物体相互摩擦、接触、分离而产生的。两种物体在发生摩擦之后就会产生和带有相反的电荷。如果带电体是绝缘体，就有积累电荷的条件而形成对其他物体的高压体。当电压超过一定值时，将击穿周围的空气层，产生静电放电现象。大多数可燃气体，最小点火能在 0.3mJ 以下，一般静电电压在 3000V 以上就能将其点燃。防止静电的措施有接地、跨接、控制流速和禁穿化纤等易带静电衣物等。

④ 防雷　雷电是大自然中云与云之间，以及云对大地的放电现象。其中云对地放电，不仅能击毙人畜、劈裂树木、破坏建筑物，还能引起火灾、爆炸事故。

为了防止雷击，应设防雷保护装置并定期测试电阻，接地电阻应小于10Ω。要定期检查避雷设施。带煤气抽堵盲板作业，不应在雷雨天进行。

⑤ 远离或隔离高温物质　包括采暖系统、加热装置、高温物料、热处理的赤热体等。

高温管线与煤气管线接近时，高温管线表面应采取隔热措施。蒸汽采暖不应超过 110℃。

⑥ 防止产生电火花　包括电路开启或切断、电气保险丝熔断、电线发生短路等。防止产生电气火花的措施如下。

a. 空气鼓风机、煤气排放机同房布置时，机房应用防爆型电动机及其他防爆电气设备、设施。

b. 严禁在煤气设施上架设拴拉电线、电缆。

c. 生产厂房的电气设施应采用防爆型电气设备。

d. 排放机、鼓风机、水泵不能带负荷启动。

e. 不能超过电气设备的额定负荷。

f. 进入煤气设施内工作所用照明电压不得超过12V。

g. 煤气作业的照明应在 10m 以外使用投光器。

h. 禁止在易燃易爆场所开启、使用无线通信设备等。

四、灭火原理及方法

(1) 灭火原理

消除燃烧三要素中的任何一个要素，燃烧便终止。这就是灭火的原理。

(2) 灭火方法

① 冷却灭火法　冷却灭火法是根据可燃物发生燃烧时必须达到一定温度（燃点）这一

条件，将灭火剂直接喷洒在燃烧的物质上，使可燃物的温度降低到燃点以下，从而使燃烧停止的方法。

在火场上，除了用冷却方法直接扑灭火灾外，还经常用水冷却尚未燃烧的可燃物和建筑物、构筑物，以防止可燃物燃烧或建筑物、构筑物变形损坏，防止火势扩大。

② 隔离灭火法　隔离灭火法是根据发生燃烧必须具备可燃物这一条件，将燃烧物与附近的可燃物隔离或疏散开，从而使燃烧停止的方法。

采用隔离灭火法的具体措施很多，例如将点火源附近的可燃物和助燃物移出燃烧区，关闭阀门阻止可燃物（气体或液体）流入燃烧区，排除生产设备及容器内的可燃物，阻拦流散的易燃、可燃液体或扩散的可燃气体，拆除与点火源相连的易燃建筑物，形成阻止火焰蔓延的空间地带等。

③ 窒息灭火法　窒息灭火法是根据可燃物燃烧需要足够的助燃物这一条件，采取阻止助燃气体进入燃烧区的措施；或用惰性气体降低燃烧区的含氧量，从而使可燃物因缺乏助燃物而熄灭的方法。

④ 抑制灭火法　在近代的燃烧研究中，有一种叫连锁反应的理论。根据连锁反应理论，气态分子间的作用不是两个分子直接作用得出最后产物，而是活性分子自由基与另一分子起作用，结果产生新的自由基，新自由基参加反应，如此延续下去，形成一系列连锁反应。抑制灭火法就是以灭火剂参与燃烧的连锁反应，并使燃烧过程中产生的自由基消失，形成稳定的分子或低活性的游离基，从而使连锁反应中断，使燃烧停止。

五、煤气火灾事故的应急处理

(1) 事故报警和事故应急的组织指挥

发生煤气大量泄漏或着火后，事故的第一发现者应立即报警，同时向有关部门报告。各有关单位和有关领导应立即赶赴现场，现场应由企业领导人、相关部门和煤气防护站人员组成临时指挥机构统一指挥事故处理工作。根据事故大小划定警戒区域，严禁在该区域内有其他点火源，严禁车辆和其他无关人员进入该区域。事故单位要立即组织人员进行灭火和抢救工作。灭火人员要做好自我防护。各单位要保持通信畅通。

(2) 组织人员用水对其周围设备进行喷洒降温

着火事故发生后，应立即向煤气设备阀门、法兰喷水冷却，以防止设备烧坏变形。如煤气设备、管道温度已经升高接近红热时，不可喷水冷却。因水温度低，着火设备温度高，用水喷洒会使煤气管道和设备急剧收缩造成变形和断裂而泄漏煤气，造成事故扩大。

(3) 处理煤气泄漏着火的基本程序

煤气着火可分为煤气管道附近着火、煤气设备小泄漏着火、煤气设备大泄漏着火等情况。煤气设施着火时，若处理正确，能迅速灭火；若处理错误，则可能造成爆炸事故。处理煤气泄漏着火的基本程序：一降压，二灭火，三堵漏。具体程序如下。

① 由于煤气设备不严密而轻微泄漏引起的着火，可用湿泥、湿麻袋、石棉布等堵住着火处灭火，也可用蒸汽或干粉灭火器扑灭，火熄灭后再按有关规定补好泄漏处。

注意：此法只适合于扑救较小的初始火灾，较大着火事故用此方法有可能将人烧伤。

② 直径 100mm 以上的煤气管道和煤气设施着火时，应逐渐降低煤气压力，并通入大量氮气或蒸汽，但煤气设施内煤气压力最低不得小于 100Pa（10.2mmH$_2$O）。不能突然关闭煤气阀门或封水封，以防回火爆炸。

③ 在通风不良的场所，不能可靠切断煤气来源或不能实现堵漏之前不要灭火。否则，灭火后煤气仍大量泄漏，会形成爆炸性气体，遇烧红的设施或火花，可能引起爆炸。

④ 煤气隔断装置、压力表、蒸汽和氮气接头，应有专人控制操作。

⑤ 直径小于或等于100mm的煤气管道起火，可直接关闭煤气阀门灭火。

⑥ 煤气管道内部着火，或者煤气设备内的沉积物（如萘、焦油等）着火时，可将煤气管道、设备的人孔、放散管等一切与大气相通的部位关闭，使其隔绝空气自然熄火，或通入大量氮气或蒸汽灭火。但灭火后不要立即停送氮气或蒸汽，以防设施内硫化亚铁（FeS）自燃引起爆炸。

⑦ 煤气管道的排水器着火时，应立即补水至溢流状态，然后再处理排水器。

⑧ 高大、高空设备着火可用消防车灭火。

⑨ 焦炉地下室煤气管道泄漏着火时，焦炉应停止出炉和换向，切断焦炉磨电道及地下室照明电源，按煤气管道着火、泄漏处置程序进行灭火。灭火后打开窗户，按规定程序进行堵漏。切忌立即切断煤气来源，防止回火爆炸。

⑩ 硫酸铵生产过程中饱和器煤气窜出引起着火，是由于液封封不住煤气，煤气窜出后遇点火源而发生煤气着火。因而应加大母液量，以提高饱和器和满流槽的液位封住煤气，从而使火熄灭。

⑪ 在灭火过程中，尤其是火焰熄灭后，要防止煤气中毒，扑救人员应配备一氧化碳检测报警仪和佩戴空气呼吸器。

⑫ 灭火后，要立即对煤气泄漏部位进行处理，对现场易燃物进行清理，防止复燃。

⑬ 火警解除后恢复通气前，应仔细检查，保证煤气管道设备完好并进行置换操作后才允许通气。

⑭ 对已被烧伤的人员，不可盲目处理创面，应由医务人员处理，并及时送医院诊治。

第三节　煤气爆炸事故的预防和处理

一、爆炸的机理及爆炸的分类

（1）爆炸的含义

爆炸是物质系统的一种极为迅速的物理或化学的能量释放或转化过程，是系统蕴藏的或瞬间形成的大量能量在有限体积和极短时间内骤然释放或转化的现象。在这种释放和转化的过程中，系统的能量将转化为机械功以及光和热的辐射等。

（2）爆炸的分类

爆炸可分为物理爆炸、化学爆炸、核爆炸。煤气爆炸绝大多数情况属于化学爆炸。

（3）化学爆炸的五要素

化学爆炸的五要素如图5-2所示。

（4）化学爆炸的分类

① 简单分解爆炸　不稳定单质爆炸物质（如乙烯、乙炔、环氧乙烷、二氧化氮、丁二烯、雷汞、乙炔银、乙炔铜、碘化氮、叠氮铅等）受震动或受压而发生分解，并在分解过程中产生热量。分解产生的热量又进一步使爆炸物分解，形成高温高压而引起爆炸。这类容易分解的不稳定物质，

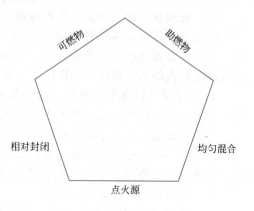

图 5-2　化学爆炸的五要素

爆炸危险性很大，受摩擦、撞击甚至轻微震动即可能发生爆炸，如乙炔银受摩擦或撞击时的分解爆炸。

② 复杂分解爆炸　各类混合性炸药、部分有机过氧化物，如苦味酸、梯恩梯、硝化棉等，需要外界强度较大的激发才能产生放热反应而爆炸。含氧炸药在发生爆炸时伴有燃烧反应，燃烧所需的氧由物质本身分解供给。该类物质爆炸危险性较简单分解的爆炸物小，但爆炸破坏严重。

③ 可燃性物质混合爆炸　是指由可燃物与助燃物混合形成的混合物遇点火源引起的爆炸，如煤气与空气混合的爆炸等。这类爆炸实际上是在点火源作用下的一种瞬间燃烧反应。一般将可引起可燃性混合爆炸的物质称为爆炸危险物质，所有可燃气体、可燃液体的蒸气和可燃性粉尘、可燃液体雾滴与空气（或氧气）组成的混合物均属此类。

煤气（可燃气体）与助燃气体按一定比例范围混合，在点火源的作用下发生剧烈的化学反应，释放出大量的能量，使气体体积突然膨胀引起冲击波的现象称为煤气爆炸。

二、爆炸极限

（1）爆炸极限的定义

当可燃气体、可燃液体的蒸气或可燃性粉尘与空气（或氧气）在一定浓度范围内均匀混合，遇到点火源发生爆炸的浓度范围称为爆炸浓度极限，简称爆炸极限。

冶金企业三种主要煤气的爆炸极限如下（均为参考数据）：

高炉煤气　　30.34%～89.50%
转炉煤气　　18.20%～83.22%
焦炉煤气　　4.50%～37.59%

（2）影响混合气体爆炸极限的因素

① 初始温度对混合气体爆炸极限的影响　可燃混合气体的初始温度越高，爆炸极限范围就越宽，即爆炸下限降低、爆炸上限升高。这是因为温度升高，会使反应物的活性增大，使爆炸反应容易发生。

② 初始压力对混合气体爆炸极限的影响　初始压力对爆炸极限有影响，高压下影响比较明显。一般来说，压力越高，爆炸极限范围越宽。这是因为系统压力增高，使分子间距缩小，分子碰撞概率增加，燃烧反应更容易进行，但爆炸下限降低不明显，爆炸上限升高较多。压力降低，爆炸极限范围缩小，当压力降到一定数值时，爆炸下限与爆炸上限重合，此时对应的压力称为临界压力；若压力降到临界压力以下，则混合气体不会爆炸。因此，在密闭容器进行负压操作，对安全生产是有利的。

③ 惰性气体对混合气体爆炸极限的影响　在可燃混合气体中加入惰性气体，会使爆炸极限范围缩小。当惰性气体含量达到一定值时可使混合气体不发生爆炸。这是因为加入的惰性气体分子在可燃气体分子与氧分子之间形成一道屏障，当活化分子撞击惰性气体分子时，会减少或失去活化能，使反应链中断。若已经着火，惰性气体可吸收放出的热量，对燃烧起到抑制作用。

④ 湿度对混合气体爆炸极限的影响　一般来说，随着湿度的增加，爆炸极限范围会缩小。这是因为湿气会蒸发吸热和吸收辐射能量，并部分地阻止燃烧反应，而且爆炸性混合气体加入水蒸气，就像加入稀释剂一样，会影响燃烧特性。

⑤ 容器直径对混合气体爆炸极限的影响　容器直径越小，火焰在其中越难蔓延，混合物的爆炸极限范围则越小。当容器直径或火焰通道小到一定数值时，火焰不能蔓延，可消除爆炸危险，这个直径称为临界直径。如甲烷的临界直径为 0.4～0.5mm，氢气和乙炔的临界

直径为 0.1～0.2mm。

⑥ 含氧量对混合气体爆炸极限的影响　混合物中的含氧量增加，爆炸极限范围扩大，尤其是爆炸上限显著提高。

⑦ 点火源对混合气体爆炸极限的影响　点火源的能量、热表面的面积、点火源与混合物的作用时间等均对爆炸极限有影响。

各种爆炸性混合物都有一个最低引爆能量，即最小激发能。它是混合物爆炸危险性的一项重要参数。爆炸性混合物的点火能量越小，其燃爆危险性就越大。

三、混合气体及含有惰性气体的混合气体爆炸极限的计算

（1）气体混合物爆炸极限的计算

对于不含氧或惰性气体的混合气体，其爆炸极限可按下式估算：

$$L_m = \frac{100}{\dfrac{V_1}{L_1} + \dfrac{V_2}{L_2} + \cdots + \dfrac{V_i}{L_i}}$$

式中　L_m——混合气体的爆炸极限，%；

$\quad\quad L_i$——i 组分的爆炸极限，%；

$\quad\quad V_i$——i 组分的体积分数，%。

上式用于煤气、水煤气、天然气等混合气体爆炸极限的计算比较准确。

（2）含有惰性气体组分混合物爆炸极限的计算

如果爆炸性混合气体中含有惰性气体（如氮气、二氧化碳等），计算爆炸极限时，可先求出混合物中由可燃气体和惰性气体分别组成的混合比，再从图 5-3 中找出它们的爆炸极限，并分别代入上式中求得。

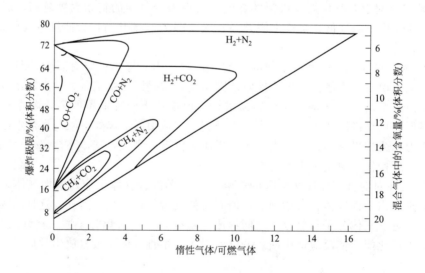

图 5-3　氢气、一氧化碳、甲烷和氮气、二氧化碳混合气体爆炸极限

【例】　求以下组分煤气的爆炸极限：

CO 58%、CO_2 19.4%、N_2 20.7%、O_2 0.4%、H_2 1.5%

【解】　将煤气中的可燃气体和惰性气体组合为两组：

① CO 和 CO_2，即 58%（CO）＋19.4%（CO_2）＝77.4%（CO+CO_2）。

其中：惰性气体/可燃气体＝CO_2/CO＝19.4/58＝0.33。

由图 5-3 中查得

$$L_上＝70\%，L_下＝17\%$$

② N_2 和 H_2，即 1.5%（H_2）＋20.7%（N_2）＝22.2%（$H_2＋N_2$）。

其中：惰性气体/可燃气体＝H_2/N_2＝20.7/1.5＝13.8。

由图 5-3 中查得

$$L_上＝76\%，L_下＝64\%$$

将上述数据代入混合气体爆炸极限 L_m 计算式，即可求得煤气的爆炸极限：

$$L_下＝\frac{1}{77.4/17＋22.2/64}＝20.3\%$$

$$L_上＝\frac{1}{77.4/70＋22.2/76}＝71.5\%$$

该煤气的爆炸极限为 20.3%～71.5%。

四、爆炸和火灾危险环境区域划分与电气防爆措施

(1) 爆炸和火灾危险环境区域划分

根据 GB 50058—2014《爆炸和火灾危险环境电力装置设计规范》，爆炸性气体与空气形成爆炸性气体混合物的场所，按其出现的频繁程度和持续时间可分为以下三个区域。

0 区：连续出现或长期出现爆炸性气体混合物的环境。

1 区：在正常运行时可能出现爆炸性气体混合物的环境。

2 区：在正常运行时不可能出现爆炸性气体混合物的环境，或即使出现也仅是短时存在爆炸性气体混合物的环境。

注：正常运行是指正常的开车、运转、停车，易燃物质产品的装卸、密闭容器盖的开闭，安全阀、排放阀以及所有工厂设备都在其设计参数范围内工作的状态。

(2) 电气防爆措施

① 防爆电气设备的选型　首先应对煤气爆炸危险区域等级进行划分，区域的划分、确定应严格掌握标准，还应视具体情况区别对待。如场所等级划分偏高，会造成经济上的浪费；场所等级划分偏低，则安全难以保证。

然后再根据爆炸危险区域的分区、电气设备的种类和防爆结构的要求，选择相应的电气设备。《爆炸和火灾危险环境电力装置设计规范》对灯具类、旋转电机、低压变压器、低压开关和控制器类和信号报警装置等防爆结构进行了选型规定。

② 选用防爆电气设备应遵循的原则

a. 选用的防爆电气设备的级别和组别，不应低于该爆炸性气体环境内爆炸性气体混合物的级别和组别。当存在两种以上易燃物质形成的爆炸性气体混合物时，应按危险程度较高的级别和组别选用防爆电气设备。

b. 爆炸危险区域内的电气设备，应符合周围环境内化学的、机械的、热的以及风沙等不同环境条件对电气设备的要求。电气设备结构应满足电气设备在规定的运行条件下不降低防爆性能的要求。防爆电气设备分为室内使用与室外使用，室内使用的设备用于室外，当环境温度升到 40℃后就不再适合；室外使用的设备要适应露天环境，要求采取防日晒、防雨淋和防风沙等措施。

c. 经济效益。选用防爆电气设备，不仅要考虑价格，还要对其可靠性、寿命、运转费用、耗能及维修等进行全面分析，以选择最适合最经济的产品。

d. 对防爆电气设备在使用期间的维护和保养极为重要。防爆电气设备宜选用易换型产品，其结构越简单越好。要注意管理方便，维修时间短且费用少，还要做好备品和备件的储存。当防爆灯具损坏时，必须在断电条件下更换。新更换的灯具功率绝对不允许大于原灯具铭牌上标定的设计功率。

e. 无法得到规定的防火防爆等级设备而采用代用设备时，应采取有效的防火、防爆措施。如安装电气设备的房间，应用非燃烧体的实体墙与爆炸危险场所隔开，只允许一面隔墙与爆炸危险场所贴邻，且不得在隔墙上直接开设门洞。通过隔墙的机械传动装置，应在传动部位穿墙处采用填料密封或有同等密封效果的密封措施。安装电气设备房间的出口，应通向非爆炸危险区域和非火灾危险区环境；当安装电气设备的房间必须与爆炸危险场所相通时，应保持相对的正压，并有可靠的保障措施。

③ 电气防爆的其他措施　进行危险区域划分和防爆电气设备选型的根本目的是保证煤气作业场所的安全，避免爆炸事故的发生。然而在一些煤气爆炸事故分析中发现，如果单纯按照以上方法进行危险区域划分与防爆电气设备选型，还是不能杜绝爆炸火灾事故发生。因此，还需采取其他措施。

a. 保持电气设备正常运行。为了防止电气设备过热，应保持电气设备的电压、电流、温升等参数不超过允许值，运行参数应在允许范围内。电气设备安装必须牢固，连接必须良好，特别是故障情况下可能有电流流过的连接点，不得有松动的可能，以防线路或设备连接处发热。

此外，保持电气设备清洁有利于防火。电气设备脏污或灰尘堆积既降低电气设备的绝缘性能，又妨碍通风和冷却。特别是有可能产生火花的电气设备，很可能由于过分脏污引起火灾。因此，从防火的角度出发，应定期或经常清扫电气设备，保持清洁。

b. 绝缘。保持电气设备绝缘良好，除了可以避免造成人身事故外，还可避免由于泄漏电流、短路产生火花或短路电流造成火灾或其他设备事故。

c. 保持防火间距。为防止电火花或危险温度引起火灾，应尽量将照明器具、电焊器具、电动机、开关、插销、熔断器、电热器具等电气设备安装在非爆炸危险环境或安装在危险级别较低的部位，适当避开易燃易爆建筑构件。在天车滑触线的下方，不应堆放易燃易爆物品。

变、配电站的电气设备较多，有些电气设备工作时产生火花和较高温度，其防火、防爆要求比较严格。10kV 及以下变、配电室不应设在火灾危险区的正上方或正下方，且变、配电室的门窗应向外开，通向非火灾危险区域。10kV 及以下的变、配电室，采用防火墙隔开时，可一面贴邻建造。10kV 及以下的架空线路，严禁跨越火灾和爆炸危险场所。当线路与火灾和爆炸危险场所接近时，其水平距离一般不应小于杆柱高度的 1.5 倍。

d. 接地。在爆炸性环境中的电气设备外壳、固定架、电线管、电缆金属护套等非带电裸露金属部件均应接地（或接零），以便在发生相线碰撞时迅速切断电源，防止短路电流长时间通过电气设备而产生高温。图 5-4 为固定设备与移动设备接地的方法。

e. 其他措施。

● 在爆炸危险场所，不宜使用手持电动工具和移动式电气设备，并且应尽量少进行电气测量工作，以免因铁壳之间的碰撞、摩擦以及落在水泥地面时产生火花。

● 密封是一种有效的防爆措施。煤气生产场所不宜采用电缆沟配线，若需设电缆沟，则应采取防止可燃气体等进入电缆沟的措施。进入变、配电室的电缆沟入口处，应予以填实密封。

● 变、配电室建筑的耐火等级不应低于二级，油浸变电室应采用一级耐火等级。

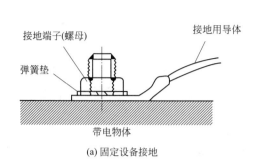

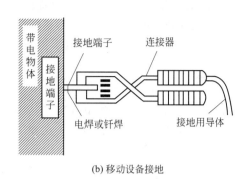

(a) 固定设备接地　　　　　　　　　　　(b) 移动设备接地

图 5-4　设备接地

● 在爆炸危险场所，良好的通风装置能降低爆炸性混合物的浓度，达不到引起火灾和爆炸的气体浓度。通风可降低环境温度，有利于可燃易燃场所的电气装置正常运行。

五、煤气爆炸事故的原因

① 生产中的设备由于停电、操作失误等原因，使设备内的压力降到零或负压，吸入空气造成混合气体达到爆炸极限，遇到点火源发生爆炸。

② 煤气设备检修时，煤气未吹扫干净又未做分析试验，急于动火造成爆炸。

③ 堵在设备上的盲板，由于年久腐蚀造成泄漏，动火前又未试验检查，造成爆炸。

④ 炉窑等设备正压点火。

⑤ 违章操作，先送煤气后点火。

⑥ 强制供风的窑炉，如鼓风机突然停电，造成煤气倒流，也会发生爆炸。

⑦ 焦炉煤气管道及设备虽已吹扫，并检验合格，但如果停留时间长，设备内的积存物受热挥发，特别是萘升华生成的气体与空气混合达到爆炸极限范围，遇点火源同样发生爆炸。

⑧ 烧嘴关闭不严，煤气泄漏炉内，点火前未对炉膛进行通风、吹扫处理。

⑨ 在停送煤气时未按规章操作，如停煤气时没有把煤气彻底切断，又没有检查就动火。

⑩ 烧嘴点不着火，再次点火前未对炉膛做吹净通风处理。

⑪ 煤气设备（管道）引上煤气后，未做爆发试验，急于点火也会发生爆炸。

六、煤气爆炸事故的预防

为了防止煤气爆炸，首先杜绝煤气和空气混合气体的产生，其次避免与点火源接触。因此需要做到如下几点。

① 切断煤气来源必须有可靠的隔断装置。

② 对煤气设备的煤气处理一定要干净彻底，并做连续三次爆发试验合格和含氧量分析合格。

③ 对要点火的炉子需要做严格的检查，如开闭器是否漏气，烟道阀门是否全部开启，确保炉膛内形成负压，方可点火。如点火后又熄灭了需要再次点火时，应立即关闭烧嘴阀门，对炉膛内仍需要做负压处理，待煤气吹扫干净，并经检测合格后，再点火送煤气。

④ 煤气用户压力低于 $500Pa$ 时，应立即熄火，停止燃烧，以防止回火爆炸。

⑤ 在煤气设备上动火时一定要提前办动火证，经化验合格和煤气主管部门批准后，方可动火。点火作业时，应先点火后送煤气。

⑥ 通蒸汽作业过程中，蒸汽不得间断。

七、防雷

雷电是自然界的一种放电现象，其破坏性极大，不仅能击毙人畜，劈裂树木、电杆，破坏建筑物及各种设施，还能引起火灾和爆炸事故，因此应采取防雷措施。

(1) 雷电的分类及危害

① 雷电的分类。雷电通常可分为直击雷、感应雷和雷电波侵入三种。

a. 直击雷。大气中带有电荷的雷云对地电压可高达几十万伏到几百万伏。当雷云同地面凸出物之间的电场强度达到该空间的击穿强度时所产生的放电现象，就是通常所说的雷击。这种对地面凸出物直接的雷击称为直击雷。

b. 感应雷。也称雷电感应，分为静电感应和电磁感应两种。静电感应是在雷云接近地面，在架空线路或其他凸出物顶部感应出大量电荷引起的。电磁感应是由雷击后伴随的巨大雷电流在周围空间产生迅速变化的强磁场引起的。

c. 雷电波侵入。是指由于雷电对架空线路或金属导体的作用，所产生的雷电波就可能沿着这些导体侵入建筑物内危及人身安全或损坏设备。

② 雷电的危害。雷击时，雷电流很大，其值可达数十千安培至数百千安培。由于放电时间极短，故放电陡度甚高，每秒达 50kA，同时雷电压也极高。因此雷电有很大的破坏力，它会造成设备或设施的损坏，造成大面积停电及生命财产损失。雷电危害主要有电性质破坏、机械性质破坏、电磁感应、热性质破坏、雷电波侵入、防雷装置上的高电压对建筑物的反击作用等。雷电流若迅速通过人体，可立即使人的呼吸中枢麻痹、心室颤动、心跳骤停，以致使脑组织及一些主要脏器受到严重损坏，出现休克甚至突然死亡。雷击时产生的火花、电弧，还会使人遭到不同程度的灼伤。

(2) 常用防雷装置的种类与作用

常用防雷装置主要包括避雷针、避雷线、避雷网、避雷带、保护间隙及避雷器等。完整的防雷装置包括接闪器、引下线和接地装置。而上述避雷针、避雷线、避雷网、避雷带及避雷器实际上都只是接闪器。除避雷器外，它们都是利用其高出被保护物的突出地位，把雷电引向自身，然后通过引下线和接地装置把雷电流泄入大地，使被保护物免受雷击。

① 避雷针　主要用来保护露天变配电设备及比较高大的建（构）筑物。它是利用尖端放电原理，避免设置处所遭受直接雷击。

② 避雷线　主要用来保护输电线路，线路上避雷线也称为架空地线。避雷线可以限制沿线路侵入变电所的雷电冲击波幅值及陡度。

③ 避雷网　主要用来保护建（构）筑物。避雷网分为明装避雷网和笼式避雷网两大类。沿建筑物上部明装金属网格作为接闪器，沿外墙装引下线接到接地装置上，称为明装避雷网，一般建筑物中常采用这种方法。而把整个建筑物中的钢筋结构连成一体，构成一个大型金属网笼，称为笼式避雷网。笼式避雷网又分为全部明装避雷网、全部暗装避雷网和部分明装部分暗装避雷网等几种。如高层建筑中都用现浇的模板和预制装配式壁板，结构中钢筋较多，把它们从上到下与室内的上下水管、热力管网、煤气管道、电气网络、电气设备及变压器中性点等均连接起来，形成一个等电位的整体，称为笼式暗装避雷网。

④ 避雷带　主要用来保护建（构）筑物。避雷带包括沿建筑物屋顶四周易受雷击部位明设的金属带、沿外墙安装的引下线及接地装置。避雷带多用在民用建筑物，特别是山区建

筑物。一般而言，使用避雷带或避雷网的保护性能比避雷针要好。

⑤ 保护间隙　保护间隙是一种最简单的避雷器。将保护间隙与被保护设备并联，当雷电波袭来时，保护间隙先行被击穿，把雷电导入大地，从而避免被保护设备因高幅值的过电压而被击穿。

⑥ 避雷器　主要用来保护电力设备，是一种专用的避雷设备。避雷器分为管型和阀型两类。它可进一步防止沿线路侵入变电所或变压器的雷电冲击波对电气设备的破坏。防雷电侵入波的接地电阻一般不得大于 $5\sim30\Omega$，其中阀型避雷器的接地电阻不得大于 $5\sim10\Omega$。

（3）煤气设施的防雷

根据《建筑物防雷设计规范》（GB 50057—2010），工业建筑物和构筑物的防雷等级根据其重要性、使用性质和发生雷电事故的可能性和后果，按防雷要求分为一、二、三类。煤气作业场所的防雷等级大部分应符合"第二类防雷建筑物"设计的规定。因此，在防雷设计上除必须遵照"第二类防雷措施"的规定外，在实际工作中还应根据物质本身结构等来考虑。

① 防雷设施的接闪器、引下线一般直接设在被保护物上，第一、二、三类防雷建筑物引下线之间的间距分别不应大于 12m、18m、25m。防雷接地装置的冲击接地电阻应小于 10Ω，并应和电气设备接地装置相连。

② 为防止感应雷击，室内所有金属设备、金属管道、金属构架等均应与接地装置相连。

③ 对于室外煤气管道，可在管道的始端、终端、分支处、转角处以及直线部分每隔 100m 处接地；当上述煤气管道与有爆炸危险厂房平行敷设而间距小于 10m 时，在接近厂房的一段，其两端及每隔 $30\sim40m$ 应接地。

④ 管道连接点（如弯头、阀门、法兰等处）不能保持良好的电气接触时，应用金属线跨接。管道平行敷设，且管间距小于 100mm 时，应做跨接；管道交叉敷设时，应在交叉处跨接。

⑤ 接地引下线可利用金属支架。若是活动金属支架，在管道与支持物之间必须增设跨接线。若是非金属支架，必须另做引下线。

⑥ 对于煤气放散管，以放散管口为圆心、直径为 25m 的半球形区域应在避雷针保护范围之内。也可以将煤气放散管和防雷装置相连，不必再独立设接闪器。

八、防静电

静电是一种常见的起电现象。当静电放电的能量达到或超过煤气的最小点火能时，且煤气在空气中的混合浓度已在爆炸极限范围内，就能立刻引起爆炸。因此，应预防静电放电引起的爆炸和火灾事故。

（1）静电的产生和危险特性

静电是指静止的电荷，是相对于流动的电荷而言的。物体间的相互摩擦或感应时，由于对电子引力的大小不同，在物体间或物体局部间发生电子转移，失去电子的带正电，得到电子的带负电。当电荷无法泄漏时，停留在物体的内部或表面呈相对静止状态，这种电荷就称为静电。

① 静电的产生　静电的形成条件主要包括接触起电、附着起电、感应起电和极化起电四种。在煤气生产、输配过程中，主要为接触起电，比较常见的如下。

a. 纯净的气体，即使流动也不易产生静电。但气体中往往会有杂质，煤气在管道和设备中流动时若流速过高，管道内的沉积物在高速煤气的吹动下高速撞击管壁，剧烈的摩擦势必产生较高的静电电压。

b. 煤气管道如破裂发生泄漏或煤气放散时，煤气高压喷出时由于速度极快，均可产生高电位的静电。

c. 煤气设施检修过程中，若使用非防爆工具，当工具与设备摩擦和碰撞时极容易产生火花。

d. 作业人员穿戴化纤面料的服装进行生产操作时，由于摩擦也极容易产生静电火花；如果作业人员穿着带铁钉的鞋，铁钉与地面撞击时也很容易产生火花。

② 静电的危险特性

a. 静电电压高。生产过程中所产生的静电电位（电压）可以达到很高的数值，如人体脱去化纤衣服时的电压高达5000V。

b. 电量较小。静电电量都很小，一般只是微库级到毫库级；电容也很小，如人体的电容为（100～300）×10^{-12}F。

c. 静电能量可成为点火源，虽然静电电压很高，但是由于电量都很小，它的能量也较小。但其放电能量如果大于或等于可燃气体的最小点火能时，就会点燃许多种可燃混合气体。

（2）静电的安全防护

① 接地和跨接

a. 接地。接地是消除煤气管道、设施静电危害最常见的措施，目的是将静电导入大地。设备、管线连接的跨接线及接地端，应选择在不受外力损伤、便于检查维修并且与接地干线容易相连的地方。图5-5为管路防静电接地。

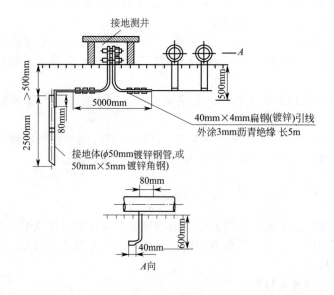

图5-5 管路防静电接地

煤气管道的两端和每隔200～300m处，均应接地。当金属导体与防雷保护、电气保护接地（零）等接地系统有连接时，可不另采取专门的静电接地措施。接地电阻不超过规定值。

静电接地的连接线应保证足够的机械强度和化学稳定性，连接应可靠。操作人员在巡回检查中，应经常检查接地系统是否良好（不得有中断处）；对于连接部分及接地部分经常检查腐蚀情况，不能因腐蚀而增加电阻。

b. 跨接。跨接是煤气管道法兰连接处的消除静电方法（图5-6），法兰之间应采用电阻低（小于0.03Ω）的材料进行跨接。

抽堵盲板时，要用导线将作业处法兰两侧连接起来，使电阻接近于0Ω。

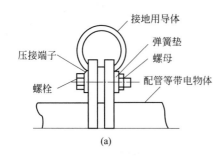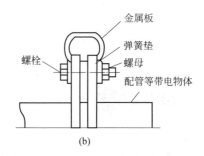

图 5-6　法兰跨接

两平行煤气管道间距小于 10cm 时，应每隔 20m 用金属线跨接；金属结构或设备与煤气管道平行或相交的间距小于 10cm 时，也应跨接。

② 清除杂物及控制煤气流速　煤气越纯净，其含悬浮物质越少，静电危险相应会减小。因此，需要定期清除煤气管道中的焦油、萘、硫化物及铁锈等沉积物。

限制煤气的流速，可以大大减少静电的产生和积聚。煤气流速越大，产生的摩擦、阻力损失也就越大。煤气输送过程中，注意控制煤气流速不超过 8m/s。要防止煤气管道泄漏，以防止产生高速喷流而产生静电。

③ 增湿　在存在静电危险的场所，若工艺条件允许，宜采用安装空调设备、喷雾器等方法提高场所环境相对湿度，消除静电危害。用增湿法消除静电危害的效果显著。

④ 静电消除器　静电消除器是一种产生电子或离子的装置，借助于产生的电子或离子中和物体上的静电，从而达到消除静电的目的。常用的静电消除器有感应式消除器、高压静电消除器、高压离子流静电消除器、放射性辐射静电消除器等几种。

⑤ 人体的防静电措施

a. 作业人员禁穿化纤和尼龙等易带静电的衣物。在接触静电带电体时，宜戴金属线和导电性纤维混纺的手套，穿防静电工作服和防静电工作鞋。防静电工作鞋的电阻为 $10^5 \sim 10^9 \Omega$，穿着后人体所带静电荷可通过防静电工作鞋及时泄漏掉。

b. 采用金属网或金属板等导电材料遮蔽带电体，以防止带电体向人体放电。

c. 采用导电性地面，不但能导走设备上的静电，而且有利于消除积累在人体上的静电。

d. 在易燃场所入口处，安装铝或铜等导电金属的接地走道，操作人员从走道经过时，可以消除人体静电。入口扶手也可以采用金属结构并接地，当手接触时可消除静电。

另外，加入抗静电剂也可消除静电。抗静电剂具有较好的导电性或较强的吸湿性，使材料的吸湿性或导离子性增加，使其电阻率下降，加快静电泄漏。

九、煤气爆炸事故的应急处理

① 对已爆炸的煤气设施，如没有着火，应立即切断煤气来源，迅速把煤气处理干净，防止二次爆炸。

② 对爆炸地点应加强警戒。

③ 距爆炸地点 40m 以内禁止点火源。

④ 迅速查明爆炸原因，在查明原因之前，不准送煤气。

⑤ 爆炸事故发生后如果发生着火，不能立即切断煤气，而应降压按着火处理。待火熄灭后，再切断煤气以防再次爆炸。

⑥ 组织人员进行抢修，尽快恢复生产。

第六章

煤气作业安全管理

第一节　煤气安全管理

一、基本要求

① 煤气工程的设计应做到安全可靠，对于笨重体力劳动及危险作业，应优先采用机械化、自动化措施。

② 煤气工程设计，应由持有国家或省、自治区、直辖市有关部门颁发的有效的设计许可证的设计单位设计。设计审查应有当地公安消防部门、安全生产监督管理部门和煤气设施使用单位的安全部门参加。设计和制造应有完整的技术文件。煤气工程的设计人员，必须经有关部门考核，不合格者不得独立进行设计工作。

③ 煤气设施的焊接工作应按国家有关规定由持有合格证的焊工担任，煤气工程的焊接、施工与验收应符合《工业金属管道工程施工规范》（GB 50235—2010）的规定。

④ 施工应按设计进行，如有修改应经设计单位书面同意。工程的隐蔽部分，应经煤气使用单位与施工单位共同检查合格后，才能封闭。施工完毕，应由施工单位编制竣工说明书及竣工图，交付使用单位存档。

⑤ 新建、改建和大修后的煤气设施应经过检查验收，证明符合安全要求并建立健全安全规章制度后，才能投入运行。煤气设施的验收必须有煤气使用单位的安全部门参加。

⑥ 现有企业的煤气设施达不到煤气安全规程要求者，应在改建、扩建、大修或技术改造中解决。未解决前，应采取安全措施，并报省、自治区、直辖市安全生产监督管理部门或其授权的安全生产监督管理部门备案。

⑦ 煤气设施应明确划分管理区域，明确责任。

⑧ 各种主要的煤气设备、阀门、放散管、管道支架等应编号，号码应标在明显的地方。煤气管理部门应备有煤气工艺流程图，图上标明设备及附属装置的号码。

⑨ 有煤气设施的单位应建立以下制度。

a. 煤气设施技术档案管理制度，将设备图纸、技术文件、设备检验报告、竣工说明书、竣工图等完整资料归档保存。

b. 煤气设施大修、中修及重大故障情况的记录档案管理制度。

c. 煤气设施运行情况的记录档案管理制度。

d. 建立煤气设施的日、季和年度检查制度，对于设备腐蚀情况、管道壁厚、支架标高等每年重点检查一次，并将检查情况记录备查。

⑩ 煤气危险区（如地下室、加压站、热风炉及各种煤气发生设施附近）的一氧化碳浓度应定期测定，在关键部位应设置一氧化碳监测装置。作业环境一氧化碳最高允许浓度为 $30mg/m^3$（$24\mu L/L$）。

⑪ 对煤气作业人员进行安全技术培训，经考试合格的人员才准上岗工作，以后每 3 年进行一次复审。煤气作业人员应每隔一至两年进行一次体检，体检结果记入"职工健康监护卡片"，不符合要求者，不得从事煤气作业。

⑫ 凡有煤气设施的单位应设技术人员负责本单位的煤气安全管理工作。

⑬ 煤气的生产、回收及净化区域内，不应设置与本工序无关的设施及建筑物。

⑭ 剩余煤气放散装置应设有点火装置及蒸汽（或氮气）灭火设施。需要放散时，一般应点燃。

⑮ 煤气设施的人孔、阀门、仪表等经常有人操作的部位，均应设置固定平台。走梯、栏杆和平台（含检修平台）应符合 GB 4053 的规定。

二、煤气安全技术管理

① 冶金企业应严格执行《工业企业煤气安全规程》（GB 6222—2005），建立和完善煤气安全管理制度，落实相关要求。

② 煤气危险区域，包括高炉风口及以上平台、转炉炉口以上平台、煤气柜活塞上部、烧结点火器及热风炉、加热炉、管式炉、燃气锅炉等燃烧器旁等易产生煤气泄漏的区域和焦炉地下室、加压站房、风机房等封闭或半封闭空间等，应设固定式一氧化碳监测报警装置。

③ 煤气生产、净化（回收）、加压混合、储存、使用等设施附近有人值守的岗位，应设固定式一氧化碳监测报警装置，值守的房间应保证正压通风。

④ 在煤气区域工作的作业人员，应携带一氧化碳检测报警仪，进入涉及煤气的设施内，必须保证该设施内氧气含量不低于 19.5%。作业时间要根据一氧化碳含量确定，动火前必须用可燃气体测定仪测定合格或爆发实验合格。设施内一氧化碳浓度高（大于 $50\mu L/L$）或氧气含量低（小于 19.5%）时，应佩戴空气呼吸器或氧气呼吸器等隔离式呼吸器具；设专职监护人员。

⑤ 转炉煤气和铁合金炉煤气宜添加臭味剂后供用户使用。

⑥ 水封装置（含排水器）必须能够检查水封高度和高水位溢流的排水口；严防水封装置的清扫孔（排污闸阀或旋塞）出现泄漏。

⑦ 检修煤气设施［包括煤气加压机、抽气机、鼓风机、布袋除尘器、煤气余压发电机组（TRT）、电捕焦油器、煤气柜、脱硫塔、洗苯塔、煤气加热器、煤气净化器等］，煤气输入、输出管道必须采用可靠的隔断装置。

⑧ 用单一闸阀隔断必须在其后堵盲板或加水封，并宜改造为电动蝶阀加眼镜阀或插板阀。

⑨ 过剩煤气必须点燃放散，放散管管口高度应高于周围建筑物，且不低于地面 50m；放散时要有火焰监测装置和蒸汽或氮气灭火设施。

⑩ 煤气管道和设备应保持稳定运行。当压力低于 500Pa 时，必须采取保压措施。

⑪ 吹扫和置换煤气管道、设备及设施内的煤气时，必须用蒸汽、氮气或合格烟气，不允许用空气直接置换煤气。

⑫ 煤气管道应架空铺设，严禁一氧化碳含量高于 10% 的煤气管道埋地铺设。

⑬ 煤气管道宜涂灰色，厂区主要煤气管道应标有明显的煤气流向和种类标志；横跨道路的煤气管道要标示标高，并设置防撞护栏。

⑭ 煤气管道的强度试验压力应高于严密性试验压力，高压煤气管道（压力大于或等于 $3×10^4$Pa）的试验压力应高于常压煤气管道。

⑮ 煤气设备设施和管道泄爆装置泄爆口，不应正对建筑物的门窗；如设在走梯或过道旁，必须有警示标志。

⑯ 凡开闭时会冒出煤气的隔断装置（如盲板、眼镜阀或扇形阀及敞开式插板阀等），不应安装在厂房内或通风不良处，离明火设备距离不少于 40m。

⑰ 煤气设备设施的改造和施工，必须由具备资质的设计单位和施工单位进行；凡新型煤气设备或附属装置必须经过安全条件论证。

⑱ 生产、供应、使用煤气的冶金企业必须设立煤气防护站，配备必要的人员、救援设施及特种作业器具，做好本单位危险作业防护和救援工作。

⑲ 从事煤气生产、储存、输送、使用、维护检修的作业人员必须经专门的安全技术培训并考核合格，持特种作业操作证方能上岗作业。

第二节　煤气安全检查和检修安全管理

一、企业的煤气安全检查

（1）一般规定

① 各种主要的煤气设备、阀门、放散管、管道支架等应编号，号码应标在明显的地方。

② 有泄漏煤气危险的平台、工作间等，均必须设置相对方向的两个出入口。

③ 各类带煤气作业处应分别悬挂醒目的警示标志。

④ 煤气辅助设施保持完好有效。

⑤ 对于设备腐蚀情况、管道壁厚、支架标高等每年重点检查一次，并将检查情况记录备案。

⑥ 煤气危险区（如地下室、加压站、地沟、热风炉及各种煤气发生设施附近）的一氧化碳浓度必须定期测定，在关键部位应设置固定式一氧化碳监测装置。

（2）用气点

① 烧嘴阀门前必须设有取样管。

② 多个炉子应分别设置独立的放散管。

③ 烧嘴阀的头部有明显的开关标志。

④ 烧嘴阀前有放水头或放气头。

⑤ 阀门严密、灵活、无泄漏。

⑥ 助燃风管设泄爆膜和低压报警装置。

（3）管道

① 厂区主要煤气管道必须标有明显的煤气流向和种类标识。

② 所有可能泄漏煤气的地方均须挂有警示标志。

③ 管道本体无泄漏（含法兰、阀门及附属装置）。

④ 煤气管道与水管、热力管、燃油管和不燃气体管在同一支柱或栈桥上敷设时，其上下敷设的垂直净距不宜小于 250mm。

二、企业的煤气安全检修

检修主要指焦炉、高炉、转炉煤气回收、储存、输配、使用系统的检修。

煤气系统检修时应制定三个方案：一是检修工作方案，二是停气和吹扫方案，三是送气置换方案。检修方案应包括组织指挥机构、检修内容和涉及范围、检修程序、安全措施和应急处置等内容；应办理有关作业的许可证，设专职监护人，做好安全确认，进行严格检测并记录，做到统一指挥，令行禁止。

负责施工的单位必须与业主单位签订安全生产协议，同时经各有关部门认可并办理相关手续。施工单位应对自身范围的安全工作承担责任。检修实施前应对作业人员进行有针对性的安全教育和安全交底。作业人员应随身携带便携式一氧化碳检测报警仪，作业环境有害气体浓度超标或氧气浓度不足时，应佩戴空气呼吸器或氧气呼吸器，设专职监护人。作业场所应设有逃生及救援通道。有条件的企业应组织消防车、急救车现场待命。检修规定内容不得改变，否则必须重新申请。项目完成后由负责人签字确认。

（1）施工作业要求

① 施工中要严格遵守制定的施工安全措施，动火点必须备有适用、有效的灭火器材和一氧化碳检测报警仪；进入煤气设备或管道内作业，必须配备便携式一氧化碳检测报警仪和便携式测氧仪，并采取联系呼叫措施予以安全确认；工作人员每次进入设施内部工作的间隔时间至少 2h，中间到无煤气地方休息。

② 带煤气危险作业（如带煤气抽堵盲板、带煤气接管、高炉换探料尺、操作插板等），不应在雷雨天进行，不宜在夜间进行；作业时，操作人员应佩戴正压式空气呼吸器或隔绝式防毒面具，并应遵守下列规定。

a. 工作场所应备有必要的联系方法、煤气压力表及风向标等。

b. 距工作场所 40m 内，不应有点火源并应采取防止着火的措施，与工作无关人员应离开作业点 40m 以外。

c. 应使用不发火星的工具，如铜制工具或涂有足够厚度润滑油脂的铁制工具。

d. 距作业点 10m 以外才可安设照明装置。

e. 不应在具有高温源的炉窑等建、构筑物内进行带煤气作业。

③ 带煤气动火补焊等作业，必须保持管道内煤气正压不低于 100Pa，在动火点附近安装校验有效期内的适用压力表，专人连续监视压力，并保持联系，无法确保规定压力时应立即停止作业。

（2）煤气停气要求

① 确认全部止火。按规程规定使用有效可靠的装置关闭入口煤气及仪表导管阀门，检修设备与运行中的设备要用盲板或可靠的隔断装置可靠切断。打开末端放散管，确保内部煤气吹净。

② 放散管口应高出煤气管道、设备或平台 4m，距地面不小于 10m。厂房内或距车间 20m 以内的煤气管道和设备上的放散管，其管口应高于房顶 4m。操作时应站在上风侧，必要时在放散口附近划定警戒区，区内禁止有点火源，并注意煤气不要逸入周围房屋。

③ 高炉煤气管道停气时，从煤气来源阀门后附近通氮气赶煤气。

④ 排水器由远而近逐个放水驱除内部残余煤气。

⑤ 用一氧化碳检测报警仪检测一氧化碳浓度，浓度小于 24μL/L 方可动火检修。含氧量达 19.5% 方可进入煤气管道内工作。

（3）送煤气要求

① 清除煤气管道内杂物，清点工具，人数齐全后方可封闭人孔和手孔。

② 所有阀门应完好无损，能按要求关闭和开启。

③ 将排水器灌水满流，保证达到规定要求的水封高度，关闭排水管阀门和试验头阀门，并确认排水阀不内漏、外漏。

④ 煤气管道及附属设备上进行动火作业，距动火点 40m 内不得有点火源和高于 200℃ 的高温物质。

⑤ 打开末端放散管，从管道始端通入氮气赶空气，在末端放散管附近取样试验至含氧量低于 2%。

⑥ 打开阀门引入煤气，同时停止通入氮气，以煤气赶氮气。在末端放散管处取样做爆发试验，连续三次合格后关闭放散管。

⑦ 打开仪表导管的阀门，恢复仪表指示。

⑧ 改建、扩建及大修后的煤气管道必须经严密性试验和全面检查验收合格后才能送气。

第三节 煤气调度室及煤气防护站

一、煤气调度室

① 在煤气使用单位较多的企业中，应设煤气调度室。煤气使用单位较少的企业，煤气分配工作可由动力或生产调度室负责。

② 调度室应为无爆炸危险房屋，并与有爆炸危险的房屋分开。

③ 调度室应设有下列设备。

a. 应设有各煤气主管压力、各主要用户用量、各缓冲用户用量、煤气柜储量等的测量仪器、仪表和必要的安全报警装置。

b. 应设有与生产煤气厂（车间）、煤气防护站和主要用户的直通电话。

④ 各煤气使用单位应服从煤气调度室的统一调度。当煤气压力骤然下降到最低允许压力时，使用煤气单位应立即停火保压；恢复生产时，应听从煤气调度室的统一指挥。

二、煤气防护站

（1）组织

每个生产、供应和使用煤气的企业，应设煤气防护站或煤气防护组，并配备必要的人员，建立紧急救护体系。

（2）任务

① 掌握企业内煤气动态，做好安全宣传工作；组织并训练不脱产的防护人员，有计划地培训煤气专业人员；组织防护人员的技术教育和业务学习，平时按计划定期进行各种事故抢救演习。

② 经常组织检查煤气设备及其使用情况，对煤气危险区域定期作一氧化碳含量分析。发现隐患时，及时向有关单位提出改进措施，并督促按时解决。

③ 协助企业领导组织并进行煤气事故的救护工作。

④ 参加煤气设施的设计审查和新建、改建工程的竣工验收及投产工作。

⑤ 审查各单位提出的带煤气作业（包括煤气设备的检修、运行时动火焊接等）的工作

计划，并在实施过程中严格监护检查，及时提出安全措施及参与安排带煤气抽堵盲板、接管等特殊煤气作业。

（3）权力

煤气防护站在企业安全部门领导下，行使下列权力。

① 有权提出煤气安全使用和有毒气体防护的安全指令。

② 有权制止违反煤气安全规程的危险工作，但应及时向单位负责人报告。

③ 煤气设备的检修和动火工作，应经煤气防护站签发许可证后方可进行。

（4）设施配置

① 煤气防护站应尽可能设在煤气发生装置附近，或煤气设备分布的中心且交通方便的地方，煤气防护人员应集中住在离工厂较近的地区。

② 煤气防护站应设煤气急救专用电话。

③ 氧气充填室应为单独房间，应符合《深度冷冻法生产氧气及相关气体安全技术规程》（GB 16912—2008）的有关规定。

④ 煤气防护站应配备空气呼吸器、通风式防毒面具、充填装置、万能检查器、自动苏生器、隔离式自救器、担架、各种有毒气体分析仪、防爆测定仪及供危险作业和抢救用的其他设施（如对讲电话），并应配备救护车和作业用车等，且应加强维护，使之经常处于完好状态。

第四节　事故应急管理

一、应急体系建设

事故应急管理的四个阶段如图 6-1 所示，包括预防、预备、响应和恢复四个阶段。尽管在实际情况中，这些阶段往往是重叠的，但它们中的每一部分都有自己单独的目标，并且成为下个阶段内容的一部分。

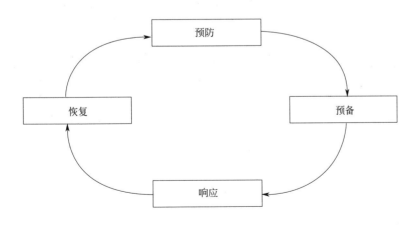

图 6-1　事故应急管理的四个阶段

预防（precaution）：从应急救援的角度，防止紧急事件或事故发生，避免应急行动。

预备（preparedness）：针对可能发生的事故，为迅速、有序地启动应急行动而预先进行的组织准备和应急保障，主要是为了建立应急管理能力。它把目标集中在完善应急预案及体系上。

响应（response）：事故发生后，有关组织和人员采取的应急行动。

恢复（recovery）：事故的影响得到初步控制后，为使生产、工作、生活和生态环境尽快恢复到正常状态而采取的措施和行动。

二、应急管理的基本原则和任务

（1）应急救援的基本原则

在预防为主的前提下，贯彻统一指挥、分级负责、区域为主、单位自救和社会救援相结合的原则。

（2）应急救援的任务

① 立即组织营救受害人员，组织撤离或者采取其他措施保护危害区域内的其他人员。抢救受害人员是应急救援的首要任务，在应急救援行动中，快速、有序、有效地实施现场急救与安全转送伤员是降低伤亡率、减少事故损失的关键。

② 迅速控制危险源，并对事故造成的危害进行检验、监测，测定事故的危害区域、危害性质及危害程度。及时控制造成事故的危险源是应急救援工作的重要任务。

③ 做好现场清洁，消除危害后果。针对事故对人体、动植物、土壤、水源、空气造成的现实危害和可能的危害，迅速采取封闭、隔离、洗消等措施。

④ 查清事故原因，评估危害程度。事故发生后应及时调查事故的发生原因和事故性质，评估出事故的危害范围和危险程度，查明人员伤亡情况，做好事故调查。

（3）应急救援体系的组织机构

应急救援体系的组织机构如图 6-2 所示。

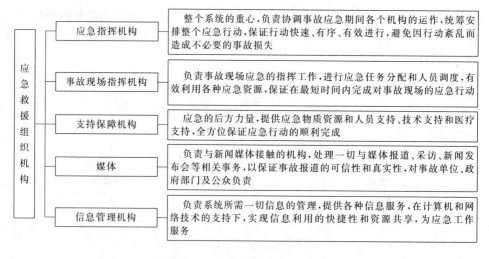

图 6-2　应急救援体系的组织机构

（4）应急救援队伍

① 国家级区域应急救援基地。

② 骨干专业应急救援队伍。

③ 企业应急救援队伍。

④ 社会救援力量。

三、煤气事故应急预案的编制

（1）应急预案

应急预案又称应急计划，是针对可能发生的突发事件或灾害，为保证迅速、有效地开展应急救援行动，降低突发事件损失而预先制定的计划或方案。

（2）应急预案的作用

① 应急预案明确了应急救援的范围和体系，使应急准备和应急管理有据可依、有章可循，尤其是有利于培训和演练工作的开展。

② 制定应急预案有利于做出及时的应急响应，降低事故的危害程度。

③ 事故应急预案成为各类突发重大事故的应急基础。通过编制基本应急预案，可保证应急预案足够的灵活性，对那些事先无法预料到的突发事件和事故，也可以起到基本的应急指导作用，成为开展应急救援的"底线"。在此基础上，可以针对危害类型编制专项应急预案，有针对性地制定应急措施，进行专项应急准备和演练。

④ 当发生超过应急能力的重大事故时，便于与上级应急部门的协调。

⑤ 有利于提高风险防范意识。

（3）应急预案的层次

基于可能面临多种类型的突发事件或灾害，为保证各种类型预案之间的整体协调性和层次，并实现共性与个性、通用性与特殊性的结合，对应急预案合理地划分层次，是将各种类型应急预案有机组合在一起的有效方法。应急预案可分为综合预案、专项预案、现场处置方案三个层次，如图 6-3 所示。

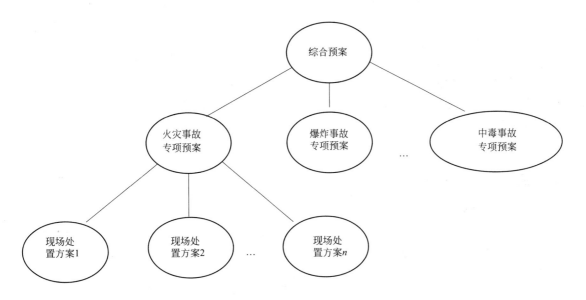

图 6-3　应急预案的层次

（4）应急预案的编制步骤

① 成立应急预案编制小组　应急救援工作需要应急参与的各方在相互了解的基础上密切配合、相互协调。应急预案的成功编制需要各个有关职能部门的积极参与，尤其是寻求与危险直接相关的各方的合作，将有利于应急预案的编制，使预案更实用、更有效。成立应急预案编制小组是将各有关职能部门、各类专业技术有效结合起来的最佳方式，可有效地保证

应急预案的准确性和完整性，而且为应急各方提供了一个非常重要的协作与交流的机会，有利于统一各方的不同观点和意见。

② 收集资料　预案编制小组的首要任务就是收集制定预案的必要信息并进行初始评估，包括以下几方面。

  a. 适用的法律、法规和标准；

  b. 企业安全记录、事故情况；

  c. 国内外同类企业事故资料；

  d. 地理、环境、气候资料；

  e. 相关企业的应急预案等。

③ 危险源与风险分析　在危险源辨识、分析与事故隐患排查、治理的基础上，确定本企业的危险源及可能发生事故的类型与后果。对可能发生的事故，进行风险分析，以便制定应对可能发生事故的安全防范措施，形成分析报告，作为制定事故应急预案的依据。

④ 应急能力与资源评估　编制小组要评价企业在紧急情况下所具有的资源和控制紧急事故的人员。对现有资源，按人力、设备和供应进行评价。

包括人力，通报和通信联络设备，个人防护设备，消防设备和供应，事故控制和防污染设备及供应，医疗服务机构、设施、设备和供应，监测系统，气象信息来源，交通系统，保安和进出管制设备。

⑤ 建立应急反应组织　建立最初反应组织、整体应急反应组织。明确企业应急总指挥、副总指挥、事故现场副总指挥等指挥人员。

⑥ 编制应急预案　针对可能发生的事故，按照有关规定和要求编制应急预案。应急预案编制过程中，应注重全体人员的参与和培训，使所有与事故有关的人员均掌握危险源的危险性、应急处置方案和技能。应急预案应充分利用社会应急资源，与地方政府预案、上级主管单位以及相关部门的预案相衔接。

⑦ 应急预案评审与发布　应急预案编制完成后，应进行评审。内部评审由本单位主要负责人及有关部门和人员进行。外部评审由上级主管部门或地方政府负责安全监督管理的部门组织审查。评审后，按规定报有关部门备案，并经生产经营单位主要负责人签署发布。

四、应急演练与培训

(1) 应急演练的目的

应急演练的目的是通过培训、评估、改进等手段提高保护人民群众生命财产安全和环境的综合应急能力，检查应急预案的各部分或整体是否能有效地付诸实施，验证应急预案应对可能出现的各种紧急情况的适应性，找出应急准备工作中可能需要改善的地方，确保建立和保持可靠的通信渠道及应急人员的协同性，确保所有应急组织都熟悉并能够履行各自的职责，找出需要改善的潜在问题。

(2) 应急演练的类型

① 桌面演练　桌面演练是指由应急组织的代表或关键岗位人员参加的、按照应急预案及其标准运作程序讨论紧急情况时应采取行动的演练活动。桌面演练的主要特点是对演练情景进行口头演练，一般是在会议室内举行的非正式活动。其主要作用是在没有时间压力的情况下，演练人员检查和解决应急预案中问题，获得一些建设性的讨论结果。其主要目的是在有充裕时间的情况下，锻炼演练人员解决问题的能力，以及解决应急组织相互协作和职责划

分的问题。

② 功能演练 功能演练是指针对某项应急响应功能或其中某些应急响应活动而举行的演练活动。功能演练一般在应急指挥中心举行，并可同时开展现场演练，调用有限的应急设备。其主要目的是针对应急响应功能，检验应急响应人员以及应急管理体系的策划和响应能力。

③ 全面演练 全面演练是指针对应急预案中全部或大部分应急响应功能，检验、评价应急组织应急运行能力的演练活动。全面演练一般要求持续几小时，采取交互式方式进行，演练过程要求尽量真实，调用更多的应急响应人员和资源，并开展人员、设备及其他资源的实战性演练，以展示相互协调的应急响应能力。

五、应急救援行动

（1）应急响应的基本任务

① 抢救受害人员。

② 控制危险源。

③ 指导群众防护，组织群众撤离。

④ 清理现场，消除危害后果。

（2）应急响应的实施

应急响应行动的过程：接报、设点、报到、救援、撤点、总结。

应急响应工作中需注意的有关事项：救援人员的安全防护、救援人员进入污染区注意事项、工程救援中注意事项、现场医疗急救中需注意问题、组织和指挥群众撤离现场。

（3）事故现场控制与安排应遵循的基本原则

① 快速反应原则。

② 救助原则。

③ 人员疏散原则。

④ 保护现场原则。

⑤ 保护应急参与人员安全的原则。

（4）应急恢复与善后

恢复期间的管理：恢复工作的成功与否，在很大程度上取决于恢复阶段的管理水平。在恢复阶段，需要一位能力突出、具有全局观念的恢复主管来负责应急管理工作。管理层还需要专门组建一个小组或队伍来执行恢复功能。

恢复过程中的重要事项：现场警戒和安全、员工救助、损失状况评估、工艺数据收集、事故调查、公共关系和联络、商业关系、应急后评估等。

第七章

焦炉煤气的安全操作

第一节　焦炉煤气的净化操作

自焦炉析出的粗煤气中除煤气外还有焦油、粗苯、水蒸气、煤粉和焦渣以及少量的 H_2S 和 NH_3 等。为了回收粗煤气中有用的化学产品和减少腐蚀与污染，需要对粗煤气进行回收和净化。

在焦炉炭化室炉顶空间至从上升管导出，荒煤气的温度在 $650\sim800℃$ 之间。在上升管桥管处喷洒的循环氨水与煤气的直接接触冷却作用下，大量的重质焦油被冷却下来，在这期间煤气温度也被冷却到 $80\sim85℃$。焦炉上粗煤气导出系统示意图如图 7-1 所示。

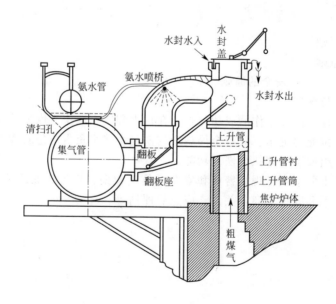

图 7-1　焦炉上粗煤气导出系统示意图

焦炉产生的粗煤气经循环氨水冷却后的温度仍在 $80℃$ 以上，为了有效回收炼焦化学产品和净化煤气还需对煤气进行进一步冷却。另外，煤气中含有的少量杂质对煤气的输送和利用是有害的。如煤气中的萘可以直接凝固变成固体，沉积在管道内表面，从而造成管路堵塞；煤气中的硫化氢能够腐蚀设备并且不利于煤气的加工和利用，尤其对于炼钢炉，煤气中硫化物会增加钢铁中的硫分含量，从而增加其脆性；煤气中的氨也腐蚀设备，燃烧时形成氮的氧化物污染大气。焦化厂典型的粗煤气回收和净化工艺流程如图 7-2 所示。

图 7-2　焦化厂典型的粗煤气回收和净化工艺流程

上述工艺流程是目前工业生产中广泛采用的工艺。该流程的缺点是工艺较复杂，能耗高，系统阻力大；煤气在被冷却后又被加热，加热后又冷却，造成煤气温度起伏波动大。焦炉煤气的全负压回收和净化流程克服了上述工艺的不足，也简化了工艺流程，比前者少了终冷工序。焦炉煤气的全负压回收和净化工艺流程如图 7-3 所示，该工艺将鼓风机置于流程最后，整个流程均在机前处于负压，从而避免了煤气压力及温度的起伏和波动。

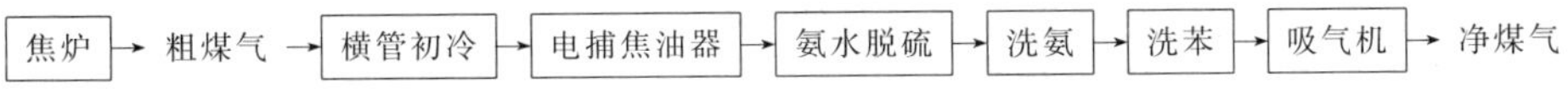

```
焦炉 → 粗煤气 → 横管初冷 → 电捕焦油器 → 氨水脱硫 → 洗氨 → 洗苯 → 吸气机 → 净煤气
```

图 7-3　焦炉煤气的全负压回收和净化工艺流程

焦炉煤气净化主要是脱除煤气中有害成分，具体包括冷却和输送出炉煤气，脱除煤气中 H_2S、HCN 等酸性气体和 NH_3 类碱性气体，脱除及回收煤气中焦油类、苯类等物质以及萘等。因此一般的净化工艺包括鼓冷、洗涤、解析、后处理等主要工序。

一、煤气的初冷

煤气的初冷是指出炉煤气通过桥管喷洒氨水和设置初冷器将出炉煤气由 $650\sim800℃$ 降至 25℃ 左右的处理过程。初冷器冷却方法通常有间接式、直接式、间-直结合式三种。冷却设备有直冷式喷淋塔、立管式初冷器和横管式初冷器。

间接式煤气冷却过程中冷却水不与煤气接触，通过换热器完成两相传热。由于冷却水没有受到煤气中有害介质的污染，循环使用次数多。间冷式冷却适用于大多数缺水地区的焦化厂。由于煤气初冷时有大量萘的结晶析出，所以采用立管式初冷器的工艺，要求初冷器后温度不低于 25℃，以防冷凝液将管堵塞。而在采用横管多级喷洒洗萘初冷器的工艺中，由于喷洒液对萘的吸收而大大降低了萘结晶堵塞管道的可能。

直冷煤气设备通常采用塔，由煤气与冷却介质的逆向直接接触完成热量和物质传递，因此煤气直接式冷却不但冷却了煤气，而且具有净化效果。据测定，在直冷过程中可有效除去煤气中 90% 以上的焦油、80% 左右的氨、60% 左右的萘、80% 左右的 H_2S 等。

鉴于间接式冷却、直接式冷却各自的优点，一些厂家采用间-直结合方式，即煤气先在间接初冷器中冷却至 45℃，再进入直接冷却器进一步冷却至 $25\sim30℃$，冷却后煤气含萘降至 $1g/m^3$ 以下。

二、煤气中焦油的脱除及回收

煤气经过初冷器冷却后，还含有 $2\sim5g/m^3$ 的残余焦油。尽管在鼓风机离心力的作用下又可以除掉大部分，但是经鼓风机后煤气中仍含有 $0.3\sim0.5g/m^3$ 的焦油雾。这些焦油若不除去，在后续工序中会被析出并形成酸焦油，从而恶化产品质量。

清除煤气中的焦油雾方法有多种，包括电捕焦油器、利用离心力和碰撞等原理的旋风式捕焦油器、钟罩式捕焦油器及转筒式捕焦油器等，其中电捕焦油器的效率是最高的。

煤气中大部分焦油在喷洒过程中随氨水冷却下来，其余部分随着煤气的初冷及焦油捕集装置混合在氨水中。目前各厂家采用的氨水焦油分离装置主要是依靠氨水、焦油两相密度不同而分层分离，在分离过程中也有效地去除渣尘。根据设备的不同，可分为机械化澄清槽和焦油氨水分离槽两种形式。操作要点主要是分离温度及分离时间。相对来说，分离时间越长则分离效果越好，而分离温度却由于静置冷却作用而变低（温度高时焦油黏度小，有利于分离）。一般焦油氨水分离槽有保温系统，能够同时满足分离温度和分离时间两个因素的要求。

三、煤气中氨类的脱除

焦炉煤气中的氨是由煤中的氮转化而来的，一般煤中含氮量为 0.5%～3%，其中有 15%～20%在高温下与氢转化为氨，粗煤气中氨浓度为 8～11g/m³。我国焦化厂氨产率为 0.25%～0.35%。焦炉煤气中的氨若不回收是十分有害的，若其溶于水中不回收处理会严重污染水体，若随同煤气燃烧会产生污染大气的 NO_x，要求煤气中氨浓度≤0.03g/m³，因此必须脱除煤气中的氨并回收使其变害为宝。

洗氨的方法主要是采用吸收法。目前从焦炉煤气中洗氨的工艺主要有以下三种。

① 水洗氨制浓氨水流程。包括浓氨水法、间接法制 $(NH_4)_2SO_4$、联碱法制 NH_4Cl、氨分解法等。

② 浓硫酸洗氨生产硫铵 $(NH_4)_2SO_4$ 工艺。有饱和器法和酸洗塔法。

③ 弗萨姆（Phosam）法用 $NH_4H_2PO_4$ 溶液洗氨生产无水氨流程。包括磷酸氢二铵法和弗萨姆法、半直接饱和器法。其后氨浓度可控制在 0.03g/m³ 以下。水洗氨和氨分解联合流程，目前塔后氨浓度在 0.05g/m³ 以下。

以上三种洗氨工艺中，浓氨水流程由于氨水基本没有市场，已经不再应用；硫铵流程在国内焦化厂使用较多，既有饱和器法又有无饱和器法（由于饱和器法生产的硫铵颗粒大、质量好，有取代无饱和器法的趋势）；弗萨姆法无水氨流程对设备材质要求较高，主要设备需全用不锈钢材料，设备投资较高，因此未能很好地推广使用。

四、煤气中萘的脱除

粗煤气中萘浓度约为 10g/m³，其中大部分在集气管、初冷器中冷凝下来并溶于焦油中。经过初冷后，约为 2g/m³ 的萘处于过饱和状态。初冷后的煤气沿管道流向后续净化设备时，一旦流速缓慢或温度进一步下降，萘就会沉积析出并造成堵塞，因此煤气进一步脱萘是必要的。

目前脱萘主要有两种方式：水洗法和油洗法。水洗法是利用终冷塔中冷水与热煤气的逆向接触，降低煤气温度使萘析出，再利用热焦油吸收水中的萘而实现冷水循环洗萘。油洗法是利用洗油洗涤煤气并吸收其中的萘，而从洗油中分离萘可以同富油脱苯同时进行。油洗法较水洗法效率高，一般可将煤气中含萘降至 0.5g/m³ 以下。

五、煤气中苯类的脱除及回收

煤气中苯类脱除理论上可以通过冷却、吸附、洗涤三种方式完成。洗氨后的焦炉煤气中含苯系化合物较多，为 $30\sim40g/m^3$，其中以苯含量为主，称为粗苯。

苯类是重要的化工原料，目前我国焦化工业生产的粗苯是其重要来源，一般粗苯产率为 $0.9\%\sim1.1\%$。通常焦化工厂都对焦炉煤气中的粗苯进行回收。回收方法是利用焦油或石油（多为焦油洗油，因焦化厂自产焦油，且对粗苯的吸收效果优于石油洗油）在较低温度下对苯有较强的吸收性能，对其加热到一定温度可使苯从溶剂中解析出来，吸收剂能循环使用。粗苯回收包括洗苯和脱苯两部分。

洗苯的主要设备为吸收塔，焦化厂采用的主要有填料塔、板式塔和空喷塔。板式塔操作可靠，但阻力较大，应用较少；空喷塔阻力小，但气液接触面积较小，也很少使用；目前生产上使用较多的是填料塔，早期使用木格填料，由于比表面积小且设备笨重，现已逐渐被高效的塑料花环和钢板网填料取代。吸收粗苯后的富油脱苯工艺相对较复杂，有蒸汽加热和管式炉加热两种形式，脱苯工艺有粗苯工艺和轻苯、重苯两种苯工艺。

六、煤气中硫化氢的脱除

煤气含 $5\sim8g/m^3$ 的硫化氢和 $1\sim2.5g/m^3$ 的氰化氢。硫化氢存在于焦炉煤气中，用作燃料时燃烧后变成二氧化硫，空气氧化后变为三氧化硫，吸收水分后生成酸雾或酸雨，对人体非常有害，对建筑材料和金属设备有腐蚀作用；在冶金行业中使用时，金属材料渗硫会严重影响材料质量；在用作化工合成原料气时，硫化氢最易使催化剂中毒。因此，需要将焦炉煤气中的硫化氢脱除，一般要求煤气中硫化氢脱除到含量在 $0.2g/m^3$ 以下。

焦炉煤气中的硫以硫化氢为主，还含有少量的有机硫如噻吩等。以硫化氢为主的还原态硫的脱硫方法很多，可分为吸收法、吸附法和冷却法，工业上多采用吸收法。按脱硫剂形态分为干法和湿法，按吸收原理分为物理吸收和化学吸收，按反应原理分为氧化法和中和法。目前国内外关于硫化氢和氰化氢的脱除方式主要有三类：干式氧化工艺、湿式氧化工艺和湿式吸收工艺。下面就目前常用的焦炉煤气脱硫方法进行简要介绍。

（1）$Fe(OH)_3$ 法

也称为干式沼铁矿法。主要脱硫剂为沼铁矿，再配入一定量的锯木屑和石灰，在有水分存在时沼铁矿中的 $Fe(OH)_3$ 转化为 Fe_2S_3 和 FeS。主要吸收反应如下：

$$2Fe(OH)_3+3H_2S\longrightarrow Fe_2S_3+6H_2O$$
$$Fe_2S_3\longrightarrow 2FeS+S$$
$$Fe(OH)_2+H_2S\longrightarrow FeS+2H_2O$$

主要再生反应为

$$2Fe_2S_3+3O_2+6H_2O\longrightarrow 4Fe(OH)_3+6S$$
$$4FeS+3O_2+6H_2O\longrightarrow 4Fe(OH)_3+4S$$

该方法所用脱硫剂原料廉价易得，脱硫效率较高，可脱硫至 10^{-6} 数量级。但脱硫剂的再生难以实现连续生产，副产的硫黄很难回收，且工人工作环境较差，劳动强度大。

（2）PDS 法

该法以氨水作为吸收剂，PDS、栲胶作为脱硫催化剂。主要吸收反应如下：

$$NH_3\cdot H_2O+H_2S\longrightarrow NH_4HS+H_2O$$
$$NH_3\cdot H_2O+CO_2\longrightarrow NH_4HCO_3$$
$$NH_4HS+NH_4HCO_3+(x-1)S\longrightarrow (NH_4)_2S_x+CO_2+H_2O$$

主要再生反应为

$$(NH_4)_2S_x+\frac{1}{2}O_2\longrightarrow NH_3\cdot H_2O+NH_3+S_x\downarrow$$

$$NH_4HS + \frac{1}{2}O_2 \longrightarrow NH_3 \cdot H_2O + S\downarrow$$

该方法以煤气中的氨作为碱源，脱硫效率较高，可回收元素硫，工艺简单，投资少，适应性强，能耗低。将脱硫和脱氨有机结合，是目前焦炉煤气脱硫广泛使用的方法。但催化剂PDS价格昂贵。

（3）改良 ADA 法

该方法属于湿式氧化法。ADA 化学名为蒽醌二磺酸钠（氧化态），还原态为蒽二磺酸酚钠。脱硫剂由 ADA、$NaVO_3$、$NaKC_4H_4O_6$（酒石酸钾钠）、$FeCl_3$ 和 EDTA 组成。其中 Na_2CO_3 是吸收剂，ADA 为载氧体，$NaVO_3$ 为直接氧化剂，$NaKC_4H_4O_6$ 防止 V-O-S 复合沉淀的形成，$FeCl_3$ 是还原态 ADA 再生的促进剂，EDTA 主要起稳定 Fe^{3+} 的作用。

脱硫过程的主要吸收和再生反应为

$$Na_2CO_3 + H_2S \longrightarrow NaHS + NaHCO_3$$
$$2NaHS + 4NaVO_3 + H_2O \longrightarrow Na_2V_4O_9 + 4NaOH + 2S\downarrow$$
$$Na_2V_4O_9 + 2ADA(氧化态) + 2NaOH + H_2O \longrightarrow 4NaVO_3 + 2ADA(还原态)$$
$$2ADA(还原态) + O_2 \longrightarrow 2ADA(氧化态) + 2H_2O$$

改良 ADA 法便于连续生产，流程简单且无腐蚀，可回收硫资源。但纯碱消耗量较大，催化剂 ADA 价格贵，副产物较多且需处理。

除上述脱硫方法外，还有如钴钼加氢法（可将有机硫转化为硫化氢，不能单独使用）、ZnO 法、热钾碱法等，物理吸收法有环丁砜法、碳酸丙烯酚法、低温甲醇洗涤法等。

随着世界范围内环保法规的日趋严格以及环保意识的不断增强，传统的煤气净化技术已不能满足需要，日益突显出资源浪费和环境污染等缺陷。氨和苯大多归收率偏低，一些高热值煤气未合理利用，因而经济效益差。焦炉煤气中硫化氢、氰化氢及其燃烧产物对大气环境的污染问题日益突出，严重影响了焦化工业的可持续发展，改造现有焦炉煤气净化工艺技术刻不容缓。要点如下。

① 消除焦炉加热煤气管道的堵塞、腐蚀等问题，改善焦炉加热条件；同时合理利用焦炉煤气，促进焦炉生产正常化。

② 确保氨、苯烃及焦炉煤气等资源的合理利用，节能降耗，降低焦炭生产成本，提高企业经济效益。

③ 降低中小型焦化厂生产过程中废水、废气、烟尘和有毒物质的排放量，保护环境。

第二节　焦炉停止加热和重新供热安全操作

在实际生产中往往会由于设备检修等原因，需停止送煤气，所以存在有计划地停送煤气的操作，有时也会遇到突发事故不能正常送煤气的特殊操作。停煤气时，如何使炉温下降缓慢，不至于由于炉温急剧下降而损坏炉体，或者在送煤气时，如何防止爆炸或煤气中毒事故发生，这是焦炉停止加热时遇到的主要问题。

一、焦炉停止加热操作

（1）有计划的停送煤气

这种停送煤气操作是在有准备的条件下停送煤气的。首先将鼓风机停转，然后关闭煤气总管调节阀门，注意观察停煤气前的煤气压力变化。鼓风机停转后，立即关闭上升一侧的加减旋塞，后关闭下降一侧的加减旋塞，保持总压力 200Pa 以下即可。若短时间停送煤气，可将机侧、焦侧分烟道翻板开度关小，保持 50～70Pa 吸力。若停煤气时间较长，应将总烟道翻板、分烟道翻板、交换开闭器翻板、进风口盖板全关。废气调节器关闭（翻板上设计有孔，不会完全关闭），便于对炉体保温。注意集气管内压力变化情况，若压力突然升高，应全开放散；若压力不易控制，将上升管打开，切断自动调节器，将手动翻板关小，严格控制集气管压力，使压力比正常操作略大 20～30Pa 即可。每隔 30min 或 40min 交换一次废气。停送煤气后，应停止推焦。若停送煤气时间较长，应密闭保温，并每隔 4h 测温一次。若遇其他情况，随时抽测。

（2）无计划的停送煤气

指的是遇到下列情况时突然停送煤气的操作：煤气管道压力低于 500Pa；煤气管道损坏影响正常加热；烟道系统发生故障，不能保证正常加热所需的吸力；交换设备损坏，不能在短时间内修复等。如果遇到上述情况，应立即停止加热，进行停煤气处理。处理时首先关闭煤气主管阀门，其余的操作与有计划停送煤气的操作相同。

二、重新供热操作

停煤气后，若故障已排除，可进行送煤气操作。若交换机停止交换，可以开始交换，将交换开闭器翻板、分烟道翻板恢复原位，然后打开煤气放散管将煤气放散，并应用蒸汽吹扫。当调节阀门前压力达 2000Pa 时，检测其含氧量（做爆发试验）合格后关闭放散管，打开水封。当交换为上升气流时，打开同一侧的加减旋塞，恢复煤气，并注意煤气主管压力和烟道吸力，此时可将集气管放散关闭。当集气管压力保持在 200～250Pa 时，根据集气管压力情况，打开吸气弯管翻板，尽快恢复正常压力。

第三节　焦炉更换加热煤气的安全操作

更换煤气时，总是煤气先进入煤气主管，主管压力达到一定要求之后，才能送往炉内。

一、往主管送煤气

做好更换煤气的准备工作。检查管道各部件是否处于完好状态，加减旋塞、贫煤气阀及所有的仪表开关均需处于关闭状态。水封槽内放满水，打开放散管，使煤气管道的调节翻板处于全开状态并加以固定。当抽盲板时，应停止推焦；抽盲板后，将煤气主管的开闭器开到 1/3 时，放散煤气 20～30min，连续三次做爆发试验，均合格后关闭放散管。煤气主管压力上升为 2500～3000Pa 时，开始向炉内送煤气。

二、焦炉煤气更换为高炉煤气

首先停止焦炉煤气预热器的运作，交换气流后，将下降气流交换开闭器上空气盖板的链子（或小轴）卸掉，下面盖好薄石棉板，然后拧紧螺钉。关闭下降气流焦炉煤气旋塞，将下降气流煤气砣的小链（小轴）上好，然后调节烟道吸力，并调节空气上升气流交换开闭器进风口，以适合高炉煤气加热。换向后，逐个打开上升气流高炉煤气加减旋塞或贫煤气阀门（先打开 1/2），往炉内送高炉煤气。经过多次重复上述工作之后，将加减旋塞开正，直到进风口适合于高炉煤气的操作条件。

三、高炉煤气更换为焦炉煤气

首先将煤气混合开闭器的焦炉煤气阀门关闭，交换为下降气流后，从管道末端开始关闭高炉煤气加减旋塞或贫煤气阀门。卸下煤气砣小轴，连接好空气盖板，取下石棉板，然后手动换向。逐个打开焦炉煤气加减旋塞（先打开 1/2），往炉内送焦炉煤气。重复进行以上工作，直至全部更换。将交换开闭器进风口开度调节为焦炉煤气的开度，烟道吸力调节到使用焦炉煤气时的吸力，然后将焦炉煤气的旋塞正正。焦炉煤气系统正常运转后，确定加热制度。根据煤气温度开预热器。高炉煤气长期停用时要堵上盲板，并吹扫出管道内的残余煤气。

操作时要注意：严禁两座炉同时送气，禁止送煤气时出焦，严禁周围有火星和易燃易爆的物品。

第四节　焦化厂煤气安全操作

一、概述

焦化厂主要爆炸危险环境区域的划分，应符合 GB 50058—2014《爆炸危险环境电力装置设计规范》的规定。爆炸危险环境区域划分应根据释放源的种类和性质确定，其中室内爆炸危险环境区域划分如表 7-1 所示。

表 7-1　室内爆炸危险环境区域划分

车间	区域	划分
炼焦	焦炉地下室、机焦两侧烟气走廊(仅侧喷式)、变送器室	1 区
	集气管直接式仪表室、炉间台和炉端台底层	2 区
煤气净化	煤气鼓风机(或加压机)室、萃取剂为轻苯脱酚溶剂泵房、苯类产品及回流泵房、轻吡啶生产装置的室内部分、精脱硫装置高架脱硫塔(箱)下室内部分	1 区
	脱酸蒸氨泵房、氨压缩机房、氨硫系统尾气洗涤泵房、煤气水封室	2 区
	硫磺排放冷却室、硫结片室、硫磺包装及仓库	11 区
苯精制	蒸馏泵房、硫酸洗涤泵房、加氢泵房、加氢循环气体压缩机房、油库泵房	1 区
	古马隆树脂馏分蒸馏闪蒸厂房	2 区
	古马隆树脂制片及包装厂房	11 区
焦油加工	吡啶精制泵房、吡啶蒸馏真空泵房、吡啶产品装桶和仓库、酚产品装桶间的装桶口	1 区
	工业萘蒸馏泵房、单独布置的萘结晶室、酚产品泵房、酚蒸馏真空泵房、萘精制泵房、萘洗涤室、酚产品装桶间和仓库	2 区
	萘结片室、萘包装间及仓库(含一起布置的萘结晶室)、精蒽包装间及仓库、萘醌主厂房、蒽醌包装间及仓库、萘酐冷却成型室及仓库	11 区
甲醇	甲醇压缩厂房、甲醇合成(泵房)、甲醇精馏(泵房)、罐区(泵房)	2 区

爆炸危险场所电气设备和线路的设计、安装、施工、运行、维修和安全管理，应符合 GB 50058 及有关规程与规范的规定。

无法得到规定的防火防爆等级设备而采用代用设备时，应采取有效的防火、防爆措施。

二、解冻库

解冻库有红外线加热和燃烧炉热废气加热等类型，后者相对比较安全。

煤气管道及附属设备、附件的设计、安装、施工、验收必须符合相关标准、规范。解冻库和卸煤装置的煤车出入口，应设置信号灯。

解冻库属于禁火区，一律禁止吸烟。室内有异味时，要及时通风处理。

在解冻库非生产季节，煤气管道必须用蒸汽（或氮气）置换吹扫干净后，用盲板堵死。

解冻库不应一人操作。点火及停火操作应严格执行有关煤气操作规定，必须先点火后给煤气。

在开工点火前，打开各操作阀门，放散 3～5min，关闭阀门 5min 以上，待煤气扩散完毕后，方可点火送气。放散时不可进入煤气区。

红外线辐射器上的电阻丝损坏或不着火时，要及时更换处理。

生产过程中，因设备事故或其他原因停工三天以上再次点火时，整个操作要严格按照开工步骤操作进行。

解冻过程中需要进库检查时，必须两人以上，并且要携带一氧化碳检测报警仪。解冻操作时，必须专人看守，不得擅自脱岗。

未经安全部门和厂长批准，任何人不得私自外接煤气管道使用。

解冻库内需要动火检修时，必须采取可靠的安全措施。若是在煤气主管动火，按照外部煤气主管动火要求办理。

三、炼焦车间

严禁集气管负压操作。

上升管工操作时，禁止不关翻板就打开上升管盖或装煤孔盖。清扫上升管时，应戴上防护面罩，使用压缩空气灭火时应站在上风侧，防止烧伤。清扫氨水喷嘴时，必须先检查氨水考克是否关严，防止氨水烫伤和煤气泄漏伤人。清扫时，禁止面部正对喷嘴。禁止放散管不点火放散荒煤气。非装煤时间禁止开高压氨水，禁止长时间开蒸汽清扫集气管。禁止在距打开上升管盖的炭化室 5m 以内清扫集气管。上升管打开数量要严格执行规程，不得任意打开超过规定值。

调火工严禁不戴防毒面具处理煤气泄漏操作。禁止不关加减旋塞进行更换孔板、清洗交换旋塞操作。煤气交换操作过程中，禁止进行设备修理和动火等工作。

交换机工和调火工在发现煤气主管压力降低到 500Pa 时，必须停止焦炉加热。

地下室应加强通风，其两端应有安全出口。

焦炉地下室、烟道走廊、交换机室、集气管上仪表小房等煤气区域严禁烟火和堆放易燃易爆物品，不得在煤气区域开会和休息。

禁止用铁器敲打煤气设备。在煤气区域检修动火，应按照规定程序申请办理动火证，经有关领导批准，准备好防护和防火措施、灭火器具后方可动火操作。

地下室煤气管道要保持严密，煤气水封要保持满流，空气中的一氧化碳浓度不得超过 $30mg/m^3$。

进行顶煤气操作时，必须佩戴防毒面具。

在煤气管道、交换机系统检修和工作时，要和交换机工联系好，交换机应停止工作，必要时改为手动交换。

烟道或煤气翻板要有防止自动关死的装置。

当需要在蒸汽与煤气相互连接的蒸汽管道上动火时，必须卸掉法兰盘，驱净煤气后堵上盲板方可动火。停蒸汽时，应关闭蒸汽阀门。如停蒸汽时间较长，应堵上盲板，防止煤气倒窜入蒸汽管道。

焦炉停止加热和煤气放散时，应停止推焦。

集气管的温度、压力应保持稳定，没有指令不得随意改动、调整。当发生集气管着火时，禁止采用负压灭火。

地下室低压报警器、事故照明、信号灯、消防用具应随时检查，保证完整无缺。

抽堵盲板时，在 40m 以内禁止行人，并停止推焦。

往焦炉送入煤气时，禁止不进行煤气置换、或不进行爆发试验、或未进行连续三次试验合格就送煤气。

煤气管道着火时，禁止用水泼灭火，必须用氮气干粉灭火器。

在其他焦炉交换时，不得送同一种煤气。禁止两座焦炉同时送同一种煤气。

做火把试漏时，必须准备防火工具，应先点火后开煤气。

在废气盘取样分析时，必须遵守有关防火、防爆安全规定。

高炉煤气因低压而停止使用后，在重新使用之前，应采取可靠的安全措施。

出现下列情况之一，应立即停止焦炉加热。

① 煤气主管压力低于 500Pa。

② 烟道吸力下降，无法保证蓄热室、交换开闭器等处的吸力不小于 5Pa。

③ 换向设备发生故障或煤气管道损坏，无法保证安全加热。

采用高炉煤气、发生炉煤气等贫煤气加热的焦炉地下室必须设置固定式一氧化碳检测报警装置。

不应在烟道走廊和地下室带煤气抽堵盲板。

从下喷管往上观看煤气管道时，应佩戴防护眼镜。

焦炉地下室水封应保持完好状态。

热修工在地下室和蓄热室部位工作时，交换前 5min 必须停止作业。

在地下室或烟道走廊用提灯照明时，必须用 12～36V 低压手提灯。

工作地点发现煤气泄漏时，要立即通知调火工处理。

焦炉热修工在焦油地下室和蓄热室区域作业时，应防止煤气中毒。

铁件工在煤气、废气设备上检查、检修、清扫操作时，交换前 5min 必须停止作业。

煤塔漏嘴不宜采用煤气火焰保温。若采用煤气火焰保温，必须采取相应的安全措施。

焦炉仪表室应配备便携式一氧化碳检测报警仪和空气呼吸器。

在无充氮情况下，煤气调节蝶阀和烟道调节翻板应设有防止其完全关闭的装置；有自动充氮保护装置的，充氮前应关闭。

交换开闭器调节翻板应有安全孔，保证蓄热室封墙和交换开闭器内任何一点的吸力均不低于 5Pa。

四、干熄焦

干熄焦排出装置区域应通风良好，干熄焦排出装置的振动给料器及旋转密闭阀周围应设置一氧化碳和氧气浓度的检测、声光报警装置；干熄焦排出装置的排焦溜槽及运焦带式输送机位于地下时，排焦溜槽周围及运焦通廊的地下部分应设置一氧化碳和氧气浓度的检测、声光报警装置。

进入干熄炉、排出装置和循环系统内检查或作业前，应关闭放射线源快门，进行系统内气体置换和放射源浓度、气体成分检测。进入人员应携带一氧化碳和氧气浓度检测报警仪和与外部联络的通信工具。

运行中检修排出装置时，应戴防毒面具或空气呼吸器。

不应在防爆孔和循环气体放散口附近停留。

应保证干熄焦所有联锁装置处于正常工作状态。

进入除尘布袋室检查和清扫时，应先断电，检测含氧量合格，并设专人监护。

五、化产车间

化产车间为易燃易爆区域，应严禁烟火，不得随意动火或进行可能产生火花的工作。

需要动火时，要履行审批手续，填报动火许可证，表明动火部位、原因、内容及安全防火措施，并明确负责人。按照动火规模和相关规定报相关领导审批后执行。动火区域或设备内可燃气体的浓度应控制在爆炸极限外。

各类气体爆炸极限范围如下：

焦炉煤气　4.5%～37.59%

苯类　1.1%～9.6%

氨类　15%～28%

硫化氢　4.3%～45.5%

焦炉煤气中含氧量　不超过1%

车间内的危险作业（如煤气设备更换、大型设备的开停与检查、大规模电气作业、苯及轻油区域的大动火等）必须申报厂批准后方可按照有关规程、规定进行。

有可燃物的容器、设备、煤气管网及粗苯等区域严禁铁器直接撞击，防止产生火花引起燃烧或爆炸。

严禁煤气系统吸入空气或泄漏煤气。管道阀门必须严密，严防液体漏出和煤气泄漏。

含有能自燃物质（如FeS）的设备未经处理合格前，内部气体不准与外部空气对流以防自燃。

设备检修作业时，应执行停能量（电、蒸汽、煤气等）挂牌制度，谁挂牌谁摘牌。

备用的鼓风机应随时保持煤气出入口严密，防止泄漏煤气或抽入空气。

鼓风机倒换时必须按照规定暖机、暖管，用蒸汽赶净机体内空气后再通入煤气。开机后必须对振动、响声、温度等进行全面检查。

蒸汽透平鼓风机的蒸汽冷凝器出入口的阀门，不应关闭。

清扫鼓风机前煤气管道时，同一时间内只准打开一个塞堵。

电捕焦油器因故敞开人孔或器内清理油渣时，应及时采用水冷却降温等安全措施，防止氧化剧烈情况下的硫化亚铁自燃。

当电捕焦油器遇到下列情况之一，自动断电装置失灵时，应立即手动断电。

① 煤气含氧量大于2%。

② 绝缘箱温度低于70℃（无氮气保护为90℃）。

③ 煤气系统发生事故时。

硫铵工段饱和器检修时，停加母液和水后，在未切断煤气前，严禁将饱和器内母液抽出使用。设备停产检修时，必须堵上盲板，用蒸汽彻底清扫。进入塔内前打开人孔通风，经检测合格后方可进入，外边必须有人监护，并执行三方挂牌制。

饱和器开工前，要先保证饱和器及其满流槽附水封槽液位达到满流。

除酸气排液管、饱和器满流管、硫酸高置槽满流管，应保持畅通。

硫铵系统的废气排风机和换气风机应在硫铵开工前10min投入正常运行，停工后10min停止运行。废气排风机、换气风机不能运行时不应开工生产。

进入吡啶设备的管道，应设高度不小于1m的液封装置。

吡啶产品的保管、运输和装卸，应防止阳光直射和局部加热，并应防止冲击和倾倒。

黄血盐吸收塔需要开盖或长期停塔时，应采用降温或隔绝空气等措施以防止塔内硫化亚铁自燃。

在塔体蒸汽清扫时，严禁放散管堵塞或关闭，防止憋压和真空损坏设备。

管道阀门必须严密，严防液体漏出和煤气泄漏。

粗苯工段禁止穿带钉子的鞋，平时不准携带打火机、手机上岗，防止产生静电、火花引燃或爆炸。当需要给管式炉点火作业时，必须经车间领导批准，用完后立即送出现场。

开洗苯塔时，必须取样做爆发试验。开停洗苯塔时，必须与鼓风机室联系好。

终冷塔、洗苯塔开工时遵循先供煤气的原则。

检修油槽、脱苯塔等设备时，必须用蒸汽彻底清扫，堵上盲板，安全检查合格后方可进行。

管式炉点火作业时，应两人配合作业，先打开烟囱翻板，用蒸汽吹扫炉膛，确保炉内无爆炸性气体后，遵循"先送富油后点火，先点引火后送煤气"的原则进行操作。

管式炉出现下列情况之一，应立即停止煤气供应。

① 煤气主管压力降到 500Pa 以下，或煤气主管压力波动危及安全加热。

② 炉内火焰突然熄灭。

③ 烟筒（道）吸力下降，不能保证安全加热。

④ 炉管漏油、漏气。

⑤ 煤气管道泄漏。

发现管式炉灭火时，不准着急马上点火。必须查找原因并处理后，再按照点火程序重新点火。

六、脱硫工段

废脱硫剂应在当天运到安全场所妥善处理。

停用的脱硫箱拔去安全防爆塞后，当天不应打开脱硫剂排出孔。

未经严格清洗和测定，严禁在脱硫箱内动火。

当采用压滤机生产硫膏时，压滤机的滤板不应随意拆卸，防止压滤机伸长杆的伸长量超过最大值而伤人；当采用熔硫釜生产熔融硫时，其周围严禁明火。

氨水（A-S）法脱硫，应遵守下列规定。

① 脱酸蒸氨泵房应配备固定式或手持式有毒气体检测仪。

② 脱酸塔液相正常循环时，脱酸塔顶温度大于 10℃时，不宜打开其放散管；特殊情况下需要开关放散管时，应站在上风侧操作，防止中毒；脱酸塔不应开成负压。

真空碳酸盐法脱硫，应遵守以下规定。

① 脱硫塔底部液压位不应超过入口煤气管道最低处。

② 解吸塔负压不应超过限值，防止设备出现"吸瘪"现象。

③ 正常生产时，不宜打开真空泵后设备和管道的放散管；特殊情况下需要开关放散管时，应站在上风侧操作，防止中毒。

克劳斯法制硫磺（含氨分解）及湿接触法制硫酸应遵守以下规定。

① 克劳斯炉、氨分解炉点火前，应检查确认无泄漏，系统吹扫检测合格后方可点火。若点火失败，系统应再次吹扫并确认合格后方可再次点火。

② 氨分解炉、克劳斯炉系统不应超温超压操作。

③ 加热用煤气和空气应设低压报警和自动停机联锁保护。

④ 废热锅炉的设计、制造、安装、使用、校验应符合现行的《蒸汽锅炉安全技术监察规程》的规定，废热锅炉内软水设定液位大于 100mm。

⑤ 克劳斯炉装置停产时，应用加热气体吹扫，防止设备急剧冷却。

⑥ 硫封、硫槽等液硫设备周围不应有明火，切片机、硫管检修时，应确认管内无液硫，夹套管蒸汽放空。

⑦ 不应穿戴易产生静电的衣物及带铁钉的鞋子进入成品室。

⑧ 进入棒式过滤器作业，应采取可靠的安全措施，防止中毒或灼伤；吹扫滤棒时，给汽应由小到大，身体避开易外漏部位，防烫伤。

七、煤气加压站

所有停建改造或长期停送的煤气设备、管道系统在重新输送煤气前，必须先通入氮气或蒸汽吹扫，经过连续三次取样分析含氧量低于 1% 时，方可输送煤气。

所有煤气设备、管道系统运行前，必须对加压机、人孔法兰、防爆设备进行严密性检查，保持水封液位高度合格，送气前煤气设备、管道系统应处于关闭状态。

停、开加压机时，必须按照操作规程进行。

如发现加压机振动、异响等不正常情况，要立即调换备用机，对故障机进行检查处理，防止发生风机爆炸事故。加压机非正常停车时，应立即切断电源，按照有关规定检查，经确认无问题后方可开车。

倒换加压机时，必须坚持先开后停的原则。

正常运行中，所有煤气水封（如管路水封和储气柜挂钩密封水封、水槽等）要保持畅通满流。每小时检查一次。随时监视煤气压力、储气柜高度等情况。

煤气柜后的设备、管道系统应保持正压状态，煤气柜区域严禁明火、吸烟，附近不准堆放易燃易爆危险物品。

巡回检查时应不少于两人，禁止在煤气管道上行走。

当煤气柜高度降到接近下限时，应通知用户，及时停机保障煤气柜安全。

夏季要按照有关规定进行几次塔节下降、升高操作，以保证水封稳定。冬季气温低于 5℃ 时，要开启水封加热系统保温防冻，防止煤气泄漏。

八、粗苯工段

精苯生产区域宜设高度不低于 2.2m 的围墙，其出入口不应少于两个，且区域应有效保卫。

禁止穿带钉鞋或携带火种者以及未采取有效防火措施的机动车辆进入围墙内。

禁止往大气中排放初馏分。

送往管式炉的初馏分管道时，应设气化器和阻火器。

处理苯类的跑冒事故时，应戴隔离式防毒面具，并应穿防静电鞋、防静电服。

凡可能散发沥青烟气的地点，均应设烟气捕集净化装置。净化装置不能正常运行时，应停止沥青生产。

不宜采用人工包装沥青，特殊情况下需要人工包装时，应在夜间进行，并应采取防护措施。

工业萘、精萘及萘酐生产应遵守以下规定。

① 萘的结晶制片包装及输送宜实现机械化，包装制品封口处宜有除尘设施。

② 开工前，工业萘的初、精馏塔及有关管道应用蒸汽进行置换，并预热到100℃左右。

③ 不应使用压缩空气输送萘及吹扫萘管道。

应确保转化炉入口焦炉煤气流量平稳。压缩操作人员在进行调节前应提前通知DCS控制室，服从控制室指令进行调节。煤气流量波动不应超过500m³/h，每次待转化床层调节温度稳定后，才能再次调节。

点火前注意氧气管道的置换及排水，置换后确保氧气压力稳定。

确保入炉蒸汽压力大于入转化炉氧气压力，入转化炉氧气压力大于入炉焦炉煤气压力，入炉焦炉煤气压力大于转化炉内压力，防止焦炉煤气进入氧气系统。

在投氧点火或向合成系统并气时，应确保转化系统压力平稳，波动幅度小于0.2MPa；防止转化系统超温或超压。

当焦炉煤气气量降低时，要及时适量减少氧气量，防止超温。

九、检修作业

在易燃易爆区不宜动火，设备需要动火检修时，应尽量移到动火区进行。

易燃易爆气体和甲、乙、丙类液体的设备、管道和容器动火，应先办动火证。动火前，应与其他设备、管道可靠隔断，清楚置换合格。合格标准（体积百分浓度）：爆炸下限大于4%的易燃易爆气体，含量小于5%；爆炸下限小于或等于4%的易燃易爆气体，含量小于2%。

在有毒物质的设备、管道和容器内检修时，应可靠地切断物料进出口；有毒物质的浓度应小于允许值，同时含氧量应在19.5%～23%（体积百分浓度）范围内。监护人不应小于两人，应备好防毒面具和防护用品，检修人员应熟悉防毒面具的性能和使用方法。设备内照明电压应小于等于36V，在潮湿容器、狭小容器内作业电压应小于或等于12V。

对易燃、易爆或易中毒物质的设备动火或进入内部工作时，监护人不应少于两人，安全分析取样时间不应早于工作前30min，工作中应每2h重新分析一次，工作中断30min以上应重新分析。

焦炉煤气设备和管道打开之前，应用蒸汽、氮气和烟气进行吹扫和置换；检测合格后，拆开应用水润湿并清除可燃渣。

检修由鼓风机负压系统保持负压的设备时，应预先把通向鼓风机的管线堵上盲板。

检修操作温度等于或高于物料自燃点的密闭设备，不应在停止生产后立即打开大盖或人孔盖。

用蒸汽清扫可能积存有硫化物的塔器后，应冷却到常温方可开启；打开塔底人孔之前，应关闭塔顶油汽管和放散管。

检修饱和器时，应在进、出口煤气管道及其他有可能泄漏煤气处堵盲板。堵好盲板之前，不应抽出器内母液。

检修液氨冷冻机时，不应用氧气吹扫堵塞的管道。

转动设备的清扫、加油、检修和内部检查，均应停止设备运转，切断电源并挂上检修牌，方可进行。

设备和管道的截止件及配件，每次检修后都应做严密性试验。

不宜进行多层检修作业，特殊情况时应采用层间隔离措施。

高处动火应采取防止火花飞溅措施，同时应将四周易燃物清理干净。

夜间检修应有足够亮度的照明。

含有腐蚀性液体、气体介质的管道、设备检修前，应将腐蚀性气体、气体排净、置换、冲洗，分析合格。检修时腐蚀性液体的作业面应低于腿部，否则应搭设脚手架。检修现场应备有冲洗用水源。

煤气系统抽堵盲板作业时，应遵守下列规定。

① 工作场所应备有必要的联系信号、煤气压力表及风向标志等。

② 距工作场所 40m 内，不应有点火源并应采取防止着火措施，与工作无关人员应离开作业点 40m 以外。

③ 应使用不发火星的工具，如铜制工具或涂有很厚一层润滑油脂的铁质工具。

④ 距作业点 10m 以外才可安设投光器。

⑤ 不应在具有高温源的炉窑等建（构）筑物内进行带煤气作业。

各种动土作业，应对动土区域地下设施进行确认；动土中如暴露出电缆、管线以及不能辨认的物品时，应立即停止作业，妥善加以保护，经确认采取措施后方可动土作业。

易燃、易爆或高温明火场所的作业人员不应穿易产生静电的服装。

在易燃、易爆场所，不应使用易产生火花的工具。

不应使用轻油、洗油、苯类等易散发可燃蒸汽的液体或有毒液体擦洗设备、用具、衣物及地面。

加热炉煤气调节阀前宜设煤气紧急切断阀，应与物料流量、炉膛高温、煤气压力报警联锁。

当加热炉采用强制送风的燃烧嘴时，煤气支管上应装自动可靠隔断装置。在空气管道上应设泄薄膜。煤气管道、空气管道应安装低压报警装置。

焦炉煤气制甲醇各区域应配备空气呼吸器或防毒面具。

第八章

高炉煤气的安全操作

第一节　烧结厂煤气安全操作管理

一、基本规定

（1）烧结生产火灾危险性分类

生产区域火灾危险性分类如表 8-1 所示。

表 8-1　生产区域火灾危险性分类

类别	原料与仓库	烧结球团	动力设施
甲	乙炔瓶库、乙炔发生器房、汽油库		
乙	氧气瓶库	煤粉车间	煤气加压站，煤气、氧气、氮气及管道设施
丙	重油罐区、煤粉罐区	主控室，变电所，变压器室，电缆沟，电磁站，煤、焦炭筛分、转运，配电室（每台装油量大于 60kg 的设备）	油库、油泵房、润滑站、液压站、空压机房
丁		球磨机、棒磨机、混合机回转窑	高压油箱、热作业区操作室、热返矿皮带通廊、成品皮带操作室、配电室（每台装油量不大于 60kg 的设备）
戊	煤场	胶带库	

（2）防火、防爆措施

有煤气的区域要有巡检制度、联系制度、动火制度。煤气区域建立应急预案。

煤气设备定期检查维护、详细记录，发现问题及时上报。

应设有完整的消防水管路系统，确保消防供水。主要的火灾危险场所，应设有与消防站直通的报警信号或电话。

厂房建筑的防火要求，应符合 GB 50016—2014《建筑设计防火规范》（2018 年版）的有关规定。

煤气、空气压降报警和指示信号（声光报警），煤气管道压力自动调节和煤气紧急自动切断装置。煤气管道应采用快速切断阀＋电动蝶阀＋眼镜阀的可隔断装置。

主抽风机室应设有监测烟气泄漏、一氧化碳等有害气体及其浓度的信号报警装置。煤气加压站和煤气区域的岗位，应设置监测煤气泄漏显示、报警、应急处理和防护装置。

在有爆炸危险的场所，应选用防爆或隔离火花的保安型仪表。

各类建构筑物场所配置小型灭火装置的数量，应符合表 8-2 的规定。

表 8-2　各类建构筑物场所配置小型灭火装置的数量

类别	配置数量
甲、乙类建构筑物	1/50
甲、乙类仓库	1/80
丙类建构筑物	1/80
丙类仓库	1/100
丁、戊类建构筑物	1/100～1/150
丁、戊类仓库	1/150

注：各类建构筑物场所配置小型灭火装置的数量为建筑物的面积乘以表中的系数，结果如为小数，则四舍五入取整数。

机头电除尘器应设有防火防爆装置。

煤气加压站、油泵室、油罐区、磨煤室及煤粉罐区周围 10m 以内不应有明火。在上述地点动火，应开具动火证，并采取有效的防护措施。

烧结工艺中的燃料加工系统，其除尘设施不应使用电除尘，应使用布袋式除尘器。

煤气区域禁止堆放易燃易爆物品。

煤气区域附近应有明显的警示标志（如煤气区域禁止逗留、严禁烟火、防止中毒等）。严禁在煤气区域逗留或休息，无关人员不准进入煤气区域，煤气区域内禁止烟火。禁止用嗅觉直接检查煤气。

在煤气区域作业或检查时，应带好便携式一氧化碳检测报警仪，且应有两人以上协助作业：一人作业，一人监护。

在煤气区域工作时，注意周围煤气泄漏和放散情况，注意风向，选合适地点作业。

在煤气区域动火和带煤气作业，必须经有关领导批准，并设专人到场监护，采取有效安全措施，必要时派煤气防护员监护。发现有人中毒时，迅速将中毒者移到空气新鲜的地方，对中毒严重者进行人工呼吸，使用苏生器现场进行抢救。

对于煤气设备、阀门等，无关人员禁止乱动。煤气管道动火，必须将煤气用氮气或蒸汽吹扫置换干净，进行煤气浓度测定，合格后方可进行。

需要进入煤气管道和设备内部检查时，必须经有关领导批准，经煤气防护人员进行煤气浓度测定，并穿戴好劳保用品。照明电压应小于 12V。

煤气区域应设必要的通风设备，保证通风良好。煤气区域作业必须两人以上。炉窑、管道的煤气放散管，必须高出屋顶 4m。

煤气系统与氮气不能长期固定连接，应软连接，用完断开。

煤气检测仪器、仪表按规定时间校定和检测。

临时接出的煤气小支管，必须责任到人，防止中毒。不得私自接煤气采暖和他用。

煤气管道应设有可靠的隔断装置；煤气管道的排水器必须注满水，冬季应有保温。蒸汽、氮气闸阀前应设放散阀，防止煤气反窜。

管道内保温严禁用蒸汽管道直接插入。

煤气盲板检修作业，必须使用铜制工具，防止打火。

煤气管道每隔 4～5 年应做一次防腐。

使用煤气作业时，应根据生产工艺和安全要求，制定高、低压煤气报警限量标准。

煤气点火、停火严格按操作规程执行，确认好高压风机运转是否正常，各处阀门是否严密，煤气检测实验是否合格。

煤气设备的检修和动火、煤气点火和停火、煤气事故处理和新工程投产验收，必须执行 GB 6222—2005《工业企业煤气安全规程》。

二、烧结车间煤气安全要求

新建、改建、扩建烧结机和圆辊给料机和反射板，应设有机械清理装置。

点火器应符合下列要求。

① 应设置备用的冷却水源。

② 设置空气、煤气比例调节装置和煤气低压自动切断装置。

③ 烧嘴的空气支管应采取防爆措施。

点火器检修应遵守下列规定。

① 事先切断煤气，打开放散阀，用氮气或蒸汽吹扫残余煤气。

② 取空气试样作一氧化碳和挥发物分析，一氧化碳最高允许浓度与允许作业时间应符合 GB 6222—2005《工业企业煤气安全规程》的规定。

③ 检修人员不应少于两人，并指定一人监护；与外部应有联系信号。

烧结机点火之前，应进行煤气爆发试验；在烧结机点火器的烧嘴前面，应安装煤气紧急事故切断阀。

主抽风机操作室应与风机房隔离，并采取隔音和调温措施；风机及管道接头处应保持严密，防止漏气。启动前应检查水封水位是否符合相关规定。

进入大烟道作业前，不应同时进行烧结机台车、添补炉算等作业。应切断点火器的煤气，关闭各风箱调节阀，断开抽风机的电源。并执行挂牌制度。

进入大烟道检查或检修时，先用一氧化碳检测报警仪检测废气浓度，符合标准后方可进入，并在人孔处设专人监护。作业结束后，确认无人后，方可封闭各人孔。

烧结工长在发生重大人身、设备事故时，立即报值班长以及作业区领导及厂、公司调度安全部门，同时保护好现场，移动物件做好标志。

看火工不准在煤气管道附近5m内长期逗留。烧结机停车时，严禁擅自进入内部检查，必要时通知主控室，经检查确认安全后方可进入。随时对煤气管道进行检查，发现泄漏和异常现象，立即汇报主控室，并设专人监护，设临时围栏。

三、球团车间煤气安全要求

煤粉制备与输送应遵守下列规定。

① 所有设备均应采用防爆型设备。

② 磨煤室周围应留有消防车通道。

③ 煤粉罐及输送煤粉的管道，应有供应压缩空气的旁路设施，并应有泄爆孔。泄爆孔的朝向，应考虑泄爆时不致危及人员和设备。

④ 储煤罐停止吹煤时，煤在罐内储存的时间：烟煤不得超过5h，其他煤种不得超过8h。罐体结构应能保证煤粉从罐内完全自动流出。

⑤ 当控制喷吹煤粉的阀门或仪表失灵时，应能自动停止向球团焙烧炉内喷吹煤粉并报警。

⑥ 煤粉燃烧器和煤粉输送管道之间，应用压缩空气吹扫管道；停止喷吹烟煤时，应用氮气吹扫。

⑦ 煤粉管道停止喷吹煤粉时，应用压缩空气吹扫管道；停止喷吹烟煤时，应用氮气吹扫。

⑧ 磨煤机出口的煤粉温度低于80℃，储煤罐、布袋降尘器中的煤尘温度应低于70℃，并应有温度记录和超温、超压报警装置。

⑨ 检查煤粉喷吹设备时，应使用铜制工具。

燃烧室点火之前，应进行煤气爆发试验。点火时，应携带一氧化碳检测报警仪，并有人监护。不应有明火，防止发生火灾。定期对煤气管道进行检查，防止煤气泄漏造成煤气中毒。

竖炉点火时，炉料应在喷火口下缘，不应突然送入高压煤气。煤气点火前应保证煤气质量合格，并保证竖炉引风机已开启，风门打开。

在竖炉炉口捅料或更换炉算，必须停炉操作。

回转窑一旦出现裂缝、红窑，应立即停火。在回转窑全部冷却之前，应继续保持慢转。停炉时，应将结圈和窑皮烧掉。

煤气设备检修时，应确认切断煤气来源，用氮气或蒸汽扫净残余煤气，取得煤气区域动火作业许可证，并确认安全措施后，方可检修。

进入干燥炉作业，必须预先切断煤气，并赶净炉膛内残存的煤气。

竖炉停炉或对煤气管道及相关设备进行检修时，应通知煤气加压站切断煤气，打开支管的两个放散阀，并通入氮气或蒸汽4h以上方可检修，并用一氧化碳检测报警仪检测。

竖炉应设有双安全通道，通道倾斜度不应超过45°。

进入烘干设备作业，应预先切断煤气，并赶净设备内残存的煤气。

在有爆炸危险的气体或粉尘的工作场所，应采用防爆型灯具。

四、动力设施煤气安全要求

厂内煤气生产使用应遵守GB 6222—2005《工业企业煤气安全规程》相关规定。

煤气管道不应与电缆同沟敷设，并应进行强度试验及气密性试验。各煤气管道在厂入口处，应设总管切断阀。厂内各种气体管道应架空敷设。

应有蒸汽或氮气吹扫燃气的设施。各吹扫管道上，应设防止气体串通的装置或采取防止串通的措施。

厂内表压超过0.1MPa的煤气、蒸汽、空气的设备和管道系统，应安装压力表、安全阀等安全装置，并应采用不同颜色的标志，以区别各种阀门处于开或闭的状态。

管道的涂色和标示，应符合GB 7231—2003《工业管道的基本识别色、识别符号和安全标识》的规定。

煤气管道应设有大于煤气最大压力的水封和闸阀；蒸汽、氮气闸阀前应设放散阀，防止煤气反窜。

使用煤气，应根据生产工艺和安全要求，制定高、低压煤气报警限量标准。

执行煤气操作规程。

煤气设备的检修和动火、煤气点火和停火、煤气事故处理和新工程投产验收，应执行GB 6222—2005《工业企业煤气安全规程》的相关规定。

厂内供水应有事故供水设施。

煤气预热岗位的煤气区域严禁烟火，不能有易燃、易爆物品。随时检查煤气泄漏情况，发现问题立即汇报处理。

五、电气安全与照明

在有爆炸危险的气体或粉尘的工作场所，应采用防爆型灯具。在有腐蚀性气体、蒸汽或特别潮湿的场所，产生大量蒸汽、腐蚀性气体、粉尘等的场所，应采用封闭式电气设备。

在有爆炸危险的气体或粉尘的作业场所，应采用防爆型封闭式灯具。在需要使用行灯照明的场所，行灯电压一般不得超过 36V；在潮湿的地点和金属容器内，不得超过 12V。

设事故照明的工作场所如表 8-3 所示。

表 8-3　设事故照明的工作场所

车间	设事故照明的工作场所
原料	原料仓库、堆取料机、龙门吊车、卸车机
配料	配料室、配料矿槽、混合料矿槽
烧结	烧结机平台、主抽风机室
球团	油库、煤粉室、重油罐区、煤粉罐区、造球机室、竖炉仪表室、回转窑、带式焙烧机平台
其他	主要通道及主要出入口、主控室、操作室、高压配电室、油泵房、煤气加压站、调度室

六、工业卫生

所有产尘设备和尘源点，应严格密闭，并设除尘系统。作业场所中粉尘和有害物质的浓度，应符合 GB Z1—2002《工业企业设计卫生标准》的规定。

生产球团产生的有害气体，应良好密闭，集中处理。

对散发有害物质的设备，应严加密闭。作业场所空气中有害物质的浓度，不得超过有关标准的规定。

生产氯化球团产生的烟气，应良好密闭，集中处理。

第二节　高炉煤气的净化操作

高炉煤气是炼铁生产的副产品。使用热料入炉时，出炉煤气温度为 400～450℃，煤气中含尘量为 $10～40g/m^3$。使用冷料时，出炉煤气温度为 200～250℃，煤气中含尘量为 $10～20g/m^3$。从高炉引出的含有大量灰尘的煤气如果不进行除尘和清洗，在燃烧时会将焦炉蓄热室格子砖、高炉热风炉蓄热室格子砖及轧钢厂加热炉烧嘴堵塞，同时在长距离输送中也会造成管道堵塞，冲刷管壁，影响正常生产。因此，高炉煤气必须经除尘处理后才能输送和使用。

煤气中灰尘的清除程度，应根据煤气用户对其质量的要求和可能达到的技术条件而定。一般由大中型高炉、焦炉组成的钢铁联合企业，对于高压操作的高炉，其煤气含尘量要求不超过 $10mg/m^3$；对于常压操作的高炉，其含尘量不应超过 $10～20mg/m^3$。此外，为了降低煤气中饱和水含量，还要求净煤气温度不高于 40℃；煤气中机械水分应尽量除掉。

根据高炉煤气中灰尘的净化程度，通常将除尘系统分为粗除尘、半精除尘和精除尘三个阶段。

① 粗除尘阶段：一般只能除去颗粒较大的灰尘，经粗除尘后煤气中含尘量一般为 $1～10g/m^3$。所用设备为重力除尘器。

② 半精除尘阶段：利用洗涤塔或文氏管除去干式粗除尘不能除掉的细颗粒灰尘，一般经半精除尘后煤气含尘量可降到 $500mg/m^3$ 以下。

③ 精除尘阶段：进一步除掉悬浮于煤气中的固体细粒，经精除尘后煤气中的含尘量可小于 $10mg/m^3$（有的可达 $2\sim3mg/m^3$）。精除尘设备有文氏管、静电除尘器和洗涤机等。洗涤机由于耗电量大，除尘效率也不高，我国钢铁企业绝大多数已不再使用。

高炉煤气净化系统的选择主要取决于煤气用户对质量要求、炉顶煤气压力和炉尘的物理化学性质等条件。目前高炉煤气净化有下列几种不同系统。

一、干法除尘系统

（1）干式煤气布袋除尘

干式煤气布袋除尘采用的是内滤式加压反吹大布袋除尘。该系统在运行中存在对滤袋质量要求较高（目前滤料均为进口）、系统设备繁多、操作复杂、清灰效果差、反吹时影响高炉顶压等不利因素，后经多年技术改进，目前基本可以满足运行需要，但使用厂家已经较少。

（2）外滤式脉冲小布袋除尘

外滤式脉冲小布袋除尘是近年来才发展起来的成熟技术，也是目前国内煤气除尘采用的主流技术。该技术操作简单、除尘效率高、运行稳定安全，适用于捕集细小、干燥、非纤维性粉尘。

（3）重力除尘器

为保安全，重力除尘器（图 8-1）应设置蒸汽或氮气的管接头。重力除尘器顶端至切断阀之间，应有蒸汽、氮气管接头。重力除尘器顶及各煤气管道最高点应设放散阀。

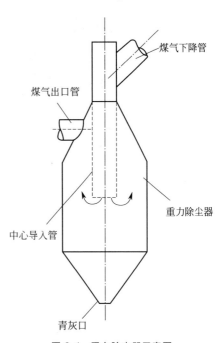

图 8-1　重力除尘器示意图

（4）洗涤塔、文氏管洗涤器和灰泥捕集器

① 常压高炉的洗涤塔、文氏管洗涤器、灰泥捕集器和脱水器的污水排出管的水封有效高度，应为高炉炉顶最高压力的 1.5 倍，并且不小于 3m。

② 高压高炉的洗涤塔（图 8-2）、文氏管洗涤器、灰泥捕集器下面的浮标箱和脱水器，应使用符合高压煤气要求的排水控制装置，并有可靠的水位指示器和水位报警器。水位指示器和水位报警器均应在管理室反映出来；各种洗涤装置应装有蒸汽或氮气管接头。在洗涤器上部，应装有安全泄压放散装置，并能在地面操作。

a. 空心洗涤塔（图 8-3）每层喷嘴处，都应设有对开人孔。每层喷嘴应设栏杆和平台。

b. 可调文氏管、减压阀组必须采用可靠严密的轴封，并设较宽的检修平台。

c. 每座高炉煤气净化设施与净煤气总管之间，应设可靠的隔断装置。

（5）电除尘器

电除尘器（图 8-4）应设有当煤气压力低于 5×10^2Pa（$51mmH_2O$）时，能自动切断高压电源并发出声光信号的装置。

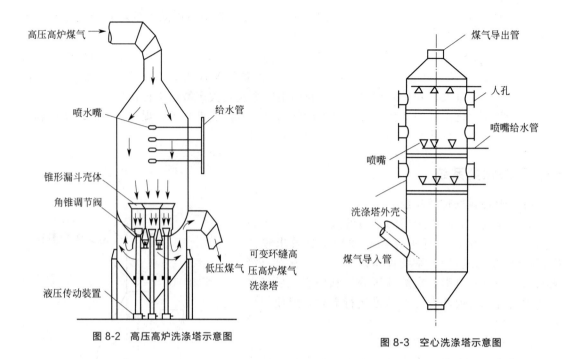

图 8-2 高压高炉洗涤塔示意图

图 8-3 空心洗涤塔示意图

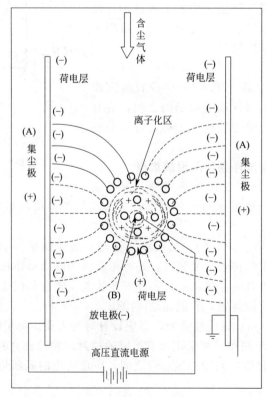

图 8-4 电除尘器示意图

电除尘器应设有当高炉煤气含氧量达到 1% 时，能自动切断电源的装置。

（6）布袋除尘器

布袋除尘器（如图 8-5）相关安全要求如下。

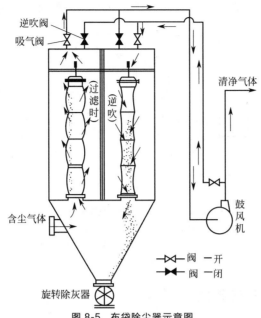

图 8-5　布袋除尘器示意图

① 每个出入口应设有可靠的隔断装置。
② 每个箱体应设有放散管。
③ 应设有煤气高低温报警装置和低压报警装置。
④ 每个箱体应采用泄爆装置。
⑤ 反吹清灰时，不应采用在正常操作时用粗煤气向大气反吹的方法。
⑥ 布袋箱体向外界卸灰时，应有防止煤气外泄的措施。

二、高压洗涤塔文氏管系统

高压洗涤塔文氏管系统如图 8-6 所示。自高炉出来的脏煤气进入重力除尘器，初步除尘后含尘量降到 $6 \sim 10 \mathrm{g/m^3}$。经煤气管进入脱泥器，用水喷洒煤气冷却至 $30 \sim 40 ℃$，并使含尘量降到 $0.5 \sim 1 \mathrm{g/m^3}$。然后将半净煤气送入文氏管进一步净化，使煤气含尘量降到 $10 \mathrm{mg/m^3}$ 以下。再经减压阀组、脱水器使煤气减压并除去煤气中的水滴，脱水后净煤气进入净煤气管道，并送到用户系统。

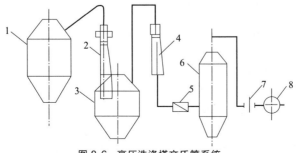

图 8-6　高压洗涤塔文氏管系统
1—重力除尘器；2—溢流文氏管；3—脱泥器；4—调径文氏管；5—减压阀组；6—脱水器；7—叶形插板；8—净煤气总管

该系统为国内高压高炉采用较多的系统。文氏管有定径文氏管和调径文氏管两种，调径文氏管更能保证煤气的净化质量。为保证出口煤气含尘量的要求，有些厂采用电除尘把关的方法。原济钢高炉煤气净化系统采用过此方法，其工艺流程简图如图 8-7 所示。

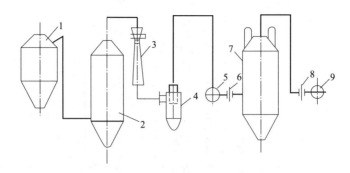

图 8-7　原济钢高炉煤气净化系统

1—重力除尘器；2—洗涤塔；3—文氏管；4—灰泥捕集器；5—半净煤气总管；
6，8—叶形插板；7—电除尘器；9—净煤气总管

三、高压串联调径文氏管系统

高压串联调径文氏管系统如图 8-8 所示。该系统与塔后文氏管相比，突出的优点是操作维护简便，占地少。在相同操作条件下，本系统的煤气温度要高一些，煤气经过系统的压力降要大一些。

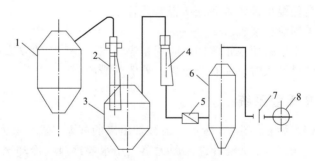

图 8-8　高压串联调径文氏管系统

1—重力除尘器；2—溢流文氏管；3—脱泥器；4—调径文氏管；5—减压阀组；6—脱水器；7—叶形插板；8—净煤气总管

四、常压洗涤文氏管系统

高炉炉顶煤气压力经常保持在 19.6kPa 以下时，一般采用塔后调径文氏管电除尘系统（图 8-9）或塔前溢流定径文氏管电除尘器系统（图 8-10），其中文氏管仅作为预精洗装置。塔前溢流定径文氏管电除尘器系统与塔后调径文氏管电除尘器系统相比，在相同操作条件下可以减少煤气洗涤污水的处理量和煤气冷却塔的容积，但溢流文氏管的喉口在较高的气流速度下易磨损。塔前溢流定径文氏管电除尘器系统也常用于锰铁高炉煤气净化流程。

以上介绍的均为湿式净化系统，它与干式净化系统相比有以下不足：洗涤水中含有氰化物和硫化物会造成污染，因此必须对污水进行处理和进行水的调质；从热能方面来考虑，洗

涤后的煤气温度一般为 40℃左右，既损失了显热又使煤气夹带水分，降低了煤气的理论燃烧温度。

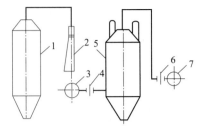

图 8-9 塔后调径文氏管电除尘器系统

1—洗涤塔；2—调径文氏管；3—半净煤气总管；4，6—叶形插板；5—电除尘器；7—净煤气总管；

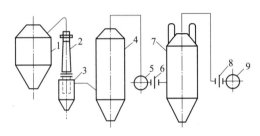

图 8-10 塔前溢流定径文氏管电除尘器系统

1—重力除尘器；2—溢流定径文氏管；3—脱泥器；4—冷却塔；5—半净煤气总管；
6，8—叶形插板；7—电除尘器；9—净煤气总管

湿式净化系统压头损失大，耗水量也大，一般耗水 $3\sim6t/1000m^3$ 煤气。

目前湿式净化高炉煤气系统已逐步退出。随着钢铁工业中大型高压高炉的兴建，随之对节能和对环境保护的要求不断提高，高炉煤气净化技术已经从一般的湿式净化系统全面转向干式净化系统的开发应用，以充分利用炉顶煤气的物理有效能（温度与压力有效能），进一步提高炉顶煤气余压透平发电装置（TRT）的发电能力和减少高炉煤气湿式净化系统流程中煤气洗涤水对环境的污染。根据有效能平衡，采用干式净化装置后的 TRT 综合发电能力将比湿式净化装置提高 $20\%\sim30\%$。虽然目前干式精净化（出口含尘量一般要求达 $5\sim10mg/m^3$ 以下）和长期持续运行还存在一定的具体问题，但是已经得到逐步的解决和改进。

第三节 高炉热风炉的换炉安全操作

一、热风炉换炉操作的技术要求

热风炉换炉的主要技术要求有：风压、风温波动小，速度快，保证不跑风。风压波动允许范围：大高炉小于 20kPa，小高炉小于 10kPa。风温波动允许范围：4 座热风炉的小于 30℃，3 座热风炉的小于 60℃。如首钢规定：风压波动不大于 10kPa，风温波动不大于 $\pm(10\sim20)$℃。

二、热风炉的换炉操作

（1）内燃式热风炉的换炉操作程序

内燃式热风炉有关各阀门示意图如图 8-11 所示。

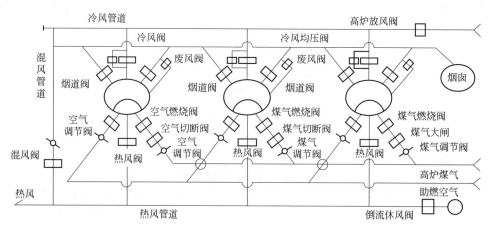

图 8-11 内燃式热风炉有关各阀门示意图

① 燃烧→送风操作步骤为：关闭煤气调节阀→关闭空气调节阀→关闭煤气切断阀（联动）→打开煤气放散阀→关闭煤气燃烧阀→关闭空气燃烧阀→关闭烟道阀（2个）→打开冷风均压阀，对炉内进行均压→待炉内均压完成后打开冷风阀→开热风阀→开混风阀调节风温。

② 送风→燃烧操作步骤为：关闭冷风阀→关闭热风阀→打开废风阀，放尽炉内废风，进行均压→待炉内均压完成后打开烟道阀（2个）→关闭废风阀→开空气燃烧阀→打开煤气燃烧阀→打开煤气切断阀→打开空气调节阀，慢开小开点火→打开煤气调节阀，同样要慢开小开点火→当火点燃后，根据风温的需要设定煤气量与空气量，进行正常燃烧。

（2）外燃式热风炉的换炉操作程序

外燃式热风炉阀门位置示意图如图 8-12 所示。

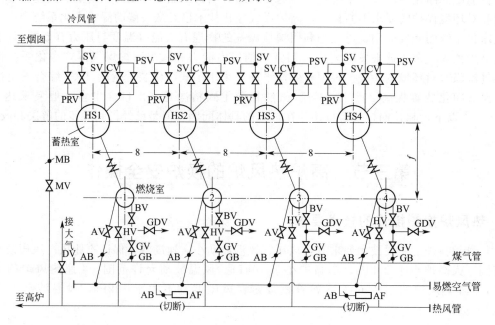

图 8-12 外燃式热风炉阀门位置示意图

HS—热风炉；HV—热风阀；CV—冷风阀；BV—燃烧阀（第一煤气阀）；GV—煤气切断阀（第二煤气阀）；
GB—煤气蝶阀；SV—烟道阀；MV—混风阀；MB—混风蝶阀；AV—空气阀；DV—倒流休风阀；PRV—废气阀；
PSV—冷风旁通阀；GDV—煤气放散阀；AB—空气蝶阀；AF—助燃风机

四座热风炉时，常用双炉交叉并联送风的工作制度，其操作程序如下。

① 燃烧→送风操作步骤为：关煤气蝶阀（GB）和煤气切断阀（GV）→当关闭煤气阀后，助燃风机（AF）继续工作数秒后再停→关闭空气蝶阀（AB）和空气阀（AV）→关闭燃烧阀（BV），开煤气放散阀（GDV），有的采用机械联动，可同时完成动作→关两个烟道阀（SV）→开冷风旁通阀（PSV）→经过一定时间后，热风炉与冷风管道内的冷风接近均压，然后开冷风阀（CV）→开热风阀（HV）→关冷风旁通阀（PSV），也可在冷风阀开启的同时，关冷风旁通阀（PSV）。

② 送风→燃烧操作步骤为：关冷风阀（CV）→关热风阀（HV）→开废气阀（PRV）→经过一定时间后，热风炉与烟道之间的废气达到或接近均压，然后开两个烟道阀（SV）→关废气阀（PRV），也可在烟道阀开启的同时关闭废气阀→关煤气放散阀（GDV）→开第一煤气阀（BV）和空气蝶阀（AB），当第一煤气阀与煤气放散阀机械联动时，两阀同时完成动作→开煤气切断阀（GV）→点火（自动着火）→燃烧器风机通电工作→开大煤气蝶阀（GB）。

(3) 换炉的注意事项

① 热风炉主要阀门的开启原理：热风炉是一个受压容器，在开启某些阀门之前必须均衡阀门两侧的压力。例如，热风阀和冷风阀的开启，是靠冷风小门向炉内逐渐灌风，均衡热风炉与冷风管道之间的压力之后才开启的。再如，烟道阀和燃烧闸板的开启，首先是废风阀向烟道内泄压，均衡热风炉与烟道之间的压差之后才启动的。

② 换炉时要先关煤气闸板，后停助燃风机：换炉时，若先停助燃风机，后关煤气闸板，会有一部分未燃烧煤气进入热风炉，可能形成爆炸性混合气体，引发小爆炸，损坏炉体；还有部分煤气可能从助燃风机喷出，会造成操作人员中毒。尤其是在煤气闸板因故短时关不上时，后果更加严重。因此，必须严格执行先关煤气闸板、后停助燃风机的规定。

③ 换炉时废风要放净：若热风炉废风没有排放干净就强开烟道阀，此时炉内气压还较大，强开阀门会将烟道阀钢绳或月牙轮拉断，或者由于负荷过大烧坏电动机。

废风是否放净的判断方法是：冷风风压表的指针是否回零；此外，也可从声音、时间来判断。

④ 换炉时灌风速度不能过快：换炉时如果快速灌风，会引起高炉风量、风压波动太大，对高炉操作会产生不良影响。所以一定要根据风压波动的规定灌风换炉，灌风时间达 180s 就可满足要求。

⑤ 操作中禁止"闷炉"："闷炉"就是热风炉的各阀门呈全关状态，既不燃烧，也不送风。"闷炉"之后，热风炉成为一个封闭体系。在此体系内，炉顶部位的高温区与下部的低温区进行热量平衡移动，这样会使废气温度过高，烧坏金属支撑件；另外，热风炉内压力增大，炉顶、各旋口和炉墙难以承受，容易造成炉体结构的破损，故操作中禁止"闷炉"。

第四节　热风炉倒流休风、停气、停风等的安全操作

一、热风炉倒流休风操作

高炉因故临时中断作业，关上热风阀称为休风。休风分为短期休风、长期休风和特殊休风三种情况。

休风时间在 2h 以内称为短期休风，如更换风、渣口等情况的休风。休风时间在 2h 以上

称为长期休风，如在处理和更换炉顶装料设备、煤气系统设备等，休风时间较长。为避免发生煤气爆炸事故和缩短休风时间，炉顶煤气需点火燃烧。

如遇停电、停水、停风等事故时，高炉的休风称为特殊休风。特殊休风的处理应及时果断。

（1）倒流休风的操作程序

高炉在更换风口等冷却设备时，炉缸煤气会从风口冒出，给操作带来困难。因此，在更换冷却设备时进行倒流休风，有两种形式：一种是利用热风炉烟囱的抽力把高炉内剩余煤气经过热风总管→热风炉→烟道→烟囱排出；另一种是利用热风总管尾部的倒流阀，经倒流管将剩余煤气倒流到大气中。

倒流休风的操作程序如下。

① 高炉风压降低至 50％以下时，热风炉全部停烧。

② 关冷风大闸。

③ 接到倒流休风信号，关闭送风炉的冷风阀、热风阀，打开废风阀，放尽废风。

④ 打开倒流阀，煤气进行倒流。

⑤ 如果用热风炉倒流，按下列程序进行：打开倒流炉的烟道阀、燃烧闸板；打开倒流炉的热风阀倒流。

⑥ 休风操作完毕后，发出信号，通知高炉。

注意：集中鼓风的热风炉和硅砖热风炉禁止用热风炉倒流操作。

（2）热风炉倒流注意事项

① 倒流休风炉，炉顶温度必须在 1000℃以上。炉顶温度过低的坏处：一是炉顶温度会进一步降低，影响倒流后的烧炉作业；二是炉顶温度过低，倒流煤气在炉内不燃烧或不完全燃烧，形成爆炸性混合气体，易引起爆炸事故。

② 倒流时间不超过 60min，否则应换炉倒流。若倒流时间过长，会造成炉子太凉，炉顶温度大幅度下降，影响热风炉正常工作和炉体寿命。

③ 一般情况下，不能两个热风炉同时倒流。

④ 正在倒流的热风炉，不得处于燃烧状态。

⑤ 倒流的热风炉一般不能立即用作送风炉。如果必须送风时，待残余煤气抽净后，方可作送风炉。

（3）用热风炉倒流的危害

① 荒煤气中含有一定量的炉尘，易使格子砖堵塞和渣化。

② 倒流的煤气在热风炉内燃烧，初期炉顶温度过高，可能烧坏衬砖；后期煤气又太少，炉顶温度会急剧下降。这样的温度急变，对耐火材料不利，影响热风炉的寿命。

基于上述原因，新建高炉都在热风总管的尾部设一个倒流休风管，以备倒流休风之用；倒流休风管上采用闸式阀，并通水冷却；用倒流阀倒流休风，操作也简便。

二、热风炉停气操作

热风炉停气操作的步骤如下。

① 高炉停气前，应将所有燃烧的热风炉立即停烧。

② 关闭煤气调节阀和空气调节阀。

③ 关闭煤气切断阀，打开煤气放散阀（联动）。

④ 关闭煤气燃烧阀和空气燃烧阀，热风炉转为隔断。

⑤ 高炉或热风炉管道停气后，向煤气管道通入蒸汽，并与煤气调度联系打开煤气总放

散阀；煤气总放散阀冒出蒸汽 20min 后，关闭蒸汽阀门。

三、热风炉停风操作

在完成停气操作的基础上，按高炉的停风通知进行停风操作。

停风操作的步骤如下。

① 当风压降低到 0.05MPa 时，将热风炉混风切断阀关闭。

② 在双炉送风时停风，应事先将一座炉转为隔断状态，保持单炉送风。

③ 接到高炉停风信号后，关闭热风阀。

④ 关闭冷风阀。

⑤ 打开烟道阀。

停风时若遇到以下情况，均先打开通风炉的冷风阀及烟道阀，抽走倒流进入热风炉和冷风管道的煤气，防止发生事故。

① 在停风操作过程中，风压降到很低所需要的时间较长。

② 高炉停风时间较长。

③ 高炉风机停机。

④ 停风后长时间没有进行倒流回压操作。

送风前或开启冷风阀、烟道阀 15～20min 后，将冷风阀关闭，保持烟道阀在开启位置。

四、热风炉送风操作

送风前要做好准备工作，接到高炉的送风通知后进行送风操作。

送风操作的步骤如下。

① 对于倒流休风的高炉，接到高炉停止倒流转为送风的通知后，关闭倒流炉的热风阀或倒流阀。

② 确定送风炉号，关闭烟道阀。

③ 开启送风炉的冷风阀和热风阀。

④ 关闭高炉放风阀。

⑤ 向高炉发出送风信号后，当风压大于 0.05MPa 时，打开冷风大闸和混风调节阀，调节风温到指定数值。

五、热风炉送气操作

接到煤气调度送净煤气的通知后，做如下工作。

① 检查煤气管道各部位人孔是否封好。

② 关闭各炉煤气大闸并确认关严，打开各个煤气调节阀。

③ 打开各炉煤气支管放散阀及总管放散阀。

④ 首先向煤气管道通入蒸汽，当放散阀全部冒出蒸汽达到规定时间（20min 或化验合格）后，通知动力部门送气。

⑤ 送煤气后，见煤气总管放散阀冒出煤气达到规定时间（20min 或化验合格）后，关闭煤气管道的蒸汽阀和放散阀。

⑥ 根据煤气压力的大小，部分或全部将停烧的热风炉转为燃烧。

六、热风炉紧急停风操作

高炉生产若出现突发事故，为避免事故扩大，需要紧急停风。此时的操作是：如有多座高炉生产或有高炉煤气柜，要先高炉停风，再迅速停止热风炉煤气燃烧。若只有 1 座高炉生产又没有煤气柜，热风炉要先停止煤气燃烧，之后高炉迅速停风，其目的是防止煤气管道发生事故。由于混风阀会使热风管和冷风管短路，为防止冷风管发生煤气爆炸事故，不论上述哪种情况都应首先将混风阀关闭。

紧急停风的操作步骤如下。

① 关闭混风阀。

② 关闭热风阀及冷风阀。

③ 燃烧炉全部停烧，根据情况再进行其他相关的操作。

④ 打开送风炉烟道阀。

⑤ 如高炉风机停车，或风压下降过急，应打开送风炉冷风阀。

⑥ 了解停风原因及时间，做好恢复生产的准备工作。

七、热风炉紧急停电操作

热风炉紧急停电有两种情况：一种是热风炉助燃风机突然停机，而高炉生产正常；另一种是高炉和热风炉都停电，高炉和热风炉均进入事故状态。

仅助燃风机突然发生停机时，首先紧急关闭燃烧炉的煤气调节阀或煤气切断阀。实践表明，对于电力驱动的阀门，关闭调节阀要快一些；先使热风炉的燃烧炉处于自然燃烧状态，这样可防止大量煤气进入热风炉，然后再切断煤气。对于液压驱动的阀门，利用蓄能器的液压可直接关闭煤气切断阀。再次燃烧时，要等待热风炉和烟囱内的煤气全部排净后进行，不可操之过急。

高炉和热风炉同时停电时，具体操作步骤如下。

① 煤气压力断绝时，煤气管道立即通入蒸汽。

② 关闭混风切断阀。

③ 关闭燃烧炉的全部燃烧阀，关闭送风炉的冷风阀。

④ 关闭送风炉的热风阀，打开烟道阀。

⑤ 与煤气调度联系，确定是否需要打开总管道煤气放散阀。

⑥ 接到高炉倒流回压的通知后，进行倒流回压操作。

⑦ 进行热风炉的其他善后工作，如关闭空气切断阀等。

⑧ 了解停风原因及时间长短，做好送风的一切准备工作。

注意事项：在进行第 4 项操作时，一定要积极与值班工长取得联系，听从工长指令，方可关闭送风炉热风阀，防止高炉灌渣和憋风机的重大事故。

高炉和热风炉同时发生停电情况时，首先按上述高炉和热风炉突然停电的紧急停风操作处理，然后做好其他相关工作。相关操作步骤如下。

助燃风机的开机操作：

① 检查轴承架不能亏油，冷却水保持畅通，吸风口和放散阀开关灵活，手动盘车正常。

② 与供电部门联系，允许后方可进行启动操作。

③ 将风机吸风口调至 10% 以内的开度，并将风机切断阀关闭，同时打开风机放散阀。

④ 闭合操作开关，启动风机。

⑤ 风机开启正常后（电流下降，无异常声音）即可开风机切断阀。切断阀开启后，运

行电流立即调整为不小于 38A，防止风机喘振。

⑥ 全面检查，并记录轴温和电流变化。

助燃风机的停机操作：

① 停机前全部停烧，通知供电部门，准备停机。

② 将风机吸风口（或放散阀）关小，运行电流控制在 38～40A 范围内。

③ 关闭风机切断阀。

④ 停助燃风机。

倒用风机操作：

① 在燃烧状态下倒用风机，先将备用风机启动，待运转正常后方可将运行风机停机。

② 一般在全部停烧情况下倒用风机，待备用风机运行正常后，再恢复燃烧。

③ 风机倒用原则上为 3 天一次，特殊情况另外决定。

第五节　炼铁厂煤气安全操作

一、总体要求

炼铁企业应定期对职工进行安全生产和劳动保护教育，普及安全知识和安全法规，加强业务技术培训。职工经考核合格方可上岗。

新工人进厂，应首先接受厂、车间、班组三级安全教育，经考试合格后由熟练工人带领工作至少三个月，熟悉本工种操作技术并经考核合格方可独立工作。

调换工种和脱岗三个月以上重新上岗的人员，应事先进行岗位安全培训，并经考核合格方可上岗。

外来参观或学习的人员，应接受必要的安全教育，并应由专人带领。

特种作业人员和要害岗位、重要设备与设施的作业人员，均应经过专门的安全教育和培训，并经考核合格、取得操作资格证，方可上岗。上述人员的培训、考核、发证及复审，应按国家有关规定执行。

相关人员必须熟知煤气危险区安全常识和煤气中毒后的现场急救知识。

采用新工艺、新技术、新设备，应制定相应的安全技术措施；对有关生产人员，应进行专门的安全技术培训，并经考核合格方可上岗。

二、煤气作业区域类别划分及安全要求

（1）煤气作业区域类别划分

一类煤气作业：风口平台、渣铁口区域、除尘器卸灰平台及热风炉周围，检查大小钟，溜槽，更换探尺，炉身打眼，炉身外焊接水槽，补焊炉皮，焊、割冷却器，检查冷却水管泄漏，疏通上升管，煤气取样，处理炉顶阀门、炉顶人孔、炉喉人孔、除尘器人孔、料罐、齿轮箱，抽堵煤气管道盲板以及其他带煤气的维修作业。

二类煤气作业：炉顶清灰、加（注）油、休风后补焊大小钟、更换密封阀胶圈，检修时往炉顶或炉身运送设备及工具，休风时炉喉点火，水封的放水，检修上升管和下降管，检修热风炉炉顶及燃烧器，在斜桥上部、出铁场屋顶、炉身平台、除尘器上面和喷煤、碾泥干燥炉周围作业。

三类煤气作业：值班室、槽下、卷扬机室、铸铁及其他有煤气地点的作业。

炼铁企业可根据实际情况对分类作适当调整。

（2）煤气作业安全要求

在一类、二类煤气危险区作业时，必须通知煤气防护站，并要求两人以上方可作业。

工作人员必须佩戴空气呼吸器，并有煤气防护站人员在场监护。煤气区域工作人员，必须接受煤气救护人员在安全方面的监督和指导，如拒不佩戴空气呼吸器或违反规章制度时，煤气救护人员有权制止其工作，并通知有关领导予以处理。

在三类煤气区工作时，可不佩戴空气呼吸器，但班组长或作业负责人必须不断地巡视作业人员情况，工作时间不宜过长。

严禁在煤气区域逗留和打盹睡觉。

禁止用嗅觉直接检查煤气。

当发现漏煤气或附近冒煤气而危及人身安全时，虽在第三类煤气区作业也必须按第一、二类煤气区作业处理，严禁冒险蛮干。

发生煤气中毒时，应迅速将中毒者移放到空气新鲜地方，报告煤气防护站人员到现场急救，并马上报告作业区领导及安全负责人。

煤气区的作业，应遵守 GB 6222—2005《工业企业煤气安全规程》的规定。各类带煤气作业地点，应分别悬挂醒目的警告标志。在一类煤气作业场所及有泄漏煤气危险的平台、工作间等，均宜设置方向相对的两个出入口。对于大型高炉，应在风口平台至炉顶间设电梯。

煤气危险区（如热风炉、煤气发生设施附近）的一氧化碳浓度应定期测定。在人员经常停留或作业的煤气区域，宜设置固定式一氧化碳检测报警仪，对作业环境进行监测。在煤气区域作业的人员，应配备便携式一氧化碳检测报警仪。一氧化碳检测报警仪应定期校核。

无关人员，不应在风口平台以上的地点逗留。通往炉顶的走梯口，应设立"煤气危险区，禁止单独工作"的警告标志。

三、 炉顶设备安全操作

生产时的炉顶工作压力，不应超过设计规定。

炉顶应至少设置两个直径不小于 0.6 m、位置相对的人孔。

应保证装料设备的加工、安装精度，不应泄漏煤气。

炉顶放散阀，应比卷扬机绳轮平台至少高出 3 m，并能在中控室或卷扬机室控制操作。

高压高炉应有均压装置，均压管道入口不应正对大钟拉杆，管道不应有直角弯，管路最低处应安装排污阀。排污阀应定期排放。

不宜使用粗煤气均压。钟式炉顶工作温度不应超过 500℃。

无料钟炉顶料罐均压系统的均压介质，应采用半净高炉煤气或氮气。炉顶温度应低于 350℃，水冷齿轮箱温度应不高于 70℃。

炉顶氮气压力应控制在合理范围，而且应大于炉顶压力 0.1 MPa。应定期检查上、下密封圈的性能，并记入技术档案。

齿轮箱停水时，应立即通知有关人员检查处理，并采取措施防止煤气冲掉水封，造成大量煤气泄漏；密切监视传动齿轮箱的温度；最大限度地增加通入齿轮箱的氮气量；尽量控制较低的炉顶温度。

炉顶系统停氮时，应立即联系有关人员处理，并严密监视传动齿轮箱的温度和阀门箱的温度，可增大齿轮箱冷却水流量来控制水冷齿轮箱的温度。

风口、渣口及水套应牢固、严密，不应泄漏煤气。

四、高炉煤气操作安全要求

炼铁作业区人员在煤气危险区工作时，必须有专人监护。

炉顶压力不断增高又无法控制时，应及时减风，并打开炉顶放散阀，找出原因，排除故障，方可恢复工作。

休风（或坐料）应遵守下列规定。

① 应事先同煤气主管部门、氧气、鼓风、热风和喷吹等单位联系，征得煤气部门同意，方可休风（或坐料）。

② 炉顶及除尘器，应通入足够的蒸汽或氮气；切断煤气（关闭切断阀）之后，炉顶、除尘器和煤气管道均应保持正压；炉顶放散阀应保持全开。

③ 长期休风应进行炉顶点火，并保持长明火；长期休风或检修除尘器、煤气管道，应用蒸汽或氮气驱赶残余煤气。

④ 因事故紧急休风时，应在紧急处理事故的同时，迅速通知煤气、氧气、鼓风、热风、喷吹等有关单位采取相应的紧急措施。

⑤ 正常生产时休风（或坐料），应在渣、铁出净后进行，非工作人员应离开风口周围；休风之前如遇悬料，应处理完毕再休风。

⑥ 休风（或坐料）期间，除尘器不应清灰；有计划的休风，应事前将除尘器的积灰清尽。

⑦ 休风前及休风期间，应检查冷却设备，如有损坏应及时更换或采取有效措施，防止漏水入炉。

⑧ 休风期间或短期休风之后，不应停鼓风机或关闭风机出口风门，冷风管应保持正压；如需停风机，应事先堵严风口，卸下直吹管或冷风管，进行水封。

⑨ 休风检修完毕，应经休风负责人同意，方可送风。

开、停炉及计划检修期间，应有煤气专业防护人员监护。

应组成以生产厂长（总工程师）为首的领导小组，负责指挥开、停炉，并负责制定开停炉方案、工作细则和安全技术措施。

开炉应遵守下列规定。

① 应按制定的烘炉曲线烘炉；炉皮应有临时排气孔；带压检漏合格，并经 24h 连续联动试车正常，方可开炉。

② 冷风管应保持正压；除尘器、炉顶及煤气管道应通入蒸汽或氮气，以驱除残余空气；送风后，大高炉的炉顶煤气压力应大于 5～8kPa，中小高炉的炉顶煤气压力应大于 3～5kPa，并做煤气爆发试验，确认不会产生爆炸，方可接通煤气系统。

③ 应备好强度足够和粒度合格的开炉原、燃料，做好铁口泥包；炭砖炉缸应用黏土砖砌筑炭砖保护层，还应封严铁口泥包（不适用于高铝砖炉缸）。

停炉应遵守下列规定。

① 停炉前，高炉与煤气系统应可靠地分隔开；采用打水法停炉时，应取下炉顶放散阀或放散管上的锥形帽；采用回收煤气空料打水法时，应减轻炉顶放散阀的配重。

② 打水停炉降料面期间，应不断测量料面高度，或用煤气分析法测量料面高度，并避免休风；需要休风时，应先停止打水，并点燃炉顶煤气。

③ 打水停炉降料面时，不应开大钟或上、下密封阀；大钟和上、下密封阀不应有积水；煤气中二氧化碳、氧和氢的浓度，应至少每小时分析一次，含氢量不应超过 6%。

④ 炉顶应设置供水能力足够的水泵，钟式炉顶温度应控制在 400～500℃ 之间，无料钟

炉顶温度应控制在 350℃左右；炉顶打水应采用均匀雨滴状喷水，应防止顺炉墙流水引起炉墙塌落；打水时人员应离开风口周围。

⑤ 大中修高炉时，料面降至风口水平面即可休风停炉；大修高炉时，应在较安全位置（炉底或炉缸水温差较大处）开残铁口眼，并放尽残铁；放残铁之前，应设置作业平台，清除炉基周围的积水，保持地面干燥。

高炉突然断风，应按紧急休风程序休风，同时出净炉内的渣和铁。

停电事故处理，应遵守下列规定。

① 高炉生产系统（包括鼓风机等）全部停电，应按紧急休风程序处理。

② 煤气系统停电，应立即减风，同时立即出净渣、铁，防止高炉发生灌渣、烧穿等事故；若煤气系统停电时间较长，则应根据煤气厂（车间）要求休风或切断煤气。

③ 炉顶系统停电时，高炉工长应酌情立即减风降压直至休风（先出铁、后休风）；严密监视炉顶温度，通过减风、打水、通氮或通蒸汽等手段，将炉顶温度控制在规定范围以内；立即联系有关人员尽快排除故障，及时恢复回风，恢复时应摆正风量与料线的关系。

④ 发生停电事故时，应将电源闸刀断开，挂上停电牌；恢复供电，应确认线路上无人工作并取下停电牌，方可按操作规程送电。

风口水压下降时，应视具体情况减风，必要时立即休风。水压正常后，应确认冷却设备无损、无阻，方可恢复送水。送水应分段缓慢进行，防止产生大量蒸汽而引起爆炸。

停水事故处理，应遵守下列规定。

① 当冷却水压和风口进水端水压小于正常值时，应减风降压，停止放渣，立即组织出铁，并查明原因；水压继续降低以致有停水危险时，应立即组织休风，并将全部风口用泥堵死。

② 如风口、渣口冒汽，应设法灌水，或外部打水，避免烧干。

③ 应及时组织更换被烧坏的设备。

④ 关小各进水阀门，通水时由小到大，避免冷却设备急冷或猛然产生大量蒸汽而炸裂。

⑤ 待逐步送水正常，经检查后送风。

高炉炉缸烧穿时，应立即休风。

铁口和风口区域泄漏的煤气要点燃，特别是做渣口泥套时要严防煤气中毒。

五、炉前使用氧气安全操作

烧氧气前必须穿戴好劳动保护用品，戴好防护眼镜和防热手套。

烧氧气时不得少于三人，一人指挥，一人开闭氧气阀门，一人作业，密切配合，不得离岗，并不许伸进风口点燃氧气管。

氧气带两端与氧气嘴子接触必须严密，不得漏气；带嘴处必须捆扎牢固，接头处的钢丝必须拍平，防止氧气嘴子脱落、甩动伤人。氧气带必须保持整体完好，长度够用，接口不大于两处，接口处中间插管，并用钢丝拧紧。氧气带不得从赤热的渣铁沟表面通过，必要时架空或采取沟面铺铁板和垫河沙等措施。氧气开关附近禁止吸烟和动火。

根据需要控制氧气用量，氧气阀门开度控制要听从指挥，先给小风点燃，再逐渐开大氧气阀门，严防氧气回火烧人。

当氧气管燃烧到极限长度时，必须待氧气管拔出后才能关闭氧气阀门。当氧气回火造成氧气带燃烧时，应立即关闭氧气阀门。氧气阀门和氧气嘴子之间应保持一定距离，氧气管长度小于 2m 时停止使用，防止氧气回火烧人。

停烧氧气时，必须先将氧气管退出燃烧部位，才能关闭氧气阀门，并将氧气带存放在指定地方。定期检查氧气管线，禁止阀门漏气。

用氧气瓶供氧时，除贯彻上述规定外，还要注意以下问题。

① 使用完的氧气瓶必须关严并保留一定压力。

② 氧气瓶的开关打不开时，严禁用锤击和火烤。

③ 氧气瓶堆放距离铁口等要害部位要大于 10m，并且不得堆放在铁口和渣口对面。

④ 禁止氧气瓶与油脂接触，发现接触要立即停止使用，并通知氧气作业区处理。

⑤ 氧气瓶搬运时，必须小心轻放，禁止碰撞摔扔。

⑥ 使用后的氧气空瓶要堆放在安全地带，不得空重不分。

⑦ 吊运氧气瓶时，应捆扎牢固，专人指挥，并对钢丝绳和吊具事先进行严格检查，严禁氧气瓶高空坠落。

六、喷煤系统安全操作

（1）喷煤基本要求

烟煤是爆炸性煤种，制粉系统要用热风炉废气，煤粉喷吹罐要用氮气充压，岗位人员要特别注意防火、防爆、防窒息中毒。

对于烟煤及烟煤与无烟煤的混合喷吹系统，其新建、扩建和改造工程的设计、施工与验收，以及操作、维护、检修和管理，应符合 GB 16543—2008《高炉喷吹烟煤系统防爆安全规程》的规定。

所有受压容器的设计、制造、安装都要符合国家劳动部 TSG Z1—2016《固定式压力容器安全技术监察规程》的规定。煤粉管道的设计及输送煤粉的速度，应保证煤粉不沉积。

煤粉系统一切设施都应按国家建筑规范中乙类防火、防爆、防毒车间标准建筑和验收。所有管道、阀门都必须经过耐压试验和气密性试验合格后才准使用。

煤粉、空气的混合器，不应安设在风口平台上。混合器与高炉之间的煤粉输送管路，应安装自动切断阀。所有喷煤风口前的支管，均应安装逆止阀或切断阀。

烟煤和混合煤输送和喷吹系统的充压、流化、喷吹等供气管道，均应设置逆止阀；煤粉输送和喷吹管道，应有供应压缩空气的旁通设施；喷吹烟煤或混合煤时，应另设氮气旁通设施。

喷吹烟煤和混合煤时，仓式泵、储煤罐、喷吹罐等压力容器的加压、收尘和流化的介质，应采用氮气或其他惰性气体。

烟煤喷吹系统，应设置气控装置和非电动顺序控制系统，超温、超压、含氧超标等事故报警装置，还应设置防止和消除事故的装置。

氧气管道及设备的设计、施工、生产、维护，应符合 GB 16912—2008《深度冷冻法生产氧气及相关气体安全技术规程》的规定。连接富氧鼓风处，应有逆止阀和快速自动切断阀。吹氧系统及吹氧量应能远距离控制。

富氧房应设有通风设施。

（2）生产操作的管理

所有受压容器都要定期进行技术检验：每半年进行一次外部检查、每三年进行一次测厚检查，并根据检查结果决定是否维修和更换。

各种压力容器的防爆膜都必须进行定期检查和更换：负压、常压系统每年检查一次，每两年更换一次；受压系统每年检查一次，并根据检查结果决定是否更换。

煤粉系统的检测仪表必须按照规定定期校正：温度表每周校正一次，误差不大于 $3℃$；压力表每月校正两次，误差不大于 $0.02MPa$；氧分析仪每月校正一次，误差不大于 0.5%。

煤粉仓、储煤罐、喷吹罐、仓式泵等罐体的结构，应能确保煤粉从罐内安全顺畅流出，应有罐内储煤重量指示或料位指示。

岗位交接班时必须认真检查安全装置、防火装置，重点检查氧浓度监控装置、氮气阀站、容器布袋箱、粉仓、快速切断阀和除铁器等。

严格控制各系统的温度，不准超过技术规程所规定的范围。

（3）煤粉准备

烟煤与无烟煤应分别卸入规定的原煤槽。车号、煤种、槽号均应对号，并做好记录。槽上下部位的槽号标志应明显。大块杂物不应卸入槽内。

皮带系统严禁上错煤、混煤系统严禁跑冒煤粉；系统积粉必须及时清理，防止自燃。

原煤在槽内储存时间：烟煤不超过 2 天，无烟煤不超过 4 天。

烟煤原煤储存时间：原煤槽不超过 4 天，原煤仓不超过 2 天。

烟煤煤粉储存时间：煤粉仓不超过 8h，各煤粉罐不超过 2h。

煤粉各系统都要防止积粉，水平管道、布袋箱等积粉点必须定期吹扫。

制备烟煤时，其干燥气体应采用惰性气体；负压系统末端气体的含氧量，不应大于 12%。

磨制烟煤时，磨煤机出口、煤粉仓、布袋除尘器、喷吹罐等的温度应严格按设备性能参数控制；对于煤源稳定，并能严格控制干燥剂气氛和温度的制粉系统，该温度限界可根据煤种等因素确定。

制粉系统使用热风炉废气时，中速磨机入口含氧量必须小于 12%，布袋箱入口含氧量必须小于 13%，布袋烟囱含氧量必须小于 16%。

进入氮气危险区作业，必须两人以上而且要拉开一定距离，需要时间长的作业必须经过氧测定仪测定含氧量合格之后方可进行工作。环境空气中含氧量小于 19.5% 时，人员在其环境中工作不准超过 1h。

（4）煤粉喷吹

① 基本要求如下。

向高炉喷煤时，应控制喷吹罐的压力，保证喷枪出口压力比高炉热风压力大 0.05MPa，否则应停止喷吹。喷吹装置应能保持连续、均匀喷吹。

喷吹罐所有漏嘴都要喷吹，如果做不到，可以采用轮换喷吹。

烟煤喷吹系统必须强化明火管理，严禁吸烟及其他可能产生明火的行为。

氮气阀门、氮气风包必须加强检查和管理，烟煤系统操作室、废气风机室要保持通风装置良好，防止窒息。

罐压、混合器出口压力与高炉热风压力的压差，应实行安全联锁控制；喷吹用气与喷吹罐压差，也应实行安全联锁控制。突然断电时，各阀门应能向安全方向切换。

在喷吹过程中，控制喷吹煤粉的阀门（包括调节型阀门和切断阀门）一旦失灵，应能自动停止向高炉喷吹煤粉，并及时报警。

喷吹罐停喷煤粉时，无烟煤粉储存时间应不超过 12h，烟煤粉储存时间应不超过 8h；若罐内有氮气保护且罐内温度不高于 70℃，则可适当延长，但不宜超过 12h。

检查制粉和喷吹系统时，应将系统中的残煤吹扫干净，应使用防爆型照明灯具。

煤粉制备的出口温度：烟煤不应超过 80℃，无烟煤不应超过 90℃。

② 烟煤及无烟煤混合煤喷吹要求：烟煤和无烟煤混合喷吹时，其配比应保持稳定；配比应每天测定一次，误差应不大于 ±5%。

③ 氧煤喷吹要求如下。

用以喷吹的氧气管道阀门及测氧仪器仪表，应灵敏可靠。

氧气管道及阀门，不应与油类及易燃易爆物质接触。喷吹前，应对氧气管道进行清扫、脱脂除锈，并经严密性试验合格。

高炉氧气环管，应采取隔热降温措施。氧气环管下方应备有氮气环管，作为氧煤喷吹的保安气体。

氧煤枪应插入风管的固定座上，并确保不漏风。

氧煤喷吹时，应保证风口的氧气压力比热风压力大 0.05MPa，且氮气压力不小于 0.6MPa；否则，应停止喷吹。

在喷吹管道周围，各类电缆（线）与氧气管交叉或并行排列时，应保持 0.5m 的距离。

煤粉制备系统，应设有氧气和一氧化碳检测报警仪。

停止喷吹时，应用压缩空气吹扫管道，喷吹烟煤则应用氮气或其他惰性气体吹扫。

（5）富氧鼓风

高炉送氧、停氧，应事先通知富氧操作室。若遇烧穿事故，应果断处理，先停氧后减风。鼓风中含氧量超过 25％时，如发生热风炉漏风、高炉坐料及风口灌渣（焦炭），应停止送氧。

吹氧设备、管道以及工作人员使用的工具、防护用品，均不应有油污；使用的工具还应镀铜、脱脂。检修时应穿静电防护用品，不应穿化纤服装。富氧房及院墙内不应堆放油脂和与生产无关的物品，吹氧设备周围不应动火。

氧气阀门应隔离，不应沾油。检修吹氧设备动火前，应认真检查氧气阀门，确保不泄漏，应用干燥的氮气或无油的干燥空气置换，经取样化验合格（含氧量不大于 23％），并经主管部门同意，方可施工。

正常送氧时，氧气压力应比冷风压力大 0.1MPa；否则，应通知制氧、输氧单位，立即停止送氧。

在氧气管道中，干、湿氧气不应混送，也不应交替输送。

检修后和长期停用的氧气管道，应经彻底检查、清扫，确认管内干净、无油脂，方可重新启用。

当发生氮气导致人员窒息或者煤气中毒等事故时，应马上把患者转移到空气流通的地方并及时通知煤防站和报告作业区有关部门。

烟煤系统主要电气设备、仪表、容器和管道法兰的接地装置必须完好，接地电阻应小于 3Ω。

七、热风炉系统安全操作

热风炉应有技术档案，检查情况、检修计划及其执行情况均应归档。除日常检查外，应每月详细检查一次热风炉及其附件。

热风炉管道及各种阀门、设备应严密，严禁泄漏煤气。发现煤气泄漏必须及时汇报处理。

热风炉与鼓风机站之间、热风炉各部位之间，应有必要的安全联锁。突然停电时，阀门应向安全方向自动切换。放风阀应设在冷风管道上，可在高炉中控室或泥炮操作室旁进行操作。为监测放风情况，操作处应设有风压表。

在热风炉混风调节阀之前应设切断阀，一旦高炉风压小于 0.05MPa，应关闭混风切断阀。

热风炉炉顶温度和废气温度，以及烟气换热器的烟气入口温度，不应超过设计限值。

热风炉应使用净煤气烘炉，净煤气含尘量应符合表 8-4 的要求。

表 8-4　热风炉使用净煤气含尘量要求

炉容/m³	炉顶压力/kPa	净煤气含尘量/(mg/m³)
≤300	≥30	<15
750	>80～120	<10
1200	100～200	<10
≥2000	150～200	<10
2500～4000	200～250	<10

经湿法除尘的煤气，温度不应高于 35℃，机械水含量不应大于 10g/m³。

热风炉净煤气支管的煤气压力，应符合表 8-5 的要求。

表 8-5　热风炉净煤气支管煤气压力要求

炉容/m³	300	750	≥1500
煤气压力/kPa	≥3.43	≥4.90	≥6.00

热风炉煤气总管应有符合 GB 6222—2005《工业企业煤气安全规程》要求的可靠隔断装置。煤气支管应有煤气自动切断阀，当燃烧器风机停止运转，或助燃空气切断阀关闭，或煤气压力过低时，该切断阀应能自动切断煤气，并发出警报。煤气管道应有煤气流量检测及调节装置。煤气管道最高处和燃烧阀与煤气切断阀之间应设煤气放散管。

热风炉应设计有倒流管，作为倒流休风用。

烘炉应通过烘炉燃烧器进行，而不应单独采用焦炉煤气直接通过热风炉燃烧器进行。

煤气操作必须服从煤气班长和煤气调度室、生产调度室的指挥。认真遵守《工业企业煤气安全规程》，严禁擅自点炉。

点炉前应检查电动机对轮及鼓风机是否有卡和不灵活现象，如有应及时找人处理，解决后再进行运转。煤气自动调节装置失灵时，不宜烧炉。

煤气点火时，必须先给火，然后给煤气。如果点不着时应立即关闭煤气阀门，检查原因，待炉内残留煤气抽净后再重新点炉。

热风炉燃烧时要调好空气和煤气的配比，避免产生喷炉和震动现象。

热风炉烧炉期间，值班人员应至少每 2h 检查一次热风炉。

应经常观察和调整煤气火焰；火焰熄灭时，应及时关闭煤气闸板，查明原因，确认可重新点火，方可点火。

发现热风炉炉皮烧红、开焊或有裂纹时，应立即停用，及时处理。

不准长时间在燃烧器附近工作和逗留。

休、送风之前必须与高炉联系好。由高炉工长或副工长亲自联系，方能休、送风。

休风时，热风炉必须打开废气阀，关闭冷风阀。

高炉休风时必须采用倒流阀倒流，不得已时方可采用热风炉倒流，但不得同时用两个或三个热风炉倒流，倒流时间不得超过 1h，炉顶温度不得低于 1000℃，如超过规定可改炉倒流。

倒流的炉子不得马上送风，以防残余煤气爆炸，须打开烟道阀抽 1～2min 后方可送风。休风时倒流的炉子不准点燃。

对于无倒流管的热风炉，用于倒流的热风炉炉顶温度应超过 1000℃，倒流时间不应超过 1h。多座热风炉不应同时倒流，不应用刚倒流的热风炉送风。硅砖热风炉不能用于倒流。

在检修热风炉鼓风机时，应将炉改为自燃或封水封，以免发生煤气中毒事故。自燃时不得逆流煤气，防止火焰喷出烧人。

鼓风机在试车前要试好正反转，以防反转抽出煤气和热风。

禁止闷炉，不能送风的炉子应把废气阀打开。

热风炉正在燃烧时如遇到燃烧器鼓风机停电，应立即关严煤气调节阀、关闭煤气闸板并切断电源。

热风炉的水压必须大于热风阀的水平冷却点压力（该炉水压大于热风压力），并且再加上0.5的安全系数。

送电时先合动力开关，后合操作开关；停电时先停操作开关，后停动力开关。各阀门全开或全闭后，必须将万能开关扳回零位。

停电检修拉下电源开关后，应挂上"有人检修，禁止合闸"的标志牌。

非常开关只有在下列情况下方可使用。

① 高炉倒流休风。

② 各阀门的接点临时损坏或外部线路发生故障。

③ 有一电动机发生故障。

④ 检修后试车。

八、荒煤气布袋除尘安全操作

（1）总体要求

高炉煤气管道的最高处，应设煤气放散管及阀门。该阀门的开关应能在地面或有关的操作室控制。

煤气管道应维持正压，煤气闸板不应泄漏煤气。

除尘器和高炉煤气管道如有泄漏，应及时处理，必要时应减风常压或休风处理。

除尘器的下部和上部，应至少各有一个直径不小于0.6m的人孔，并应设置两个出入口相对的清灰平台，其中一个出入口应能通往高炉中控室或高炉炉台。

用氮气赶煤气后，应采取强制通风措施，直至除尘器内残余氮气符合安全要求，方可进入除尘器内作业。

高炉重力除尘器荒煤气入口的隔断装置，应采用远距离操作。

除尘器应及时清灰，清灰应经工长同意。

除尘器应设带旋塞的蒸汽或氮气管头，其蒸汽管或氮气管应与炉台蒸汽包相连接，且不应堵塞或冻结。除尘器的清灰，应采用湿式螺旋清灰机或管道输送。

煤气系统设备严禁煤气泄漏，发现煤气泄漏必须及时汇报解决。

煤气除尘设备附近属二类煤气区域，检查时必须两人以上，严禁一人对布袋系统各部位进行检查。

布袋破损要及时倒换，更换布袋必须是布袋箱一氧化碳浓度小于25ppm才可进行；大于25ppm，严格按煤气区域作业规程执行。

必须严格控制煤气压力（不大于0.20MPa）和煤气温度（不大于260℃），经过除尘后净煤气含尘量不大于$10mg/m^3$。

必须严格遵守引煤气和切断煤气操作规程，防止意外事故发生。

严格执行煤气作业规程和高空作业规程，防止煤气中毒和高空坠落事故的发生。

使用氮气时，注意氧气含量应至少为19.5%，防止窒息事故发生。

（2）引煤气安全操作

① 引煤气前的准备工作

a. 确认微机工作程序。

b. 检查各部位阀门开关位置是否正确，动作是否准确可靠。

c. 各放散管的放散阀是否处于全开位置。

d. 引煤气前20min，向布袋箱体通氮气，向箱体以外的煤气管道通氮气，将空气驱赶干净。

e. 各部位人孔封闭保持严密，泄爆孔处于良好状态。

f. 警报器灵活好用，仪表运行准确。

g. 打开各个工作箱体的煤气入口盲板阀和出口盲板阀，最后打开净煤气总管和并网煤气盲板阀。

表8-6　阀门操作一览表

反吹方式		出口蝶阀	入口蝶阀	放散球阀	手动闸阀	荒煤气末端放散阀
脉冲氮气	正常工作	开	开	关	——	——
	检修	关	关	开	开	开
煤气	正常工作	开	开	关	关	关
	脉冲清灰	关	开	开	开	关
	检修	关	关	开	开	开

注：手动闸阀只有在检修或放散荒煤气脉冲时才能打开，其他时间处于关闭状态。

② 引煤气操作

a. 高炉炉顶煤气压力达3kPa、炉顶温度为150～260℃时允许引煤气。

b. 当引煤气准备工作完毕后，通知高炉值班工长可进行引煤气。

c. 接到高炉值班工长引煤气通知后再进行操作。

d. 煤气管道内停止通氮气（蒸汽）。

e. 在荒煤气总管煤气压力达到3kPa时，关闭各箱体上的氮气阀，打开箱体入口蝶阀。

f. 当各箱体净煤气放散管冒煤气5min后，依次打开各箱体出口煤气蝶阀。

g. 关闭各箱体上的净煤气放散阀，关闭箱体放散球阀和手动闸阀。

h. 待净煤气总管放散阀冒煤气后，依次打开净煤气总管和并网煤气电动蝶阀，关闭荒煤气总管末端放散阀、净煤气总管放散阀。

i. 各高炉同时休风引煤气时，要逐个系统进行。一座高炉引煤气操作完毕后，另一座高炉方可引煤气，防止空气在管网局部聚集。

（3）长期切断煤气操作

准备工作如下。

① 切断煤气前进行脉冲清灰操作，箱体灰斗、中间仓和输灰系统中的积灰要排放干净。

② 切断煤气时，要逐个进行操作，严禁几座高炉在同一段时间内切断煤气，以防煤气在管道局部聚集。

③ 切断煤气前与高炉、热风炉、调度室及有关单位认真联系好，实行统一操作。

（4）一般故障短时或部分切断煤气操作

① 热风炉系统出现问题需单独切断煤气时：

a. 炉顶通蒸汽、重力除尘器通蒸汽、打开炉顶放散阀、关闭重力除尘器煤气切断阀。

b. 布袋除尘控制室在高炉操作室切断煤气完毕后，应迅速将并网煤气管道上的蝶阀、盲板阀关闭。

c. 在高炉切断煤气后，关闭布袋除尘系统净煤气管道蝶阀、盲板阀，关闭各工作箱体入口和出口煤气阀门。

　　d. 由高至低顺序打开煤气切断部位各放散阀。

　　② 布袋系统存在问题需单独切断煤气时：

　　a. 高炉操作室先进行切断煤气操作。

　　b. 在高炉操作室切断煤气完毕后，关闭布袋除尘系统净煤气出口总管上的管道蝶阀、盲板阀，不关闭并网煤气管道上的蝶阀、盲板阀。

　　c. 关闭各工作箱体入口和出口煤气蝶阀（需进入箱体时必须关闭箱体入口和出口盲板阀），由高至低顺序打开煤气切断部位各放散阀。

　　d. 向布袋箱体通氮气，向荒净煤气管道通氮气，保持煤气系统管道内为正压力以驱赶煤气。关闭氮气阀门，箱体经含氧量检测合格后，方可进行检修。

　　③ 高炉短期休风切断煤气操作。高炉休风时间小于 2h，可利用管网净煤气倒流充压方式进行短期切断煤气，此时必须保证管网煤气压力大于 3kPa，否则按长期切断煤气处理。

　　采用管网净煤气倒流充压操作步骤如下。

　　a. 在切断煤气前关闭该系统的各放散阀，严禁泄漏。

　　b. 接到高炉关闭重力除尘器切断阀操作完毕后，可采用管网净煤气倒流方法，保持该高炉煤气系统内维护正压，如重力除尘器不检修，可在保证重力除尘器封闭的条件下，布袋除尘器维持原状；如重力除尘器检修，则必须按长期切断煤气操作执行。

　　c. 若布袋箱体系统压力低于 2kPa，必须通氮气保持煤气系统正常。

　　d. 如果倒流至重力除尘器的净煤气压力过大，可关闭箱体入口阀，调节压力。

　　e. 短期休风时如重力除尘器封闭，引煤气可直接运行；否则应打开布袋前荒煤气总管放散阀，待冒煤气后，依次打开箱体入口阀门，待箱体全部工作后，依次关闭重力除尘器放散阀、布袋前荒煤气总管放散阀。

　　f. 采用管网净煤气倒流充压操作时必须防止热风炉系统（喷煤系统）煤气泄漏或放散。

　　g. 切断煤气时间大于 2h 或布袋箱体压力小于 1kPa 时，应转为长期切断煤气操作。

（5）布袋脉冲清灰操作

　　① 脉冲清灰前的准备：

　　a. 观察氮气压力，保持氮气脉冲压力在 0.15～0.25MPa，要求稳定。

　　b. 观察荒净煤气总管压差是否达到 2～5kPa，或其中某个箱体的煤气进出口管压差达到 2～5kPa。

　　② 放散荒煤气脉冲：

　　a. 当氮气脉冲系统出现故障，而又不能在短时间内恢复工作时，则要通过放散荒煤气进行脉冲清灰。由于放散荒煤气脉冲清灰时，布袋承受压差较大，故脉冲清灰操作前需经主管领导同意后执行；脉冲清灰后必须严密监测该箱体，防止发生布袋顶起、泄漏事故。

　　b. 在放散荒煤气脉冲清灰前，要先打开箱体放散管球阀下面的手动闸阀，再进行脉冲操作。（若放散球阀密封较好，手动闸阀可常开）

　　c. 在放散荒煤气脉冲清灰时需先打开箱体放散阀，然后关闭箱体出口蝶阀。脉冲时采用多次、短时间关闭箱体出口蝶阀的方式进行脉冲，以减少压力过大对布袋的损坏。箱体出口蝶阀的关闭时间小于 1min。

　　d. 待荒净煤气总管压差或箱体荒净煤气压差为 2kPa 时停止脉冲，关闭放散阀，打开煤气出口蝶阀。

　　e. 当氮气脉冲系统恢复正常后，停止放散荒煤气脉冲操作，关闭放散管球阀下面的手动闸阀。

（6）停箱体操作及停箱体后的引煤气操作

① 停箱体操作：

a. 关闭箱体入口蝶阀、盲板阀后，手动操作脉冲清灰，使黏附在布袋上的粉灰减至最少。

b. 将灰斗的粉灰排放干净后，关闭灰斗下部的球阀。

c. 关闭该箱体煤气出口盲板阀和液动蝶阀。

d. 打开该箱体的净煤气放散阀。

② 停箱体操作后的引煤气操作：

a. 检查各部人孔是否密封严密，防爆孔是否处于良好状态，箱体各阀门开关位置正确与否。

b. 打开箱体入口和出口盲板阀。向箱体通氮气，将箱体空气赶净。关闭该箱体氮气阀门，打开箱体出口蝶阀、箱体煤气入口蝶阀。

c. 待该箱体净煤气放散管冒煤气后，关闭该箱体净煤气放散阀，箱体正常工作。

（7）更换布袋操作

① 将脉冲喷吹管卸下。

② 认真检查布袋破损情况及原因，并做好记录。

③ 清除箱体内积灰，将损坏的布袋拆除更换。新布袋绑扎一定要牢固，放入袋笼。

④ 吊持布袋时，注意布袋的拉紧张力要适宜。

⑤ 清理箱体内杂物，封严上下部人孔，通知操作人员及时恢复箱体工作。

九、仪表工有关煤气操作安全要求

到有煤气的地方检查一次仪表，按煤气区作业规程执行。

必须熟练掌握各种仪表，严禁误用而发生事故。去室外一次仪表或检查取出口，必须两人以上，严禁单人去炉顶等煤气区。去室外作业必须走安全桥，上下楼梯要扶好，防止高空坠落。一旦发生煤气中毒或触电事故，按煤气中毒或触电事故处理，不得延误。

十、 TRT 有关煤气操作安全规程

进入现场点检操作时必须携带一氧化碳检测报警仪，并两人以上，一人操作，一人监护。

一氧化碳浓度高于 50ppm 时，汇报调度室进行处理。发现泄漏煤气较严重时，立即紧急停机，值班人员应迅速离开现场。

防护仪器、设备要由专人负责检查、保管，保持良好状态。设备附近不得存放易燃易爆物品。消防器材应齐全，并放在规定的地点，每班检查一次。

当发生煤气中毒或氮气窒息事故时，抢救人员首先佩戴好空气呼吸器，迅速将中毒者抬到上风侧空气新鲜处，注意保暖，立即通知煤气防护站进行抢救。

发电机室、卷扬机室、油站、油库等要害和易燃易爆岗位动火时，必须经有关主管部门批准，必要的措施落实后方准进行。

十一、设备检修中的安全操作

（1）一般要求

铁口、渣口应及时处理，处理前应将煤气点火燃烧，防止煤气中毒。

检修之前，应有专人对电、煤气、蒸汽、氧气、氮气等要害部位及安全设施进行确认，严格执行有关检修、动火审批制度，动火作业过程必须采取可靠的安全措施。

检修设备时，应预先切断与设备相连的所有电路、风路、氧气管道、煤气管道、氮气管道、蒸汽管道、喷吹煤粉管道及液体管道，并严格执行设备操作牌制度。

正常生产时，如需在煤气设备和管道上动火，事先必须办理动火手续，准备好防毒面具、灭火器材，并要有防护人员在场，在所需动火的设备及管道内煤气压力保持正压的情况下方可动火。

在长期没有使用，但没有赶煤气的管道上动火，除管道内必须维持正压，还必须将管道末端的放散阀打开放散一定时间，否则禁止动火。

高炉短期休风时，切断阀后的除尘器、煤气管道可以动火，切断阀前（高炉侧）的煤气管道不许动火。

高炉休风后，必须待整个煤气系统的煤气处理干净完毕并且经检验合格后，方可全面动火。

高炉短期休风时，高炉料面以上至除尘器切断阀前，靠近高炉侧所有能进入煤气的设备、管道严禁动火。

检修喷吹煤粉设备、管道时，宜使用铜制工具，检修现场不应动火或产生火花。需要动火时，应征得安全保卫部门同意，并办理动火许可证，确认安全方可进行检修。

对氧气管道进行动火作业，应事先制定动火方案，办理动火手续，并经有关部门审批后，严格按方案实施。

进入充装氧气的设备、管道、容器内检修，应先切断气源、堵好盲板，进行空气置换后经检测含氧量在 19.5%～23% 范围内，方可进行。

焊接或切割作业的场所，应通风良好。电、气焊割之前，应清除工作场所的易燃物。

入炉扒料之前，应测试炉内空气中一氧化碳浓度是否符合作业的要求，并采取措施防止落物伤人。

不应使用高炉煤气烘烤渣、铁沟。用高炉煤气燃烧时，应有明火伴烧，并采取预防煤气中毒的措施。

（2）炉顶检修

检修、补焊炉顶设备和煤气管道时，必须经检查确认并采取可靠的安全措施后，确认无危险时方准进行。

检修大钟、料斗应计划休风，应事先切断煤气，保持通风良好。在大钟下面检修时，炉内应设长明灯，大钟应牢靠地放在穿入炉体的防护梁上，不应利用焊接或吊钩悬吊大钟。检修完毕，确认炉内人员全部撤离后，方可将大钟从防护梁上移开。

工作环境中一氧化碳浓度超过 50ppm 时，工作人员应佩戴防毒面具，还应连续检测一氧化碳浓度。

检修大钟时，应控制高炉料面，并铺一定厚度的物料，风口全部堵严，检修部位应设通风装置。

休风进入炉内作业或不休风在炉顶检修时，应有煤气防护人员在现场监护。更换炉喉砖衬时，应卸下风管、堵严风口，还应遵守热风炉和除尘器检修有关规定。

对于串罐式、并罐式无料钟炉顶设备的检修，应遵守下列规定。

① 进罐检修设备和更换炉顶布料溜槽等，应可靠切断煤气源、氮气源，采用安全电压照明，检测一氧化碳、氧气的浓度合格，并制定可靠的安全技术措施，报生产技术负责人认可，认真实施。

② 检修人员应事先与高炉及岗位操作人员取得联系，经同意并办理正常手续方可进行检修。

③ 检修人员应佩戴安全带和防毒面具；检修时，应用一氧化碳检测报警仪检测一氧化碳浓度是否在安全范围内；检修的全过程，罐外均应有专人监护。

在特殊情况下，炉顶设备出现故障危及高炉生产且无条件处理煤气又必须休风在炉顶设备上动火时，应遵循以下原则。

① 必须经作业区领导和煤气防护站同意批准。

② 必须采取特殊应急安全保证措施。

③ 施工单位、煤气专业负责方面必须各有一名专职人员参加，做好应急措施的落实、监督、检查之后下达作业指令。

(3) 热风炉检修

在检修热风炉助燃风机时，必须封好水封，并用一氧化碳检测报警仪监测煤气含量合格后方可作业。

单座热风炉检修时，煤气阀、冷风阀、热风阀必须堵盲板，以防渗漏冷、热风和煤气。

检修热风炉时，应用盲板或其他可靠的隔断装置防止煤气从邻近煤气管道窜入，并严格执行操作牌制度；煤气防护人员应在现场监护。

进行热风炉内部检修、清理时，应遵守下列规定。

① 煤气管道应用盲板隔绝，除烟道阀门外的所有阀门应关死，并切断阀门电源。

② 炉内应通风良好，一氧化碳浓度应在 $24\mu L/L$ 以下，含氧量应在 $19.5\% \sim 23\%$（体积浓度）之间，每 2h 应分析一次气体成分。

③ 修补热风炉隔墙时，应用钢材支撑好隔棚，防止上部砖脱落。

④ 热风管内部检修时，应打开人孔，严防煤气热风窜入，并应遵守有关设计要求和热风炉内部检修、清理时的规定。

(4) 除尘器检修

检修除尘器时，应处理煤气并执行操作牌制度，必须两人以上进行作业；应有煤气防护人员在现场监护。

向布袋箱体通氮气，向荒净煤气管道通氮气，保持煤气系统管道内为正压力驱赶煤气，关闭氮气，箱体经一氧化碳浓度检测合格后，方可进行检修。

打开热风炉净煤气管道放散阀，通氮气吹扫。停氮气后待煤气检测合格后，方可进行检修。

应防止邻近管道的煤气窜入除尘器，并排尽除尘器内灰尘，保持通风良好，环境应符合《炼铁安全规程》中热风炉内部检修、清理的要求。

固定好检修平台和吊盘。清灰作业应自上而下进行，不应掏洞。

检修清灰阀时，用盲板堵死放灰口，切断电源，并应有煤气防护人员在场监护。清灰阀关不严时，应减风后处理，必要时休风。

进入箱体检修时，打开箱体灰斗氮气阀，向箱体通氮气。停氮气后，待煤气检测合格后方可进行检修。

在箱体温度降至 60℃ 以下后，允许依次打开箱体上人孔、箱体下人孔。通知煤气站防护人员测定该箱体一氧化碳、氧气含量，合格后方可进入箱体内检修或检查。

清除布袋箱体内积粉作业之前，必须先打开箱体通风换气。如果使用氮气，必须用测氧仪测定箱体内氧气含量大于等于 19.5% 才允许入内。

在布袋箱体内要使用低压照明（12V 以下），照明灯严禁与煤粉接触，防止煤粉被点燃。

　　在布袋箱体内工作严禁烟火、禁止打闹。防止铁线、工具或其他杂物掉在漏斗内，如果掉下去必须从手孔取出。

　　在布袋箱体内工作必须有两人以上参加，或有人在箱体外监护。

　　清灰工在长期休风后进入除尘器或管道内工作，要严防煤气中毒，必须确认煤气来源已经可靠切断（关好密封蝶阀、炉顶火燃烧正常），并将残余煤气驱逐干净，经化验分析并确认一氧化碳浓度小于 $25\mu L/L$ 后方可进入工作。

　　煤气搅拌机每次使用后，必须将机内的瓦斯灰搅净、清洗。

　　除尘器周围不许有明火，防止泄漏煤气着火伤人。

　　工作完毕后必须解除一切安全措施并由岗位人员验收并确认人员全部撤出布袋箱。

　　检修后引煤气时按引煤气操作程序执行操作。

（5）燃烧炉检修

　　燃烧炉周围 5m 内属三类煤气危险区，在此范围内停留不许超过 15min 并且要站在上风侧。在窥视孔观察时间不许超过 3s。严禁在燃烧炉周围休息、打盹、取暖等。

　　在废气风机房或废气管道附近工作，要仔细观察并确认废气是否泄漏，防止缺氧导致窒息。

　　燃烧炉安全装置、信号装置、报警装置必须保持完好，发现问题及时汇报解决。

　　煤气泄漏区域要经常进行煤气测试，随时采取防护措施，防止煤气中毒。煤气水封要保持完整，无煤气泄漏现象，水流畅通。

　　高炉进行倒流休风时，禁止使用该高炉热风炉废气，事前由热风炉负责通知燃烧炉。

　　在燃烧炉周围工作时如果出现头疼等煤气中毒征兆应马上撤出。

　　进入燃烧炉内工作，必须对各煤气插板阀采取堵盲板可靠隔断的措施，同时要设专人监护，并测定煤气含量是否超标，如果超标不许入内。

　　进入管道内作业要严格执行炼铁作业区"进入煤粉系统容器内作业的安全规定"。

　　煤气管道动火要严格执行有关煤气动火的安全规定，并且必须执行动火证审批制度。

　　停、送煤气工作要认真执行操作规程。在燃烧炉检查或作业时，如煤气含量超标，作业人员要使用煤气防护装置。

（6）喷煤作业区检修安全操作

　　① 煤粉喷吹罐各层平台均属于三类煤气区，尤其在第四层平台上煤气含量较高。因此到罐上各层平台作业时，要站在上风侧。如果煤气含量较高而工作点又在下风侧，应暂停作业，或者佩戴防毒面具作业。更换布袋作业必须两人以上，做好互保。

　　② 进入煤粉系统容器内部作业安全要求：

　　a. 煤粉系统的容器包括中速磨、煤粉分离器、布袋除尘器、制粉各管道、仓式泵、煤粉仓、原煤仓、燃烧炉、废气管道、排烟机、废气风机、喷吹系统布袋箱和喷吹系统的上中下煤粉罐。

　　b. 进入容器内部工作前，必须与容器所在岗位的操作人员取得联系，并取得操作牌。确认该岗位人员已经将该容器的电源切断，并挂上"禁止合闸"安全牌。切断与该容器相通的各种风源（氮气、废气、压缩空气），与其直接相通相连的翻板阀和锁具器都必须关严并且锁上。容器的出入口都要挂上"有人工作"牌并且要安排专人在作业期间监护。照明必须使用低压电源（36V 以下）。检测容器内部的氧气含量时，氧气含量达到 19.5％～23％时方可开始工作。检查进入容器所需利用的梯子、栏杆、扶手等是否安全可靠。

　　c. 进入容器后必须马上检查其衬板是否有塌落的危险。如果有塌落的危险必须停止作业，待采取措施或者塌落的危险解决后方可开始工作。

d. 容器内部温度超过 30℃时，要轮换入内工作，每次连续工作不许超过 30min。已经在容器内部工作超过 1h，必须进行通风。工作地点离容器底部超过 1.5m 时要系好安全带。

e. 在容器内部作业严禁明火，如需动火，必须严格执行动火审批制度并采取可靠的安全措施后方可工作。

f. 在容器内部作业，如内部有积粉必须清扫干净。

g. 在容器内工作，必须防止铁丝、工具或者其他杂物掉入容器内。如有掉入容器内的杂物，必须从人孔或者从手孔处取出来。

h. 如果作业时动火，操作完毕后必须清理容器内的残余火源。

③ 煤粉作业区动火安全注意事项：

煤粉作业区动火必须严格执行动火证制度及煤粉作业区、动火危险区的作业规定，否则严禁动火。

动火前必须确认落实以下几项工作。

a. 动火作业负责人与该岗位作业人员联系，共同确定动火时间及安全作业分工，并得到岗位人员允许。

b. 作业负责人向参与作业人员做好安全交底，布置好安全措施（包括停电、停氮气、停风及清除内外积粉等）。

c. 岗位人员向动火作业人员交代作业环境中的不安全因素，包括何处存在危险及闸门不严等现象。

d. 清除各类积粉，并确认与动火设备连通的所有通道、阀门已经关严，无漏风、漏粉现象。

e. 作业环境空气中无煤粉扬尘及动火设备外部无积粉。

f. 准备足够的消防器材并放在现场。

动火过程中要注意防止火源蔓延。

作业过程中作业负责人必须随时检查、督促、安全措施的落实。

动火作业结束后，清除残余火源。由岗位人员检查验收动火后的设备，验收合格后方可撤离。

第九章

转炉煤气的安全操作

第一节 转炉煤气的净化操作

在采用吹氧冶炼的氧气转炉炼钢过程中，其烟气量、烟气成分和烟气温度随冶炼阶段呈周期性变化。随着氧气转炉炼钢生产的发展，炼钢工艺日趋完善，相应的除尘技术也在不断地发展完善。目前，氧气转炉炼钢煤气的净化回收主要有两种方法：一种是湿法（OG法）净化回收系统，另一种是煤气干法（LT法）净化回收系统。

一、煤气湿法净化回收技术

日本新日铁和川崎公司于20世纪60年代联合开发研制成功湿法转炉煤气净化回收技术（图9-1）。湿法净化回收系统主要由烟气冷却、净化、煤气回收和污水处理等部分组成。其烟气经冷却烟道进入烟气净化系统，烟气净化系统包括一、二级文氏管除尘器，并与脱水器和水雾分离器并用。经喷水处理后除去烟气中的烟尘，带烟尘的污水经分离、浓缩、脱水等处理，污泥送烧结厂作为烧结原料，净化后的煤气被回收利用，污水经处理后循环使用。系统全过程采用湿法处理。

该技术存在的缺点：一是处理后的煤气含尘量较高，达 $100mg/m^3$ 以上，要利用此煤气，需在后部设置湿法电除尘器进行精除尘，将其含尘量降至 $10mg/m^3$ 以下；二是系统存在二次污染，其污水需进行处理；三是系统阻损大，所以能耗大，占地面积大，环保治理及管理难度较大。

二、转炉煤气干法净化回收技术

鉴于以上情况，联邦德国鲁奇公司和蒂森钢厂在20世纪60年代末联合开发了转炉煤气干法（LT法）净化回收技术（图9-2）。干法净化回收系统主要由烟气冷却、净化回收和粉尘压块三大部分组成。烟气经冷却烟道的温度由1450℃左右降至800～1000℃，然后进入烟气净化系统。烟气净化系统由蒸发冷却器和圆筒形电除尘器组成，烟气温度通过蒸发冷却器后降至180～200℃，同时通过调质处理降低烟尘的电阻率，收集粗粉尘。烟气经过这一初步处理后，进入圆筒形电除尘器，进行下一步净化，使其含尘量降至 $10mg/m^3$ 以下，从而达到最佳的除尘效率。蒸发冷却器和圆筒形电除尘器捕集的粉尘经输送机送到压块站，在回转窑中将粉尘加热到500～600℃，采用热压块的方式将粉尘压制成型，成型的粉块可直接用于转炉炼钢。

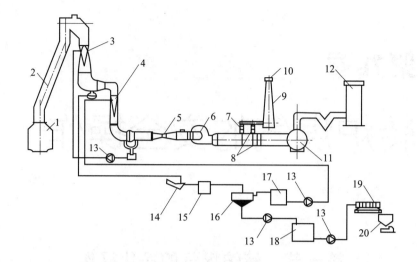

图 9-1　湿法净化回收系统流程

1—转炉；2—汽化冷却烟道；3—第一级溢流文氏管；4—第二级 R-D 文氏管；

5—文氏管流量计；6—离心风机、液力偶合器；7—旁通阀；8—三通切换阀；

9—放散烟囱；10—点火装置；11—水封逆止阀；12—煤气柜；13—水泵；

14—粗颗粒分离池；15—分配槽；16—辐射式沉淀池；17—吸水井；

18—中间罐；19—板框压滤机；20—料仓

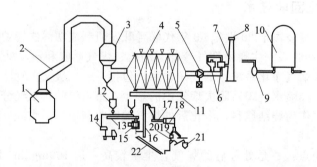

图 9-2　干法净化回收系统流程

1—转炉；2—汽化冷却烟道；3—蒸发冷却器；4—电除尘器；5—轴流风机和电频调速装置；

6—切换阀站；7—放散烟囱；8—点火装置；9—煤气冷却器；10—煤气柜；11—输灰装置；

12—粉尘仓；13，22—输送机；14—加水搅拌机；15—混合机；16—斗式提升机；17—给料机；

18—回转窑；19—压块机；20—振动筛；21—成品仓

三、干法与湿法的比较及国内外应用情况

干法与湿法相比，有以下主要优点。

① 除尘净化效率高，粉尘量降至 $10mg/m^3$ 以下。

② 该系统全部采用干法处理，不存在二次污染和污水处理。

③ 系统阻损小，煤气热值高，回收粉尘可直接利用，降低了能耗。

④ 系统简化，占地面积小，便于管理和维护。

因此，干法除尘技术比湿法除尘技术有更高的经济效益和环境效益，从而获得了世界各国的普遍重视和采用。

干法净化回收技术在国际上已被认定为今后的发展方向，它可以部分或完全补偿转炉炼钢过程的全部能耗，有望实现转炉无能耗炼钢的目标。另外，从更加严格的环保要求和节能要求看，由于湿法净化回收系统存在着较多的缺点，它已经逐渐被干法净化回收系统取代。

第二节　转炉煤气回收的安全操作

一、总体要求

炼钢企业应建立健全安全管理制度，完善安全生产责任制。

厂长（经理）对本企业的安全生产负全面责任，各级主要负责人对本部门的安全生产负责。各级机构对其职能范围的安全生产负责。

炼钢企业应依法设置安全生产管理机构或配备专（兼）职安全生产管理人员，负责管理本企业的安全生产工作。

炼钢企业应建立健全安全生产岗位责任制和岗位安全技术操作规程，严格执行值班制和交接班制。

炼钢企业应认真执行安全检查制度，对查出的问题应提出整改措施，并限期整改。

炼钢企业的厂长（经理）应具备相应安全生产知识和管理能力。

应定期对职工进行安全生产和劳动保护教育，普及安全知识和安全法规，加强业务技术培训。职工经考核合格方可上岗。

新工人进厂，应首先接受厂、车间、班组三级安全教育，经考试合格后由熟练工人带领工作，直到熟悉本工种操作技术并经考核合格，方可独立工作。

调换工种和脱岗三个月以上重新上岗的人员，应事先进行岗位安全培训，并经考核合格方可上岗。外来参观或学习的人员，应接受必要的安全教育，并应由专人带领。

特种作业人员和要害岗位、重要设备与设施的作业人员，均应经过专门的安全教育和培训，并经考核合格、取得操作资格证，方可上岗。上述人员的培训、考核、发证及复审，应按国家有关规定执行。

采用新工艺、新技术、新设备，应制定相应的安全技术措施；对有关生产人员，应进行专门的安全技术培训，并经考核合格方可上岗。

扩建的技术项目，其安全防护装置和治理未完的设施，必须与主体工程同时设计、同时施工、同时投产使用。煤气设施必须经过检查验收，证明符合安全要求，并有安全规程后，方可投入使用。煤气设施的验收应有煤气使用单位的安全部门参加。

炼钢企业应为职工提供符合国家标准或行业标准的劳动防护用品，职工应正确佩戴和使用劳动防护用品。

炼钢企业应建立对厂房、机电设备的定期检查、维修和清扫制度。要害岗位及电气、机械等设备应实行操作牌制度。

安全装置和防护设施，不得擅自拆除。

各种主要的煤气设备、阀门、放散管、管道支架等应编号，号码应标在明显的地方。煤气管理室应挂有煤气工艺流程图，图上标明设备及附属装置的号码。

应建立火灾、爆炸、触电和煤气中毒等重大事故的应急救援预案，并配备必要的器材与设施，定期演练。

发生伤亡或其他重大事故时，厂长（经理）或其代理人应立即到现场组织指挥抢救，并采取有效措施，防止事故扩大。

发生伤亡事故，应按国家有关规定报告和处理。事故发生后，应及时调查分析，查清事故原因，并提出防止同类事故发生的措施。

二、转炉煤气进柜前的准备工作

煤气进柜前，必须打开柜顶的所有放散阀，并用蒸汽（或氮气）吹扫柜内的气体，直到蒸汽（或氮气）放散后，关闭所有的柜顶放散阀，绝对保证柜内的正压，使出口水封和电动放散阀处于关闭状态，并溢流正常。

用蒸汽分段吹扫回收管道和用户管道，一般分段方法如下。

① 大水封 → 柜进口水封；

② 柜进口水封 → 柜出口水封；

③ 柜出口水封 → 加压机进口水封；

④ 加压机水封 → 防爆水封；

⑤ 防爆水封 → 用户。

吹扫顺序为：关闭各段两端水封或闸阀后，打开管道上所有放散阀，接通氮气或蒸汽进行吹扫，取样化验直到含氧量小于 2% 为合格。

三、转炉煤气回收操作存在的危险性

（1）转炉煤气爆炸

转炉煤气在 20℃ 和一个大气压下，爆炸极限范围为 18.20%～83.22%，与氧气混合爆炸极限范围为 13%～96%。转炉煤气在整个生产过程中均处于爆炸极限范围之内，由于其自身生产特点，完全具备其爆炸条件，即温度条件和火种，爆炸可能性较大。转炉煤气的爆炸，需同时具备如下几个条件。

① 转炉煤气和空气或氧气混合比在爆炸极限范围以内。

② 混合气体处于一定的封闭环境之内。

③ 有足够的点火能量。

可燃气体同空气或氧气混合的爆炸极限是一个相当复杂的问题。严格来说，气体爆炸极限随压力、温度的变化和火种的不同而变化。为了防止转炉煤气发生爆炸事故，必须控制转炉煤气的含氧量在 2% 以下。

（2）转炉煤气中毒

煤气中的 CO 含量高低，直接与其毒性大小成正比，转炉煤气中 CO 含量在 50% 以上，最高可达 70%，这比焦炉煤气（CO 含量为 6%～9%）、高炉煤气（CO 含量为 23%～30% 左右）的毒性要大得多。以煤气加压风机为界，煤气加压风机到各用户的管网为正压系统，都有煤气泄漏的危险。一旦煤气泄漏，可能导致严重的煤气中毒事故。

（3）汽化冷却系统的超压爆炸

转炉汽化冷却用余热锅炉是高温高压的压力容器，汽化冷却系统水位和压力的波动要比锅炉大得多，一旦误操作，有可能造成超压爆炸、满水、断水和转炉烟罩烧损等严重事故，必须严加防范。

（4）转炉煤气回收存在的危险性

在转炉煤气回收过程中存在溢渣、烟道及氧枪漏水，氧气、空气被吸入烟道，人孔、三通阀、水封逆止阀泄漏煤气以及操作失误、监测仪器故障等问题。

四、煤气回收操作的安全管理

① 一氧化碳含量大于等于 25%，且含氧量小于 2%，就可回收。

采用计算机自动控制煤气回收，确保烟气中 CO 的含量在规定范围内，提高回收煤气的热值。在风机后三通阀前安装一氧化碳、氧气分析仪，监测烟气中的一氧化碳、氧气含量，煤气回收条件及数据均输入炉前主控室计算机，由计算机控制全系统的自动回收操作。含氧量是一个重要参数，在实际运行中要控制煤气中的含氧量在爆炸极限范围之外，确保煤气质量和安全回收。

② 工艺控制中要保证前烧期与后烧期的时间，在回收制度上采用中间回收法。用前、后烧期烧掉成分不合格的前后期烟气，在前期依靠其烟气冲刷回收系统的管路，防止煤气与空气在系统中直接大量接触；在吹炼后期抬罩使炉气尽可能大量燃烧，避免停止供氧时空气大量吸入并与未燃烧的煤气混合而发生爆炸。

③ 转炉煤气回收不是连续过程，炉前操作主控室的煤气回收岗位、转炉风机房的风机操作岗位与煤气柜的操作岗位是回收系统中的 3 个关键环节。煤气回收岗位要与炉前摇炉工紧密配合，了解熟悉炉前状况，确认冶炼条件是否满足回收的需要。

④ 检查活动烟罩升降是否正常，回收煤气时必须降罩，时刻注意仪表变化，一氧化碳、氧气含量合格才能回收。一旦氧气含量超标，三通阀、水封阀不动作，应立即停止回收，通知调度室，找相关人员处理。何时回收煤气，听调度室指令。回收煤气不准出现操作失误。

⑤ 风机房操作工在回收煤气过程中起承上启下作用，应密切关注风机运行情况及三通阀回转水封状态，做好巡检工作。煤气柜操作岗位要做好煤气进出柜的平衡，确保煤气柜的正常运行。

风机房、煤气柜出现任何一点有影响煤气回收的问题，都要把确认开关放到不允许回收煤气状态。在进行回收煤气过程中，任一岗位均可控制三通阀动作，使其由回收转为放散。实际运行中三点确认制度及相应的控制操作，可有效地保证全部回收系统在回收过程中出现特殊情况时迅速地及时转换，避免意外事故的发生。

⑥ 除尘风机房应保证消防器材及用具齐全。严格执行出入登记制度，风机房内严禁吸烟。风机房内应保证良好的通风，轴流风机 24h 开启。经常检查一氧化碳检测报警仪是否灵敏可靠，当室内一氧化碳检测报警仪报警时，首先打开大门加强通风，然后查找漏点进行处理，并与煤防员联系，得到煤防员认可方能进行工作。

⑦ 合金发放工要严格执行作业区煤气使用安全规程。在使用煤气前必须检查煤气管道、阀门是否泄漏，确认无误后方可使用。

⑧ 煤气点火操作时，将点燃的油棉纱靠近煤气喷嘴，然后缓慢开启阀门手柄。根据火焰情况，调节煤气大小。班中要随时检查燃烧情况，如有异常立即查找原因及时处理。严禁在铁合金烘烤区域内休息、取暖、睡觉，严禁将火种带入煤气区域内。

⑨ 每班 2~4 次巡检，巡检风机出口至煤气柜管道阀门是否正常。巡回检查时应佩戴一氧化碳检测报警仪。吹炼期间不准在一级文氏管附近长时间逗留，防止煤气中毒。生产期间严禁在风机壳下排水排气。每班必须清扫干净风机及地面油污，防止滑倒。

⑩ 水封箱是湿法除尘与煤气使用中不可缺少的设备，不同的水封箱所起的作用不同。要保证水封箱在正常状态下运行，水封箱的设计安装要规范合理、排污管路畅通，并及时进行排污操作。生产过程中要确保负压水封箱不抽空，正压水封箱不击穿。

五、 转炉煤气回收的安全技术与措施

在转炉煤气回收操作中，要实行前后期提罩放空和中间降罩回收法。在前后期提罩，二级文氏管大开度吸入的大量空气在炉口完全燃烧，产生的废气在清扫管道放空，这样一氧化碳和空气交替进入净化系统就能避免产生爆炸性混合气体。

预防吹氧过程中的氧枪、烟道大量漏水，减少高温烟气中的含氢量（水煤气的爆炸上限为 72%），预防氧枪冷却水及汽化冷却系统突然泄压，一旦突然泄压应立即提枪停止吹氧；加强吹氧过程监控，防止氧枪漏氧；消灭系统火种，保持烟气管道可靠接地；CO/O_2 分析值实行自动监控与人工监控，防止高氧煤气进入煤气柜，当煤气中的 O_2 含量大于 2% 时立即停止煤气回收，三通阀联锁应立即加到放散位实施点火燃烧放散。

转炉煤气回收运行中的巡检要保证两人同行，在冶炼间隙进行负压水封箱的排污操作，并站在上风向。定时检查各处的水封状况，保证水封箱的水位正常。

关键部位的安全措施如下。

① 一级文氏管防泄爆。烟气的熄火降温主要由一级文氏管进行，一定要保证一级文氏管给水流量，防止因水量不足导致一级文氏管管壁烧坏、烧穿。为防止事故的发生，一级文氏管后的烟气温度实行自动监控与人工监控相结合，防止进入系统的烟气温度高于 610℃（一氧化碳的最低着火温度）；在最易发生爆炸的一级文氏管溢流文氏管上部设置溢流水封盘，当爆炸能量不大时水封可起到泄爆作用，一级文氏管下的重力脱水器应设置防爆铝板。

② 煤气加压机前安全措施。煤气加压机前一级文氏管、二级文氏管活动烟罩部分及管道为负压段，要确保设备有良好的密封。确保系统一氧化碳和氧气的检测设备灵敏可靠，数据超标后能自动报警并与三通阀连通、超标时能自动将煤气放空；三通阀要灵敏可靠，防止灰尘堆积在阀板四周，破坏密封性，造成打不开、关不严的状况。转炉煤气一氧化碳浓度高，煤气在回收和非回收期间均可导致人员中毒。因此，从加风机后到各用户的正压段要确保煤气设施、管网无泄漏，必须安排在非冶炼时间检修。

③ 煤气汽化冷却系统。煤气汽化冷却系统要严格控制水位和压力，压力控制人员设置工作压力、报警压力和安全压力，保证水位计、压力表、安全阀三大安全部件灵敏可靠，采用中水位操作，防止高水位和缺水断水操作。

④ 水封及煤气柜。水封是以水控制"通"和"断"的开关。回收煤气要求各水封"通"时，水封高度封 100mm 水柱；要求"断"时，封足水封高度。运行中水封应进水常流、溢流正常，每 8h 进行一次水封排污，确保安全运行。

煤气进柜必须打开进柜顶放散管，并用蒸汽或氮气置换柜内气体，保持正压。停转炉煤气必须用蒸汽或氮气吹扫回收管道和用户管道，并采用分段吹扫法。

⑤ 风机房正常通风换气每小时应不少于 7 次，事故通风换气每小时应不少于 20 次。

六、应具备的安全检测设备

(1) 红外线煤气分析仪

它能够用皮囊在正压的煤气管道里取样，通过胶皮管，手动压入仪器里面，就显示出一氧化碳和氧气的含量。通过每班三次和工艺变换过程中的取样分析，来检测在线分析仪器是否运行正常和交换中的容器内煤气是否合格。它是煤气回收的重要安全监测措施。

(2) 固定式一氧化碳检测报警仪

它通过连续的环境气体抽样，监测气体中的一氧化碳浓度，当浓度超过 $25\mu L/L$ 时自动

报警，以提示岗位人员注意并检测泄漏点，防止发生煤气中毒事故。

（3）便携式一氧化碳检测报警仪

与固定一氧化碳检测报警仪原理相同，可以与检查人员同时移动。使用时要注意：不要放在自己呼出气体的范围之内，外出检查时前后各一人距离保持在 3m 以上；遇到可能危险的地段时，要缓慢进行。一氧化碳检测报警仪要经常性地相互比对，每年进行一次检验。

（4）煤气救护装置

煤气救护装置包括空气呼吸器、长管式呼吸器、担架，各煤气操作平台上要有紧急逃离通道和救护通道。相配套的要有 10MPa 以上压力的空气充填泵，这些是发生事故后紧急救护、防止事故扩大的重要设施。

七、 煤气使用安全管理规定

炼钢作业区生产所用可燃气体主要包括煤气、霞普气、丙烷气等气体。如管理、使用不当将会给企业和职工带来严重的事故。因此必须遵守以下规定。

① 炼钢车间煤气间断用户，不宜使用高炉煤气或转炉煤气。

② 在有煤气的区域工作时，应遵守《工业企业煤气安全规程》，动火必须按规定填写动火作业票，经批准后方可工作。使用人员应熟知煤气安全操作知识，现场应设立明显的安全标志牌和备有各种消防器材、救护材料及用具。

③ 使用煤气必须有专人负责，非操作人员不准乱动煤气阀门。所有从事可燃气体的管理、操作人员必须熟知可燃气体性质，并经过安全教育和技术培训，考试合格后方能上岗。

④ 可燃气体岗位值班或操作人员不准少于两人。检修人员进入煤气区域工作必须提前一天与生产岗位负责人取得联系，如有参观人员进入煤气区域必须有专人带领。

⑤ 煤气区域操作，必须有两人以上，一人操作，一人监护，并携带一氧化碳检测报警仪。

⑥ 可燃气体区域的设备、管道、操作用户点，容易发生易燃易爆事故，各部位必须设立明显的安全标志牌和准备各种消防灭火、救护材料及用具。

⑦ 可燃气体区域属危险作业区域，非工作人员严禁进入该区域。外来检查、检修、参观人员出入必须进行登记。

⑧ 除动火操作外，平时严禁任何人员携带火种进入可燃气体区域。

⑨ 可燃气体容易引起中毒，严禁任何人员在可燃气体设备附近取暖、休息。

⑩ 可燃气体的管道下，严禁放置易燃易爆物品及安装压力容器，不准在可燃气体的管道和支架上敷设动力电缆，电线。

⑪ 可燃气体的停、送由厂调度室发布命令，其他任何单位和个人均无权指挥。

⑫ 新增可燃气体使用前，必须经安全部门对产品进行验证，方可投入使用。

⑬ 煤气设施应进行日、季、年检查。对于设备腐蚀情况、管道壁厚、支架标高等每年重点检查一次，并将检查情况记录备查。

⑭ 煤气危险区（如地下室、加压站、排水器、热风炉及各种煤气发生设施附近）必须设置固定式一氧化碳检测报警仪，并应联网至主控室由专人负责检查、记录、处置。作业环境一氧化碳最高允许浓度为 $30mg/m^3$。

⑮ 铁水罐、钢水罐、中间罐烘烤器及其他烧嘴使用煤气时，应装备完善的介质参数检测仪表与熄火检测仪。应设置煤气低压报警及与煤气低压信号联锁的快速切断阀等防回火设施；应设置供设备维修时使用的吹扫煤气装置，煤气吹扫干净方可维修设备。采用氧气助燃

时，氧气不应在燃烧器出口前与燃料混合，并应在操作控制上确保先点火后供氧（空气助燃时亦应先点火后供风）。

⑯ 烘烤器区域应悬挂"禁止烟火""当心煤气中毒"等警示标志牌。

⑰ 对煤气烘烤器的电气设备、机械设备经常点检，如有损坏异常现象，应通知维修单位及时修理。

⑱ 煤气烘烤操作人员每班要对所属区的煤气设备设施随时检查，如有泄漏、损坏现象，应及时通知维修单位处理，以防煤气中毒和发生其他事故。

⑲ 煤气点火前应先检查控制阀门是否处于关闭位置。如果煤气阀门处于打开位置，应先关闭，稍候再进行点火操作。

⑳ 煤气点火程序，必须是先点火后送煤气，严禁先送煤气后点火。

㉑ 煤气点火时，将引火种放于烘烤嘴附近，然后缓慢打开煤气控制阀门。煤气着火后，根据烘烤温度要求，调整煤气量大小。

㉒ 点燃煤气不着火或着火后又熄灭，应立即关闭煤气阀门，查清原因处理，再按规定程序重新点火。

㉓ 煤气压力低于 2 kPa 时不准点火使用，并检查关闭好煤气阀门。煤气压力恢复正常，接到调度室通知后，适量放出部分煤气后关好煤气阀门，稍后按正常程序点火。在煤气放散过程中，应通知周围人员撤离，点火人站在上风口。

㉔ 煤气管道压力波动较大时，应关闭阀门不准使用。

㉕ 吹扫煤气管道应用蒸汽、氮气。在吹扫过程中，严禁在煤气管道上拴、拉电线。在煤气设施附近禁止逗留、休息、取暖。

㉖ 煤气设施停煤气检修时，必须彻底地切断煤气来源，并将管道内煤气吹净。

㉗ 进入煤气设备内部工作时，所用照明电压不准超过 12V。

㉘ 煤气烘烤设备燃气管路要定期排水，冬季每班排两次以上。

八、混铁炉煤气使用安全规定

① 混铁炉煤气喷嘴额定压力为 5kPa。当煤气压力低于 2kPa 时应通知压风机加大供气压力，如果不能加则应立即关闭喷嘴供气阀门，停止使用。

② 如果煤气柜气源不足，不能达到混铁炉喷嘴、出铁口烧嘴额定流量时，应立即关闭阀门。

③ 开启、关闭阀门必须两个人在现场，带一氧化碳检测报警仪，一人操作，一人监护。

④ 在交接班时，上班对下班必须交接好，检查煤气是否使用正常，清扫炉顶卫生必须两人，一人作业，一人监护。

⑤ 兑铁时必须指挥适当，避免铁水洒在煤气管线上。发现煤气泄漏时，应立即通知调度室和加压机房，同时关闭阀门。时刻观察，发现异常现象立即通知有关部门及时处理，并按规程重新操作。

九、中间包烘烤安全操作

严格执行煤气使用操作规程，熟知可燃气体的使用与管理规定。操作前检查连接部位是否漏气。检查烧嘴与罐盖上烧嘴孔是否对正。严禁在煤气烘烤区域内停留和堆放物品、吸烟和休息。严禁用煤气火取暖。

操作程序：人工手动点燃各烧嘴长明火时，先置明火后打开长明管路手动球阀。确认煤气及助燃空气调节蝶阀正常，打开煤气入口处手动球阀，启动助燃风机。逐渐打开煤气及助燃空气调节蝶阀的开度，调整火焰，烘烤器正常运行。烧嘴下降至烧嘴孔时，烘烤开始。

熄火操作：调小煤气及助燃空气调节蝶阀；抬起烧嘴，助燃风机停止；然后切断电源，关闭煤气入口手动球阀。

烘烤结束后，先将压缩空气阀门逐步关闭，逐步调小煤气阀门的开度。在正常情况下，煤气烧嘴保持 200~300mm 的火苗。长时间不用烧嘴时，关闭煤气阀门。

中间罐车未停稳时，严禁升、降烧嘴。

阀门应设功能标志，并设专人管理，定期检查维修。

氧气管道在检修和长期停用之后再次使用，应预先用无油压缩空气或氮气彻底吹扫。

氧气管道和氧气瓶冻结时，可采用热水或蒸汽解冻，不应采用火烤、锤击解冻。

十、 设备检修安全管理

（1） 修炉作业施工区要求

转炉修炉之前，应切断氧气，堵好盲板，移开氧枪，切断炉子倾动和氧枪横移电源；关闭汇总散状料仓并切断气源。

采用上修法时，活动烟道移开后，固定烟道下方应设置盲板。

电炉炉前碳氧喷枪应转至停放位并切断气源，炉底搅拌气源应切断，并采取隔离措施；氧燃烧嘴或炉壁氧枪的氧气应切断，并采取隔离措施。

转炉修炉停炉时，各传动系统应断电，氧气、煤气、氮气管道应堵盲板隔断，煤气、重油管道应用蒸汽（或氮气）吹扫；更换吹氧管时，应预先检查氧气管道，如有油污，应清洗并脱脂干净方可使用。

（2） 其他方面维修安全要求

检修前要做好各项确认工作。在风机房检修中应严格执行动火制度，施工区应有足够照明，危险区域应设立警示标志及临时围栏等。

有可能泄漏煤气、氧气、高压蒸汽、其他有害气体与烟尘的部位，应采取防护措施。风机房部位检修前要把 U 形水封注满水，确认溢流管有水溢流，保证煤气可靠切断，吹扫管路，定时对水封进行巡检。进入除尘烟道检修时，应保证冶炼结束后风机运转 30min 以上，用一氧化碳检测报警仪检查确认一氧化碳含量符合安全要求后，有关人员方可进入作业，检修过程中要随时用一氧化碳检测报警仪检测。

检修结束后要将关键部位清理干净，防止因风机内的金属屑高速运转产生火花引起爆炸。煤气净化系统要确保严密，防止漏入空气后与一氧化碳混合形成爆炸性气体。

可燃气体的设备大、中修，管道、阀门的更换，及动火检修，必须要提前逐级申请办理可燃气体区域动火许可证，制定施工方案和安全措施，并经主营厂长同意，厂安全科签字，到公司煤气防护站备案后，通知厂调度室，方可动火。如果手续不全，禁止动火。

检修单位应严格按照许可证上的内容进行，严禁扩大动火检修范围。

检修单位必须在检修前制定出安全防范措施，做到无措施不作业。

动火检修前，必须事先通知公司安全处和煤气防护站，由煤气防护站派人现场检测与监护，在检测依据可靠、措施得力、监护人员齐全时，方可动火检修。

在检修设备、管网停气吹扫残余气体或引气过程中，严禁设备、管网附近 10m 以内、下风向 40m 以内有点火源。

在检修设备、管道吹扫过程中，用氮气或蒸汽吹扫，用蒸汽吹扫时应打开末端放散。无论遇有任何情况和条件变化，必须待放散口冒出大量蒸汽 15～20min 后，方可关闭停气。

蒸汽阀门关闭后，要及时将有关人孔和放散阀全部打开，使其具有良好的自然通风条件，防止产生负压造成管道设备变形损坏。

检修结束后必须将动火许可证交回厂安全科注销。

氧气、氩气设备检修时，禁止气体出口正对人。

钳工在煤气区域检修时，应使用一氧化碳检测报警仪检测，合格后方可进入工作现场。需动火时应填写动火申请，经批准后才能作业。

焊工在煤气区域作业时，应遵守《工业企业煤气安全规程》，需动火时必须按规定填写动火申请，经批准后方可作业。

在密闭容器和通风不良的室内作业，必须先解决通风问题方可进行作业。

十一、转炉煤气回收、动力、管线系统的安全要求

为保证煤气回收的可靠性和安全性，达到良好的回收目的，工艺设计及实际运行中应考虑必要的联锁控制，如氧枪和烟罩的联锁、回收放散切换的自控与联锁、罩口微差压调节系统与冶炼操作的联锁、鼓风机调速与冶炼操作的联锁、煤气柜高低位的联锁、水封逆止阀与三通阀的联锁等。

做好系统的密封、旁通、防爆和水封的设计。氧枪口及下料口用氮气密封，防止生产过程中外界空气被吸入烟道内，如在三通阀处设一旁通阀。回收操作中三通阀在事故状态下或煤气柜阻力异常增高时，可自动开启旁通阀使其由回收态改为放散态。旁通阀的开启与进煤气柜的煤气压力值联锁控制，实际运行中旁通阀发挥应急作用。

煤气水封应设有安全阀、自动水位控制器，进水管应设逆止阀，严禁在水夹套与集汽包连接管上加装阀门。

煤气发生炉的进口空气管道上，应设有阀门、逆止阀门和蒸汽吹扫装置。空气总管末端应设有泄爆膜和放散管，回收煤气操作时若发生爆炸应做到迅速泄压，以保护回收系统设备，减少爆炸导致的损失。放散管应接至室外。

采用"未燃法"或"半燃法"烟气净化系统设计的转炉，应符合 GB 6222—2005《工业企业煤气安全规程》的规定；转炉煤气回收系统的设备、风机房、煤气柜以及可能泄漏煤气的其他设备，应位于车间常年最小频率风向的上风侧。转炉煤气回收时，风机房属乙类生产厂房、二级危险场所，其设计应采取防火、防爆措施，配备消防设备、火警信号、通信及通风设施。

转炉煤气回收，应设一氧化碳和氧气含量连续测定和自动控制系统；回收煤气的含氧量不应超过 2%；煤气的回收与放散，应采用自动切换阀，若煤气不能回收而向大气排放，烟囱上部应设点火装置。

转炉煤气回收系统，应合理设置泄爆、放散、吹扫等设施。

转炉余热锅炉与汽化冷却装置的设计、安装、运行和维护，应遵守国家有关锅炉压力容器的规定。

电炉采用煤气烧嘴时，应设置煤气低压报警及与之联锁的快速切断阀等防回火设施，还应设置煤气吹扫与放散设施。竖炉、Plus2000 炉、Consteel 炉的废钢预热段废气出口，以及 Korfarc 炉炉盖弯管出口，应设置废气成分连续分析系统；废气中的氧与一氧化碳含量超过规定值，燃烧室中的点火烧嘴便应工作，并供入适量空气，使排出废气继续完全燃烧。电炉直接排烟除尘系统的设计，应遵守 GB 6222—2005《工业企业

煤气安全规程》和 GB 9078—1996《工业炉窑大气污染物排放标准》的规定，系统中应有泄爆措施。

车间内各类燃气管线应架空敷设，并应在车间入口设总管切断阀；车间内架空煤气管道与其他架空管线的最小净距，应符合有关规定的要求。

油管道和氧气管道不应敷设在同一支架上，且不应敷设在煤气管道的同一侧。

氧气、乙炔、煤气、燃油管道及其支架上，不应架设动力电缆、电线，供自身专用者除外。

氧气、乙炔、煤气、燃油管道，应架设在非燃烧体支架上；当沿建筑物的外墙或屋顶敷设时，该建筑物应为无爆炸危险的一、二级耐火等级厂房。

氧气、乙炔、煤气、燃油管道架空有困难时，可与其他非燃烧气体、液体管道共同敷设在用非燃烧体作盖板的不通行的地沟内；也可与使用目的相同的可燃气体管道同沟敷设，但沟内应填满砂，并且不应与其他地沟相通。

氧气管道与燃油管道不应同沟敷设；油脂及易燃物不应漏入地沟内。其他用途的管道横穿地沟时，其穿过地沟部分应套以密闭的套管，且套管伸出地沟两壁的长度各约 0.2m。

煤气、乙炔等可燃气体管线，应设吹扫用的蒸汽或氮气吹扫接头；吹扫管线应采用防止气体串通的软连接。

各类动力介质管线，均应按规定进行强度试验及气密性试验。

氧气、乙炔、煤气、燃油管道，应有良好的防静电装置，管道接地电阻应不大于 10Ω，每对法兰间总电阻应小于 0.03Ω，所有法兰盘连接处应装设导电跨接线。

氧气管道每隔 $90\sim100m$ 应进行防静电接地，进车间的分支法兰也应接地，接地电阻应不大于 10Ω。

氧气管道、乙炔管道靠近热源敷设时，应采取隔热措施，使管壁温度不超过 $70℃$。

不同介质的管线应涂以不同的颜色，并注明介质名称和输送方向；各种气体、液体管道的识别色，应符合 GB 7231—2003《工业管路的基本识别色和识别符号》的规定。

氧气管网的设计、作业和检修，应符合 GB 50030—2013《氧气站设计规范》、GB 16912—2008《深度冷冻法生产氧气及相关气体安全技术规程》的规定；从事氧气管道检修、维护和操作的人员，应通过有关安全技术培训，并经考核合格方可上岗。

炼钢车间管道中氧气最高流速：碳钢管不大于 15m/s，不锈钢管不大于 25m/s。

新敷设的氧气管道，应脱脂、除锈和钝化。

氧气管道的阀门，应选用专用阀门；工作压力大于 0.1MPa 时，不应选用闸阀。

乙炔站应符合 GB 50031—91《乙炔站设计规范》的要求；其电气设备的选用、安装，应符合甲类生产车间厂房的要求。

乙炔工作压力为 $0.02\sim0.15MPa$ 时，管中最大流速不得超过 9m/s。

乙炔管道的选用，应遵守下列规定。

① 压力为 0.02~0.15 MPa 的中压管道，应采用无缝钢管，且管内径不大于 90mm。

② 内径大于 50 mm 的中压管道，不应使用盲板或死端头，也不应采用闸阀。

使用乙炔氧气点火枪应远离电气柜，点火枪附近不应有易燃、易爆物品。

车间内乙炔管道进口，应设中央回火防止器；每个使用管头应设岗位回火防止器。对于室内管道，应每隔 25m 接地一次。

燃油管道是否采取伴热和保温措施，应根据油品种类、黏度-温度特性曲线及当地气温情况来确定。

  燃油管道施工完毕，应进行强度试验和严密性试验；一般采用液压试验，试验要求应符合 GB 50235—2010《工业金属管道工程施工规程》的规定。

  煤气进入车间前的管道，应装设可靠的隔断装置。

  在管道隔断装置前、管道的最高处及管道的末端，应设置放散管；放散管口应高出煤气管道、设备和走台 4m，且应引出厂房外。

  车间煤气管道的强度试验和严密性试验，应符合 GB 6222—2005《工业企业煤气安全规程》的要求。

第十章

轧钢企业煤气使用的安全操作

第一节　轧钢企业煤气安全操作管理

一、总体要求

　　轧钢企业应建立健全安全管理制度，完善安全生产责任制。厂长（经理）对本企业的安全生产负全面责任，各级主要负责人对本部门的安全生产负责。各级机构对其职能范围的安全生产负责。

　　轧钢企业的厂长（经理）应具备相应安全生产知识和管理能力。应依法设置安全生产管理机构或配备专（兼）职安全生产管理人员，负责管理本企业的安全生产工作。

　　应建立健全安全生产岗位责任制和岗位安全技术操作规程，严格执行值班制和交接班制。应认真执行安全检查制度，对查出的问题应提出整改措施，并限期整改。

　　轧钢企业应定期对职工进行安全生产和劳动保护教育，普及安全知识和安全法规，加强业务技术培训。职工经考核合格方可上岗。新工人进厂，应首先接受厂、车间、班组三级安全教育，经考试合格后由熟练工人带领工作，直到熟悉本工种操作技术并经考核合格，方可独立工作。调换工种和脱岗三个月以上重新上岗的人员，应事先进行岗位安全培训，并经考核合格方可上岗。外来参观或学习的人员，应接受必要的安全教育，并应由专人带领。

　　特种作业人员和要害岗位、重要设备与设施的作业人员，均应经过专门的安全教育和培训，并经考核合格、取得操作资格证，方可上岗。上述人员的培训、考核、发证及复审，应按国家有关规定执行。

　　采用新工艺、新技术、新设备，应制定相应的安全技术措施，并经厂长（经理）批准；对有关生产人员，应进行专门的安全技术培训，并经考核合格方可上岗。

　　企业应为职工提供符合国家标准或行业标准的劳动防护用品，职工应正确佩戴和使用劳动防护用品。

　　轧钢企业应建立火灾、爆炸、触电和煤气中毒等重大事故的应急救援预案，并配备必要的器材与设施，定期演练。

　　发生伤亡或其他重大事故时，厂长（经理）或其代理人应立即到现场组织指挥抢救，并采取有效措施，防止事故扩大。

　　发生伤亡事故，应按国家有关规定报告和处理。事故发生后，应及时调查分析，查清事故原因，并提出防止同类事故发生的措施。

二、 危险场所划分及安全管理规定

① 下列场所应属于危险场所。

a. 根据 GBJ 16—2014《建筑设计防火规范》（2018 年版）有关规定确定为甲、乙类生产火灾危险性场所。

b. 根据 GB 50058—2014《爆炸危险环境电力装置设计规范》有关规定确定为 0 区、1 区和 2 区气体或蒸汽爆炸性混合物和 10 区、11 区粉尘或可燃纤维爆炸性混合物的爆炸危险场所。

c. 接触毒物，有窒息性气体或射线，在不正常或故障情况下会造成急性中毒或严重人身伤害的场所。

d. 高压、高频带电设备或超过规定的磁场强度、电场强度标准，易于触电或可能造成严重伤害的场所。

e. 高速运动（超过 5m/s）轧件的周围和发生故障时可能的射程区域。

f. 高温运动轧件周围或可能发生飞溅氧化铁皮的区域。

g. 外露的高速运转或移动设备的周围。

h. 毒物或易燃、易爆气体的设备或管道，可能积存有毒有害或可燃气体的氧化铁皮沟、坑、下水道等场所。

i. 强酸碱容器周围。

② 危险场所、重大危险设备的管理和严重危险作业，应遵守下列规定。

a. 危险场所设备的操作，应严格实行工作牌制。

b. 电气设备的操作，应参照 DL 408—1991《电业安全工作规程（发电厂和变电所电气部分）》的有关规定，实行工作票制。

c. 重大危险场所、危险设备或设施，应设有危险标志牌或警告标志牌。

d. 在甲、乙类火灾危险场所和 0 区、1 区、2 区和 10 区、11 区爆炸性危险场所，以及重大危险设备上，进行不属于正常生产操作的其他活动，如动火、检修、更改操作规程等，应事先申报安全、消防、保卫部门同意，并经有关领导批准，方可进行。

三、 设施安全要求及安全作业注意事项

主要生产场所的火灾危险性分类及建构筑物防火最小安全间距，应遵循 GBJ 16—2014《建筑设计防火规范》（2018 年版）规程的规定。

车间配电室、地下油库、地下液压站、地下润滑站、地下加压站等要害部门，其出入口应不少于两个（室内面积小于 6m² 而无人值班的，可设一个），门应向外开。

与生产无关的人员，不应进入生产操作场所。应划出非岗位操作人员行走的安全路线，其宽度一般不小于 1.5m。

加热设备应设有可靠的隔热层，其外表面温度不得超过 100℃。

工业炉窑应设有各种安全回路的仪表装置和自动报警系统，以及使用低压燃油、燃气的防爆装置。

使用氢气的热处理炉，应遵守 GB 4962—2008《氢气使用安全技术规程》的有关规定。使用氮气设备，应设有粗氮、精氮含氧量极限显示和报警装置，并有紧急防爆的应急措施。

进入使用氢气、氮气的炉内，或储气柜、球罐内检修，应采取可靠的置换清洗措施，并

应有专人监护和采取便于炉内外人员联系的措施。

使用煤气的生产区，其煤气危险区域的划分，如表 10-1 所示。

表 10-1　煤气危险区域划分

第一类	第二类	第三类
① 带煤气抽堵盲板、换流量孔板，处理开闭器 ② 煤气设备漏煤气处理 ③ 煤气管道排水口、放水口 ④ 烟道内部	① 烟道、渣道检修 ② 煤气阀等设备的修理 ③ 停送煤气处理 ④ 加热炉、罩式炉、辊底式炉煤气开闭气口 ⑤ 开关叶型插板 ⑥ 煤气仪表附近	① 加热炉、罩式炉、辊底式炉炉顶及其周围、加热设备仪器室 ② 均热炉看火口、出渣口、渣道洞口 ③ 加热炉、热处理炉烧嘴、煤气阀 ④ 其他煤气设备附近 ⑤ 煤气爆发试验

工业炉窑使用煤气，应遵守下列规定。

① 第一类区域，应戴上呼吸器方可工作；第二类区域，应有监护人员在场，并备好呼吸器方可工作；第三类区域，可以工作，但应有人定期巡视检查。

② 在有煤气危险的区域作业，应两人以上进行，并携带便携式一氧化碳检测报警仪。

③ 加热设备与风机之间应设安全联锁、逆止阀和泄爆装置，严防煤气倒灌造成爆炸事故。

④ 炉子点火、停炉、煤气设备检修和动火，应按规定事先用氮气或蒸汽吹净管道内残余煤气或空气，并经检测合格，方可进行。

⑤ 严格执行 GB 6222—2005《工业企业煤气安全规程》的有关规定。

工业炉窑使用天然气或液化石油气，应遵守下列规定。

① 应执行规程的有关规定。

② 调压站和一次仪表室均属甲类有爆炸危险的建筑，其操作室应与调压站隔开，并设有两个向外开启的门。

③ 工业炉窑检修和清渣，应严格按照有关设备维护规程和操作规程进行，防止发生人员烫伤事故。

工业炉窑加热，应执行有关操作规程，防止炉温过高塌炉。

火焰清理机应有煤气、氧气紧急切断阀，以及煤气火灾报警器。

第二节　轧钢企业煤气加热炉的安全操作

一、送煤气准备

送煤气的准备工作如下。

① 送煤气之前本班工长、看火工及有关人员应到达现场。

② 检查煤气系统和各种阀门、管件及法兰处的严密性，检查冷凝水排出口是否正常安全（排出口处冒气泡为正常）。

③ 检查蒸汽吹扫阀门（注意冬季不得冻结）是否完好，蒸汽压力是否满足吹扫要求（压力不小于 0.2MPa）。

④ 准备好空气呼吸器、火把（冷炉点火）、取样筒等。

⑤ 通知与点火无关人员远离加热炉现场。

⑥ 通知调度室、煤气加压站，均得到允许后方可送煤气。

⑦ 通知仪表工、汽化工及电工、钳工等。

二、送煤气操作

送煤气操作步骤如下。

① 向炉前煤气管道送煤气前，炉内严禁有人作业。

② 烧嘴前煤气阀门、空气阀门关闭严密，关闭各放水管、取样管、煤气压力导管阀门。

③ 打开煤气放散阀。

④ 可用蒸汽或氮气吹扫管道。用蒸汽时，直接打开蒸汽吹扫阀门及各吹扫点阀门，吹赶煤气管道内原存气体，待放散管冒蒸汽 3～5min 后，打开放水阀门，放出煤气管道内冷凝水，关闭放水阀门。

⑤ 开启煤气管道主阀门，关闭蒸汽吹扫阀门，使煤气进入炉前煤气管道。

⑥ 煤气由放散管放散 20min 后，取样做爆发试验三次，均合格后方可关闭放散阀门，打开煤气压力导管，待压力指示正常方可点火。点火时如发生煤气切断故障，上述"放散"及"爆发试验"必须重新进行。

⑦ 关闭空气总阀后再启动鼓风机，等电流指针摆动稳定后，打开空气总阀。

⑧ 开启炉头烧嘴上的空气阀，排除炉膛内的积存气体和各段泄漏的煤气，经检测化验合格后，确认炉内无煤气，方可进行点火操作。

三、煤气点火操作

(1) 点火程序

① 适量开启闸板，使炉内呈微负压。

② 点火应从出料端第一排烧嘴开始向装料端方向的顺序逐个点燃。

③ 点火时应三人进行，一人负责指挥，一人持火把放置烧嘴前 100～150mm 处，另一人按先开煤气阀门、待点着后再开空气阀门的顺序，负责开启烧嘴前煤气阀门和空气阀门，无论煤气阀门还是空气阀门均须缓慢开启。如果火焰过长而火苗呈黄色则是煤气不完全燃烧现象，应及时增加空气量或适当减少煤气量；如果火焰过短而有刺耳噪声则是空气量过多现象，应及时增加煤气量或减少空气量。

④ 点燃后按合适比例加大煤气量和风量，直到燃烧正常；然后按炉温需要点燃其他烧嘴；最后调节烟道闸门，使炉膛压力正常。

⑤ 点不着火或着火后又熄灭，应立即关闭煤气阀门，向炉内送风 10～20min，排尽炉内混合气体后再按规定程序重新点燃，以免炉膛内可燃气体浓度大而引起爆炸。查明原因经过处理后，再重新点火。

(2) 点火操作安全注意事项

① 点火时，严禁人员正对炉门，必须先点火后给煤气，严禁先给煤气后点火。

② 送煤气时点不着火或着火后又熄灭，应立即关闭煤气阀门，查清原因，排净炉内混合气体后再按规定程序重新点燃。

③ 若炉膛温度超过 800℃，可不点火直接送煤气，但应严格监视其是否燃烧。

④ 点火时先开风机但不送风，待煤气燃着后再调节煤气量、空气量，直到正常状态为止。

四、升温操作

若为蓄热式烧嘴加热炉，升温操作步骤如下。

① 炉膛温度达 800℃ 以上时，可启动炉子一侧烧嘴供热，并且定期更换为另一侧烧嘴供热。

② 不供热的一侧、一组或某个烧嘴的煤气快速切断阀以及煤气手动阀门处于关闭状态。

③ 四通阀处于供风状态。

④ 排烟阀处于关闭状态，排烟机启动。

⑤ 用风量小时，必须适当关小风机入口调节阀开度，严禁风机"喘振"现象发生。

⑥ 当要求某一侧或某一组烧嘴供热时，首先打开煤气快速切断阀（在仪表室控制），接着打开烧嘴前手动空气阀，然后打开烧嘴前煤气手动阀门，调节其开启度在 30%，稳定火焰。

⑦ 根据炉子升温速度要求逐渐开大空气阀和煤气手动阀门来加大烧嘴供热能力，观察火焰，调节好空燃比。

⑧ 在升温阶段，远程手控烟道闸板，使炉膛压力保持在 10～30Pa。

五、换向燃烧操作

若为蓄热式烧嘴加热炉，换向燃烧操作步骤如下。

① 当均热段炉温升到 800℃ 以上时，方可启动蓄热式燃烧系统换向操作。

② 打开空压机用冷却水，启动空压机调整压力（管道送气直接调整压力），稳定压力在 0.6～0.8MPa，打开换向阀操作箱门板，合上内部电源开关，系统即启动完毕。

③ 系统启动后，将手动、自动按钮旋至手动状态。

④ 启动助燃风机，延迟 15s 后，徐徐打开助燃风机前调节阀，开启度为 30%。

⑤ 将空气流量调节装置打到"自动"方式。

⑥ 参考热值仪表数据，确定空燃比，调整燃烧状态为最佳。空燃比一般波动在 0.7～0.9，可通过实际操作试验找到最佳值。

⑦ 炉压控制为"自动"状态，控制助燃风机入口处废气调节阀使炉膛压力控制在 5～10Pa。

⑧ 手动调节空气换向阀、废气出口的调节阀，使其废气温度基本相同。

⑨ 当各段炉温稳定达到 800℃ 以上时，换向方式改为"联动自动方式"。

⑩ 在生产过程中若出现气压低指示红灯亮、电铃报警且气动煤气切断阀关闭，说明压缩空气压力低于 0.4MPa。这时应按下音响解除按钮，修理空压机、调整压缩空气压力至 0.6～0.8MPa。

⑪ 在生产过程中若Ⅰ组、Ⅱ组阀板有误指示红灯亮、电铃报警且气动煤气切断阀关闭，说明换向阀阀位的接近开关损坏、阀板动作不到位超过 16s。这时应按下音响解除按钮，首先查看阀板是否到位。若阀板不到位，检查是否汽缸松动使阀杆运行受阻、是否电磁换向阀和快速排气阀堵住或损坏；若阀位正常，应检查接近开关或接近开关连线。

⑫ 在生产过程中若出现Ⅰ组、Ⅱ组超温指示红灯亮、电铃报警且气动煤气切断阀关闭，说明排烟温度超过设定温度。这时应关闭气动煤气切断阀和助燃风机前蝶阀，检查测量排烟温度热电偶或温度表是否完好，重新确认温度设定。

六、正常状态下煤气操作

① 接班后使用一氧化碳检测报警仪对煤气系统，尤其是烧嘴前煤气阀门、法兰连接处等认真巡视检查。如发现煤气泄漏等现象，立即报告上级有关单位或人员，并采取紧急措施。煤气系统检查严禁单人进行，操作人员应站在上风处。

② 仪表室内与煤气厂煤气加压站的直通电话应保持良好工作状态，发现故障立即通知厂调度室。

③ 看火工应按规定认真填写岗位记录。

④ 当煤气压力低于2000Pa时，应关闭部分烧嘴；当煤气低压报警（1000Pa）时，应立即通知调度室和煤气加压站，并做好煤气保压准备。

⑤ 发现烧嘴与烧嘴砖接缝处有漏火现象，应立即用耐火隔热材料封堵严实。发现烧嘴回火，不得用水浇，应迅速关闭烧嘴，查明原因，处理后再开启使用。

⑥ 看火工根据煤气火焰情况，对煤气量和空气量按规定比例进行调节。

⑦ 在加热过程中，加热工应经常检查炉内加热情况及热工仪表的测量结果，严格按加热制度要求控制炉温。在需增加煤气量时，应按先增下加热段、后增上加热段，先增炉头加热段、后增炉尾加热段的原则进行；在需减小煤气量时，则与之相反。

⑧ 每班接班后，必须排水一次。

七、换热器操作

换热式加热炉换热器操作步骤如下。

① 换热器入口烟温允许长期不超过750℃，短期不超过800℃；煤气预热温度允许长期不超过320℃，短期不超过370℃。

② 入口烟温及煤气预热温度超温时，应依次关闭靠近炉尾的烧嘴，紧急情况下可关闭烧嘴前所有煤气阀门。

③ 热风放散阀应做到接班检查，发现异常及时通知仪表工。

④ 风温允许长期高于350℃，短期不超过400℃。如超温，采取如下措施。

a. 热风全放散。

b. 按换热器操作第②条执行。

⑤ 一旦换热器出现泄漏，立即采取补漏措施。

八、停炉操作

（1）正常状态下停炉制度

① 操作程序

a. 停煤气前，首先与调度室、煤气加压站联系，说明停煤气原因及时间，并通知仪表工。

b. 停煤气前应由生产调度组织协调好吹扫煤气管道用蒸汽或氮气，蒸汽压力不得低于0.2MPa。

c. 停煤气前加热班工长、看火工及有关人员必须到达现场，从指挥到操作，分配好各自职责。安全员应携带一氧化碳检测报警仪做好现场监督，负责操作的人员备好空气呼吸器。

d. 按先关烧嘴前煤气阀门、后关空气阀的顺序逐个关闭全部烧嘴（注意：空气阀不得关死，应保持少量空气送入，防止烧坏烧嘴）。

e. 关闭煤气管道两个总开关阀门，打开总开闭器之间的放散管阀门。

f. 关闭各仪表导管的阀门，同时打开煤气管道末端的各放散管阀门。

g. 如加热炉进入停炉状态，则应打开烟道闸板。

h. 打开蒸汽主阀门及吹扫阀门将煤气管道系统吹扫干净，之后关闭蒸汽阀门，关闭助燃风机，有金属换热器时要等烟道温度下降到一定程度再停助燃风机。

i. 如停煤气属于炉前系统检修或加热炉大、中、小修，为安全起见，应通知煤气防护站人员进行堵盲板、水封注水。检修完成后，开炉前由煤气防站负责检查，抽盲板、送煤气。

j. 操作人员进炉内必须确认炉内没有煤气，并携带一氧化碳检测报警仪，且两人以上工作。

② 安全注意事项

a. 停煤气时，先关闭烧嘴前煤气阀门，后关闭煤气总阀门；严禁先关闭煤气总阀门，后关闭烧嘴前煤气阀门。

b. 停煤气后，必须按规定程序扫线。

c. 若停炉检修或停炉时间较长（10 天以上），必须关闭蝶阀、眼镜阀，可靠切断煤气来源。

（2）紧急状态下停煤气停炉制度

① 操作程序

a. 由于煤气发生站、加压站设备故障或其他原因，造成煤气压力骤降，发出报警，应立即关闭全部烧嘴前煤气阀门，并打开蒸汽阀门吹扫，使煤气管道内保持必要压力，严防回火现象发生；同时与调度室联系，确认需停煤气时，再按停煤气操作进行。

b. 如遇有停电或风机故障供风停止时，亦应立即关闭全部烧嘴前煤气阀门。待恢复点火时，必须按点火操作规程进行。

c. 如加热炉发生塌炉顶事故，危及煤气系统安全时，必须立即通知调度室和煤气加压站，同时关闭全部烧嘴，切断主煤气管道，打开吹扫蒸汽阀门或氮气阀门，按吹扫程序紧急停煤气。

② 安全注意事项

a. 若发现风机停电、风机故障或压力过小，应立即停煤气。停煤气时按照先关烧嘴前煤气阀门、后关煤气总阀门的顺序，严禁操作程序错误。立即查清原因，若不能及时处理的，煤气管道按规定程序扫线；待故障消除，系统恢复正常后，按规定程序重新点炉。

b. 若发现煤气压力突降，应立即打开紧急扫线阀门，然后关闭烧嘴前煤气阀门，关闭煤气总阀门，打开放散阀门。因为当管道内煤气压力下降到一定程度后，空气容易进入煤气管道而引起爆炸。

第三节 加热炉炉况的分析判断

加热炉工作正常与否，可以通过分析某些现象来判断。掌握分析判断的方法，对热工操作是十分有益的。

一、煤气燃烧情况的判断

煤气燃烧状况可以用以下方法判断：从炉尾或侧炉门观察火焰，如果火焰长度短而明亮，或看不到明显的火焰，炉内能见度很好，说明空燃比适中，煤气燃烧正常；如果火焰暗红无力，火焰拉向炉尾，炉内气氛混浊，甚至冒黑烟，火焰在烟道中还在燃烧，说明严重缺乏空气，煤气处于不完全燃烧状态；如果火焰相当明亮，噪声过大，可能是空气量过大。但对喷射式烧嘴不能以此判断。

煤气燃烧正常与否还可以通过观察仪表进行分析判断。当燃烧较充分时，空气量与煤气量比例大致稳定在一定数值，这一数值因燃料发热量不同而不同。

有一些加热炉上已安装氧化锆装置以检测烟气含氧量，使燃烧情况的判断变得更简单。当烟气中含氧量在 $1\%\sim3\%$ 时，燃烧正常；含氧量超过 3% 为过氧燃烧，即供入空气量过多；含氧量小于 1% 为氧化锆"中毒"反应时，说明空气量不足，是欠氧燃烧。若氧化锆装置安装位置不当，取样点不具有代表性，所测得的数据不能作为判断依据。

二、加热过程中钢坯温度的判断

准确地判断钢坯温度，对于及时调节加热炉加热制度提高烧钢质量，是十分重要的。即使在加热炉上装有先进的测温仪表，用目测法判断钢坯温度仍是很有必要的。作为一名优秀的加热工应练好过硬的目测钢坯温度本领。目测钢坯温度主要是观察并区分钢的火色。在有其他光源照射的情况下目测钢坯温度时，应注意遮挡，最好在黑暗处进行目测，这样目测的误差会相对小些。

通过观察钢坯的颜色，就能够知道钢坯温度，但被加热的钢坯在断面上温度差的判断又是一个问题，所以看火工在判断出钢坯温度后，要做的就是观察钢坯是否烧透。一般钢坯中间段的温度与钢坯两端的温度相同时，说明钢坯本身的温度已比较均匀；若端部的温度高于中间段的温度，说明钢坯尚未烧透，需继续加热；若中间段的温度高于端部的温度，则说明炉温有所降低，此时便要警惕发生粘钢现象。

钢坯温度与加热炉的状况有着直接的联系，如有时坯料的端部温度过高，多是因为加热炉两边温度过高，坯料短尺交错排料时，两边受热面大，加热速度快或加热炉下加热负荷过大，下部热量上流，冲刷端部引起的。钢坯长度方向温度不均，轧制延伸不一致、轧制不好调整，也影响产品质量。端部温度低，轧制进头率低，容易产生设备事故，影响生产，增加燃料和电力消耗。

如果钢坯下表面加热温度低或出现严重的水管黑印，轧制时上下延伸不同容易造成钢坯的弯曲，同时也影响产品质量。下表面加热温度低的原因是下表面加热供热不足，炉筋水管热损失太大，水管绝热不良，下加热炉门吸入冷风太多或均热时间不够。此时应采取如下措施：提高下表面加热的供热量；检查下加热炉门密封情况；观察炉内水管的绝热情况。如有脱落现象发生，在停炉时间进行绝热保护施工，以保证炉筋水管的绝热效果。

有些加热操作烧"急火"，钢坯在出炉以前的均热段加热过于集中。由于加热炉是二段制的操作方法，均热段变成了加热段，加热段变成了预热段或热负荷较低的加热。这样，容易造成均热段炉温过高，损坏炉墙炉顶，烧损增加，均热时间短，黑印严重或外软里硬的"硬心"。

烧"急火"的原因，是因为产量过高或待轧降温、升温操作不合理。

轧机要求高产时，如果加热制度操作不合理，没有提前加热，为了满足出钢坯温度要求，在均热段集中供热，或者因待轧时温度调整过低，开车时为赶快出钢，在出钢前集中供热，使局部温度过高，钢坯透热时间不够，造成钢坯表面温度高、内部温度偏低，影响轧机生产，会使各种消耗增加。

三、炉膛温度达不到工艺要求的原因分析

在加热生产中，经常会遇到因炉温低而待热烧钢的现象。大致可从以下几方面分析。

① 煤气发热量偏低。

② 空气换热器烧坏，烟气漏入空气管道。

③ 空气消耗系数过大或过小。

④ 煤气喷嘴被焦油堵塞，致使煤气流量减小。

⑤ 煤气换热器堵塞，致使煤气压力下降。

⑥ 炉前煤气管道积水，致使煤气流量减小。

⑦ 炉膛内出现负压。

⑧ 烧嘴配置能力偏小。

⑨ 炉内水冷管带走热量大，或炉衬损坏，致使局部热损失大。

⑩ 煤气或空气预热温度偏低。

四、炉膛压力的判断

均热段第一个侧炉门下缘微微有些冒火时，炉膛压力为正合适。如果从炉头、炉尾或侧炉门、扒渣门及孔洞都往外冒火，则说明炉膛压力过大。当看不见火焰时，可点燃一小纸片放在炉门下缘，观察火焰的飘向，即可判断炉压的概况，合适的炉压应使火焰不吸入炉内或微向外飘。

炉压过大的原因可从以下几方面分析。

① 烟道闸门关得过小。

② 煤气流量过大。

③ 烟道堵塞或有水。

④ 烟道截面积偏小。

⑤ 烧嘴位置分布不合理，火焰受阻后折向炉门；烧嘴角度不合适，火焰相互干扰。

五、煤气燃烧不稳定的原因分析

煤气燃烧不稳定的原因可从以下几方面分析。

① 煤气中水分太多。

② 煤气压力不稳定，经常波动。

③ 烧嘴喷头内表面不够清洁或烧坏。

④ 烧嘴砖选择不当。

⑤ 冷炉点火，煤气量少。

六、换热器烧坏的原因分析

换热器烧坏的原因可从以下几方面分析。

① 煤气燃烧不完全，高温烟气在换热器中燃烧。

② 换热器焊缝处烧裂，大量煤气逸出，并在换热器内遇空气燃烧。

③ 空气换热器严重漏气。

④ 换热器安装位置不当。

⑤ 停炉时换热器关风过早。

七、空气或煤气供应突然中断的判断

生产中有时会由于多种原因造成煤气及空气的供应中断，在这种情况下，及早作出正确的判断，对防止发生安全事故是极其重要的。

当煤气中断供应时，仪表室及外部的低压报警器首先会发出报警声、光信号，烧嘴燃烧噪声迅速衰减。煤气中断时，只有风机送风声音，炉内无任何火焰，仪表室各煤气流量表、压力表指向零位，温度呈线性迅速下降。

当空气供应中断时，室内外风机断电报警铃同时报警，烧嘴燃烧噪声迅速衰减，炉内火焰拉得很长，四散喷出，而且火焰发暗，轻飘无力。当系统总的供电网出现故障时，还会造成全厂停电，仪表停转，警报失灵。

八、炉底水管故障的判断

常见的炉底水管故障有水管堵塞、漏水及断裂三种。这些故障处理不及时就可能造成长时间停产的大事故，因此要给予足够的重视。

① 水管堵塞。原因主要是冷却水没有很好过滤，水质不良。另外，没有清除安装时掉进水管内的焊条或破布等杂物也是原因。

水管堵塞的现象是出口水温高、水量少，有时甚至冒蒸汽。

② 水管漏水。原因有以下几个：一是安装时未焊好，或短焊条留在水管（立管）中将水管磨漏。二是冷却水杂质多，水温高，结垢严重，影响管壁向冷却水传导热量，管壁温度过高而氧化烧漏。在这种情况下，水管绝热砖的脱落对烧漏水管起到一定促进作用。水管漏水往往发生在靠墙绝热保温砖容易脱落水管的下边。当炉膛内水管漏水时，可以看到喷出的水流和被浇黑的炉墙或铁渣。当水管在砌体内漏水时，可以观察到砌体变黑的现象。严重漏水时，从出水口能检查到水流小、水温高的情况。

③ 水管断裂。一般都发生在纵水管上。由于卡钢或水管断水变形等原因，可能造成纵水管被拉裂的事故。当水管断裂时，大量冷却水涌入炉内，会造成炉温不明原因的突然下降，冷却水大量汽化和溢出炉外，回水管可能断水或冒汽。

必须特别指出，当检查发现上述水冷系统故障时，应立即停炉降温进行处理。对于漏水的情况，在炉温未降到 200℃ 以下时不能停水，以免整个滑道被钢坯压弯变形。

九、通过仪表判断炉况

加热炉热工参数检测所用的仪表不外乎温度表、流量计、压力表、成分分析仪器几种。根据投资规模和设计要求，仪表设置数量不一。但是，均热段和加热段的温度，空气、煤气流量和压力显示及控制仪表必不可少。它们将加热炉的运行状态集中反映出来，使操作人员一目了然。在仪表使用过程中遇到的问题简介如下。

（1）一般情况下，仪表系统正常时，操作过程中常遇到的情况

① 仪表系统正常，炉况正常，煤气流量一定，仪表显示工艺参数有变化，某段温度有缓慢下降趋势，这可能是由于轧制节奏加快，加热炉生产率提高，使投料量增加，钢坯在炉内吸热增多引起的，属于生产过程中的正常现象。只要适当调整煤气量和空气量就可以使温度缓慢上升，恢复正常。

② 仪表系统正常，生产率较稳定，煤气发热量不变，煤气量、空气量一定，但仪表显

示各段温度缓慢下降。通常这可能是由于煤气压力突然下降造成的；反之则是煤气压力升高引起的（在加热炉运行过程中，煤气压力很重要，它直接关系到加热炉各段温度的稳定性）。这时应调整煤气阀门的开度。

③ 加热炉炉况正常，生产率在某一范围内稳定，煤气压力正常，空气、煤气给定值都能满足生产率的要求，炉温缓慢下降。这时应观察空燃比是否在规定范围之内，或者观察氧量分析仪显示参数（正常时含氧量应为 1%～2%）。如果空燃比偏大或含氧量偏高，则温度低是由于煤气发热量降低而造成的，这时应根据实际情况适当减少空气量，增大煤气量，反之增大空气量、减少煤气量，直至空燃比适宜或含氧量参数显示正常时为止。

④ 加热炉正常运行过程中，煤气压力、煤气量、空气量等均按正常操作给定。煤气发热量一定，生产率变化不大，下加热段或下均热段温度有下降的趋势，这时含氧量正常，同时从加热炉里出来的钢坯阴阳面大。这时应立刻检查炉内火焰情况，如果某处火焰颜色呈红色、橘红色或暗红色并且分布在纵、横水管周围，这很可能是由炉底水管漏水造成的。应马上将该段压火进一步检查，同时通知有关人员处理。

（2）当加热炉运行正常时仪表系统出现的异常现象以及判断和解决方法

① 某段温度突然上升或下降，变化幅度超过 100℃ 且不再恢复正常。该现象一般是由热电偶损坏或变送器故障所引起的。这时应凭借以往的操作经验，借助该段瞬时流量参数进行调整，同时通知有关人员进行处理。一般而言，当炉型和炉体结构固定不变时，供热量与温度之间都有一定的规律，遵循这个规律，短时间不调不影响正常生产。

② 对新建、改建或停炉检修后，经过点火、烘炉过程投入生产的加热炉，当其外部条件都正常时，煤气量、空气量按先前的规律给定，这时加热炉该段温度应达到某一温度范围，但实际显示没有达到。这一般是由于测温热电偶插入深度不正确所致。一般来说，平顶炉插入深度应为 80～120mm，拱顶炉则在 120～150mm 之间。插入太少，仪表显示温度偏低，不能真实反映炉温，而且过多消耗煤气，容易造成粘钢；插入太深，反映的温度可能是火焰温度，这也失去了意义，而实际钢坯温度将偏低，直接影响加热质量。所以，如显示温度差距较大，多半是因为热电偶插入深度不正确引起的，但也可能是温度显示仪表出现故障，这时应及时通知有关部门处理。

③ 仪表显示各工艺参数正常。由于轧制节奏改变引起生产率变化，伴随发生炉温的升降，这时操作人员必然要调整空气量、煤气量。如果操作器给定值已调整了 50%～80% 的范围，煤气或空气的流量计的瞬时值还在原位停滞不动，一般是由执行器失灵造成的。

④ 与第三种现象相反，当操作器给定值刚刚微动很小的调整范围，流量计显示变化量特别大，观察炉内火焰情况没有大起大落现象，这可能是执行器阀位线性化差所致。

对于③、④两种情况，都需要仪表管理部门处理。

第四节　富余煤气发电安全操作

一、富余煤气发电工艺

高炉煤气、焦炉煤气是钢铁生产过程中的副产品，其中高炉煤气量大，而焦炉煤气的热值较高。随着钢铁工业的发展，炼铁过程中产生的高炉煤气量逐年增加。虽然钢铁企业对富余煤气的利用越来越充分，但是仍有一部分煤气未能利用而直接放散燃烧，造成能源的浪费和环境的污染。近年来，为提高能源利用率和减少温室气体排放，各钢铁企业纷纷利用高炉煤气或焦炉煤气为燃料进行联合循环发电，开辟了富余煤气利用的新思路。这里以低热值的高炉煤气燃气蒸汽循环发电（CCPP，工艺简图如图 10-1 所示）为例进行介绍。

左上角为煤气加压系统，右上角为锅炉，左下角为燃气轮机发电机组，右下角为汽轮机发电机组。

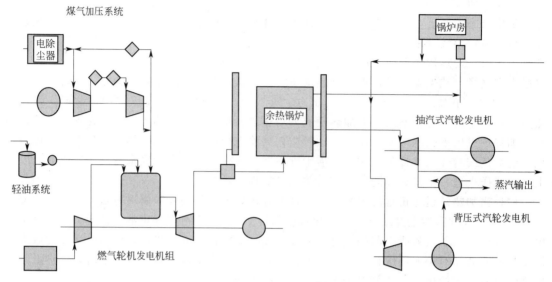

图 10-1　CCPP 工艺简图

CCPP 通过对煤气、空气加压→混合后燃烧膨胀→带动燃气轮机做功发电→高温烟气加热锅炉→高温蒸汽带动汽轮机做功发电，热转换效率可达 42％以上。

主要设备有煤气压缩机、空气压缩机、燃气轮机、燃气锅炉、蒸汽轮机、发电机、变压器以及配套的给水设施。

二、 CCPP 主要危险危害因素

CCPP 主要危险危害因素有爆炸、煤气中毒、火灾、触电、高空坠落、机械伤害、噪声伤害等。

（1）爆炸

① 锅炉炉膛煤气爆炸　与轧钢加热炉爆炸相同，锅炉炉膛煤气爆炸有下列几种情况。

a. 点火时爆炸。主要是由于煤气阀门密封性差，将煤气泄入炉膛，形成爆炸性混合气体，点火时爆炸。2004 年 9 月某钢厂煤气发电厂在新建的燃气锅炉调试时发生该类事故。

b. 中途熄火后爆炸。由于煤气压力不稳定或煤气中夹杂大量氮气造成火焰熄灭，煤气排出不及时形成爆炸性混合气体爆炸。

② 锅炉蒸汽爆炸

a. 锅炉内缺水爆炸。由于操作不当，锅炉内严重缺水，补水时冷水迅速汽化造成超压爆炸。

b. 锅炉内结垢爆炸。由于水质较差，排污不及时，锅炉内结垢严重，形成爆炸。

（2）煤气中毒

① 煤气管道、阀门泄漏，造成人员中毒。

② 煤气加压机泄漏，造成人员中毒。

（3）火灾

① 煤气管道、阀门泄漏，遇明火燃烧发生火灾。

② 电气设备老化等原因造成火灾。

（4）触电

① 发电机组和变压器漏电。

② 电动机等电气设备漏电。

（5）高空坠落

对高空设备进行巡检且防护设施缺少或不可靠。

（6）机械伤害

运转设备防护不到位。

（7）噪声伤害

① 燃气轮机、汽轮机等设备噪声。

② 锅炉蒸汽排空噪声。

三、安全操作措施

（1）锅炉炉膛煤气爆炸预防措施

① 点火前打开抽风设施，清除爆炸性混合气体，先点火后送煤气。

② 锅炉安装火焰监视器，中途熄火后及时关闭煤气进气阀，查明原因后，再按照点火程序重新进行。

（2）锅炉蒸汽爆炸预防措施

① 锅炉设置高低水位报警器和自动补水装置；操作人员按照特殊工种司炉工的技术要求进行操作。

② 严格监控水质，定期排污。

（3）煤气中毒预防措施

操作、巡检、检修人员工作时携带一氧化碳检测报警仪，并且两人以上作业。

（4）火灾预防措施

① 煤气区域禁止烟火，定期巡检。

② 电气设备定期巡检，电缆集中区域设置感温电缆或其他高温预警。

（5）触电预防措施

做好设备隔离防护、接地防护，检查人员劳保用品穿戴齐全。

（6）高空坠落预防措施

对高空平台、梯子和栏杆加强检查、维护，人员上梯时扶好栏杆。

（7）机械伤害预防措施

所有运转部位按要求安装防护罩。

（8）噪声伤害预防措施

① 设置减噪装置。

② 工作人员配备防噪耳塞或耳罩。

四、高炉煤气余压透平发电装置

高炉煤气余压透平发电装置（即 TRT，如图 10-2 所示）是利用高炉冶炼的副产品——高炉炉顶煤气具有的压力能，使煤气通过透平膨胀机做功，再由透平膨胀机带动发电机，将部分压力能转化为电能。

高炉产生的煤气，经重力除尘器、布袋除尘器，进入 TRT 装置。经入口电动蝶阀、入口插板阀、调速阀、快速切断阀，经透平膨胀机膨胀做功，带动发电机发电。自透平膨胀机出来的煤气，进入低压管网，与煤气系统中减压阀组并联。

TRT 的进出口煤气管道上应设有可靠隔断装置。进口煤气管道上还应设有紧急切断阀，当需紧急停机时，能在 1s 内使煤气切断，透平膨胀机自动停车。

TRT 应设有可靠的严密的轴封装置。

TRT 应有可靠的并网和电气保护装置，以及调节、监测、自动控制仪表和必要的联络信号。

TRT 的启动、停机装置除在控制室内和机旁设有外，还可根据需要增设。

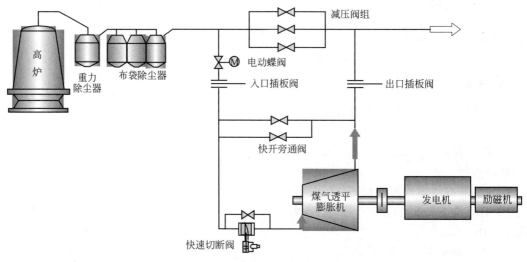

图 10-2　干式 TRT 工艺流程图

第十一章

煤气系统检修的安全操作

第一节　煤气置换作业的安全操作

煤气的置换又称吹扫，就是气体调换。送煤气时是把原来煤气管道、设备内部的空气状态置换成煤气，赶煤气时是把煤气管道、设备内部的煤气状态置换成空气。由于煤气具有强烈的毒性和火灾爆炸性，因此煤气置换作业是煤气系统安全生产、检修工作中的一项重要内容。

一、气体置换方式

气体置换一般采用两步置换法。

两步置换就是间接置换，停煤气时，先用惰性介质置换煤气，然后用空气置换惰性介质；送煤气时，先用惰性介质置换空气，再用煤气置换惰性介质。目前一般钢铁企业都用氮气置换。

(1) 蒸汽置换法

此方式是较常用的一种气体置换方式，比较安全，用压力为 0.1～0.2MPa 的蒸汽即可，一般每 300～400m 管道设计一个吹扫点。靠管道末端放散管放散气体颜色和管道壁温变化来判断置换合格与否。一般冒白色烟气 5～10min 或者管道壁温升高明显，就可认为已到系统置换终点，可转入正常检修或送煤气状态。因蒸汽是惰性气体，即便在置换过程中因机械、静电、操作等原因产生火花，也不会酿成事故。

蒸汽置换法有以下不足之处。

① 蒸汽置换要连续完成，不允许间断。若中途停下，关闭吹扫阀而放散阀未开，会由于煤气管道内蒸汽冷凝（蒸汽冷凝后冷凝水的体积仅为气态时的千分之一）形成负压，使煤气设备、管道变形损坏和扩大漏点。因故必须停止置换作业时，不能关闭放散阀。

② 用于长距离管道和大系统、地下管道置换时热损失大，置换时间长，尤其是雨季和冬季气温低时，蒸汽热量基本等于管道散热量，全天都不会冒汽。

③ 由于蒸汽置换温度高，会由于内部应力、推力等原因对煤气管道、设备及其支架造成损坏。

④ 置换成本高、耗量大、不经济。吹扫蒸汽耗量为煤气管道容积的 3 倍，其蒸汽耗量计算式如下：

$$m = \frac{3}{4} \pi D^2 L R$$

式中　m——每次吹扫煤气管道、煤气设备用的蒸汽量，kg；

　　　D——煤气管道直径，m；

　　　L——煤气管道长度，m；

　　　R——蒸汽密度，kg/m^3。

（2）氮气置换法

它是一种可靠的间接置换方式，属于惰性气体置换。具有蒸汽置换的优点；由于置换过程中体积、温度变化小，而且既不是可燃气体也不是助燃气体，可缩小混合气体爆炸极限范围，更加安全。一般钢铁联合企业都有制氧站，有氮气供应。没有制氧站的工厂，氮气供应难以保证。若设备、管线置换容积大，瓶装氮气置换时换瓶工作量大，但是比用蒸汽经济。氮气置换工作完成后，若要进入设备、管道系统检修，要采取自然通风或强制通风措施，确保其含氧量达 19.5%～23%，否则会造成窒息事故。

（3）烟气置换法

煤气在控制空气比例下完全燃烧会产生烟气，烟气经冷却后导入煤气设备或管道内，作为惰性介质排除空气或赶掉煤气。在无充足氮气气源或地处寒冷区域使用蒸汽吹扫困难的一些工厂，可以采用这一方法。

烟气中虽含有 1% 的一氧化碳，但低于它的爆炸下限，且烟气中含有大量氮气和二氧化碳，对可燃气体有抑爆作用，因此这种置换方法是安全的。它多用于煤气发生炉等煤气设备及其管道设施，直接用煤气发生炉点火后生成的不合格废气置换煤气。此方式经济，不需要增加其他设施。

该法不足之处是由于煤气发生炉所产废气的煤气成分是逐渐变化的，用于管线长的系统置换时不易确认置换终点。当系统要进入检修时仍然要用空气置换，对一氧化碳、氧气含量检测要求严格。据某工厂的实际经验，用所使用的燃烧设备产生的合格烟气作为气体置换介质，其合格标准为烟气的含氧量在 1% 以下、一氧化碳含量在 2% 以下，其余为氮气或二氧化碳气体，这是安全可靠的。

二、置换方案及安全条件

（1）置换方案

煤气设备、设施置换方案视煤气设备、设施的情况不同而异。

① 全蒸汽置换　按规定逐个开启煤气加压站内、外沿线蒸汽吹扫阀，置换煤气或空气，连续作业，直至检测合格，然后转入检修或送煤气状态。此方法适用于煤气加压站内部和短距离厂区管道的煤气置换。

② 分级置换　分级置换是根据不同的置换标准进行的一种置换。首先用蒸汽或氮气吹扫，使局部吹扫合格，具备动火条件；然后动火拆开管道、设备上的有关部件及人孔，进行检修。若检修时间长或需进入管道内部检修，则需采取自然通风或机械通风来达到安全作业的呼吸标准。此方法适用于支管网的煤气置换，可降低置换成本，便于合理选择停送煤气时间，进一步保证置换、检修的安全进行。

（2）置换的安全条件

① 置换过程中，严禁在煤气设施上拴、拉电线，煤气设施 40m 以内严禁点火源。

② 煤气设施必须有可靠的接地装置，站内接地电阻不大于 5Ω，站外接地电阻不大于 10Ω。

③ 用户末端具备完善的煤气放散设施，保证取样阀及放散阀安装正确与完好。

④ 具备完善的吹扫装置。

⑤ 必须准备呼吸器、一氧化碳检测报警仪及对讲机。

三、停送煤气作业

（1）停煤气置换步骤

停气作业不但要停止设备及管道输气，而且要清除内部积存的煤气，使其与气源切断并与大气连通，为检修或改造创造正常作业和施工的安全条件。其步骤如下。

① 通知煤气调度室，具备停气条件后关闭阀门。

② 可靠地切断煤气来源。采用密封蝶阀加眼镜阀进行可靠的切断。单独使用蝶阀或眼镜阀都不是可靠的隔断。

③ 打开末端放散管进行放散，放散时间要充分。从煤气来源阀门后附近通氮气或蒸汽赶煤气，吹扫干净直至合格。

④ 焦炉煤气管道或混合煤气管道停气时，向管道始端通入蒸汽，驱赶煤气。

⑤ 排水器由远而近逐个放水，以驱除内部残余煤气。

⑥ 通知煤气调度室停煤气作业结束。

（2）送煤气置换步骤

① 检查确认所有检修项目已完成，安全设施已恢复，设备内有无杂物。全面检查煤气设备及管道，确认不漏、不堵、不冻、不窜、不存在吹扫死角。

② 打开末端放散管，监视四周环境变化。

③ 从煤气管道始端通入氮气或蒸汽置换内部空气。吹扫至含氧量低于 1％ 合格后关闭末端放散管，停止送氮气或蒸汽。

④ 先打开煤气管道眼镜阀，再打开密封蝶阀，送煤气置换氮气。在管道末端放散后取样做爆发试验，连续做三次合格后关闭放散管。

⑤ 全线检查安全及现场状况，确认符合安全要求后，通知煤气调度室正式投产供煤气。

四、煤气柜置换作业

（1）置换空气

煤气柜建成投入运行前，或在煤气柜停止运行进行检修时，均需对煤气柜内气体用氮气进行置换。

两步置换法：在置换时，应将排气口打开，浮塔（湿式）或活塞（干式）处于最低安全位置。通过进口或出口放进惰性气体，应注意吹扫对象还应包括煤气柜的进口管路和出口管路。在关掉惰性气体前，应将顶部浮塔或活塞浮起，对可能出现的气体体积的收缩应考虑适当修正量。关掉惰性气体，打开煤气管道阀门，同时使排气口也向煤气柜进煤气，以便尽可能快地置换惰性气体。换气需持续到煤气柜残存的惰性气体不致影响煤气特性为止。在整个置换过程中，应始终保持煤气柜内正压，一般约为 150Pa，最少不低于 50Pa，随后关闭排气口，此时煤气柜内已装满煤气，可投入正常使用。

为减少置换时的稀释或混合作用，应尽量设法缩短在煤气柜内惰性气体与空气或煤气表面之间的接触时间，因此要求送入惰性气体的速度越快越好，但同时也要使送入的惰性气体尽可能少搅动煤气柜内原有的气体，一般送入煤气柜的惰性气体的流速以 0.6～0.9m/s 为宜。另外，还要选择适当的送入惰性气体用的管径，如管径过小，流速过高，则将使惰性气体快速贯通煤气柜内整个空间，而使煤气柜内空气或煤气充分混合，这对置换是不利的。

当选用惰性气体时，需要注意气体相对密度对置换的影响，因煤气柜内空气或煤气与惰性气体的相对密度对置换时煤气管道的连接位置有密切关系。例如，二氧化碳相对密度为1.5，比人工煤气的相对密度0.4～0.7大得多，在置换过程中，惰性气体处在煤气柜的底部。因此，当选用二氧化碳置换煤气时，最好在钟罩顶部装排气管以排出煤气柜内的煤气。相反，如果用相对密度较小的煤气置换煤气柜内相对密度较大的惰性气体，则宜将煤气进气管放在煤气柜顶部，而将惰性气体排气管放在煤气柜底部。

惰性气体的温度对置换效果也有影响，为了减少形成热流，送入煤气柜内的惰性气体的温度越低越好；但是也应当注意到气体的体积由于温度降低而收缩的影响，必须使煤气柜内的气体在任何情况下都保持正压，否则将造成由于煤气柜内产生负压而压毁钟罩顶板的事故。

（2）置换煤气

当煤气柜因需要停产检修或停止使用时，煤气柜内原有的煤气需要用氮气置换。

置换时，煤气柜应同样排空到最低的安全点，关闭进口阀门与出口阀门，使煤气柜安全隔离，应保持煤气柜适当的正压力。所选用的惰性气体介质，不应含有大于1%的氧气或大于1%的一氧化碳。使用氮气吹扫时，所使用氮气量必须为煤气柜总容积的2.5倍。惰性气体源应连接到能使煤气低速流动的煤气柜最低点或最远点位置上，正常情况下应连接在煤气柜进口管路或出口管路上。顶部排气口打开，以使吹扫期间煤气柜保持一定压力。吹扫要持续到排出气体为非易燃气体，使人员和设备不会受到着火、爆炸和中毒的危害。可用气体测爆仪和易燃或有害气体检测仪对煤气柜内的煤气体进行检测。

用惰性气体吹扫完毕，应将惰性气体源从煤气柜断开，然后向煤气柜鼓入空气，用空气吹扫应持续到煤气柜逸出气体中一氧化碳含量小于0.01%，氧气含量不小于19.5%，还应测试规定的苯和烃类等含量符合安全标准，以达到动火作业和设备内作业要求。

五、高炉休风洗涤塔置换

高炉采用自然休风时，要自上而下打开洗涤塔塔体及易形成涡流的管段上人孔。由于塔底人孔与塔体各层、大弯头、放散管之间存在高度差，塔内与塔外存在温度差，由于浮力作用产生自然通风。自然通风是一种比较经济的通风方式，它不消耗动力，但是自然通风换气量的大小与室外气象条件密切相关，难以人为控制，往往需要2h以上。

强制通风可大大缩短高炉洗涤系统的处理煤气时间，若以高炉每年休风20次计算，至少可节省时间40h，这既消除外界大气条件对检修的制约，避免因自然通风过气量小，塔内瓦斯灰淤堵严重造成的涡流，还可以降低工人的劳动强度，可以少开人孔。

强制通风置换时间越短越安全，也可缩短停产时间，其置换时间应以达到合格的停送煤气操作的气体标准来计算。以高炉煤气置换为例，如高炉煤气管道在停送煤气后用鼓风机吹风赶残余煤气，通常鼓风机吹风时间可按下式计算：

$$t = nV/Q = n\pi r^2 L/Q$$

式中　t——鼓风机吹风时间，h；

　　　n——气体在煤气管道内置换的倍数，一般 $n=3$；

　　　Q——鼓风机风量，m^3/h；

　　　V——煤气管道的体积，m^3；

　　　r——煤气管道半径，m；

　　　L——煤气管道长度，m。

当接近所计算的处理煤气时间时，对气体进行分析，检测合格后停止送风。

六、煤气气化炉停炉热备作业

气化炉生产炉转热备炉的操作步骤如下。

① 启动双竖管水封使其与网路断开，并及时拉开钟罩放散阀，关闭入炉空气阀和蒸汽阀，打开入炉自然通风阀以保持炉内微负压。

② 如停炉时间较长，应采用蒸汽保持炉出口压力的方法处理。但存在以下不安全因素：因时间较长，蒸汽压力保持不住，容易发生意外；在煤气炉转入生产时，不可能多座炉同步进行，而先投入运行的气化炉的煤气压力控制较高，进入管网以后，有可能顺煤气总管倒流至压力较低且还处于热备炉系统的双竖管，并经由炉顶返入炉底，就有可能引起爆炸，或在该炉吹风时出现意外；如长时间通入蒸汽会使炉温降低，当煤气炉转入运行时，容易引起含氧量升高，对安全生产造成严重威胁。

因此，气化炉较长时间热备，需有人管理，要适量加煤和调节自然通风量。

第二节　煤气场所动火作业的安全操作

一、动火作业管理

（1）动火作业分类

凡是动用明火或可能产生火种的作业区域都属于动火范围，例如存在焊接、切割、砂轮作业以及金属器具的撞击等作业的区域。

煤气设施的动火作业，可分为置换后动火与带压不置换动火两种方法，其中带压不置换动火又可分为正压动火和负压动火两种方法。它们的共同点是采取措施消除产生爆炸的一个或两个因素。

其不同点在于置换后动火是把煤气设施内的煤气置换干净，使煤气浓度远低于爆炸下限；而对于带压不置换动火，煤气内未混入空气，使煤气设施内的煤气浓度远高于爆炸上限或缩小爆炸极限范围。显然，置换后动火较为稳妥，但影响生产，而且需要消耗大量惰性气体；带压不置换动火可以不影响或少影响生产，但工艺条件要求较高。

根据动火作业的危险程度，动火作业可分为以下三个级别。

① 特殊危险动火作业。在正常生产运行状态下的易燃易爆物品生产装置、设备设施、输送管道、储罐、容器等部位上及其他特殊危险场所的动火作业，如煤气带压动火作业。

② 一级动火作业。如在易燃易爆场所进行的动火作业。

③ 二级动火作业。除特殊危险动火作业和一级动火作业以外的动火作业。

凡全部停车，装置经清洗置换、取样分析合格，并采取安全隔离措施后，可根据其火灾、爆炸危险性大小，经厂安全防火部门批准，动火作业可按二级动火作业管理。遇节日、假日或其他特殊情况时，动火作业应升级管理。

（2）动火许可证制度

凡在禁火区内进行生产检修动火，必须实行"动火许可证"制，办理动火手续，落实可靠的安全防火措施。

《动火安全作业证》为两联，特殊危险动火、一级动火、二级动火的安全作业证分别以三道、二道、一道斜红杠加以区分。《动火安全作业证》的审批如下。

① 特殊危险动火作业的《动火安全作业证》由动火地点所在单位主管领导初审签字，经安全防火主管部门复检签字后，报主管厂长或总工程师终审批准。

② 一级动火作业的《动火安全作业证》由动火地点所在单位主管领导初审签字后，报安全防火主管部门终审批准。

③ 二级动火作业的《动火安全作业证》由动火地点所在单位的主管领导终审批准。

动火安全作业证如表 11-1 所示。

表 11-1　动火安全作业证

生产车间（分厂）　　　　　　　　　　　　　　　　　　　　　　　　　　　　　　　　　　　　　编号：

动火地点			动火人：	
动火方式			动火人特种作业操作证号及有效期限	
动火时间	年　月　日　时　　分　始			
	至　年　月　日　时　　分　止			
动火作业负责人				
动火分析时间	年　月　日　时	年　月　日　时	年　月　日　时	
采样地点				
分析数据				
分析人				
危害识别				
安全措施				
动火安全措施编制人		动火部位负责人		
监火人		单位负责人		
动火初审人		动火审批人		
特殊动火会签：				
动火前，岗位当班班长验票签字：				
年　月　日　时				

二、动火作业安全要求

① 审证。在禁火区内动火应办理动火证的申请、审核和批准手续，明确动火地点、时间、动火方案、安全措施、监护人等。要做到"三不动火"，即没有动火证不动火、防火措施不落实不动火、监护人不在现场不动火。

② 加强联系。动火前要和生产车间、工段联系，明确动火的设备、位置。事先由专人负责做好动火设备的置换、清洗、吹扫等消除危险因素的前期工作，并落实其他安全措施。

③ 拆迁。凡是能拆卸转移到安全地区动火的，均不应在防火防爆区域现场动火，动火作业完毕再运到现场安装。需要注意的是，在防火防爆现场拆卸的管道和设备移到安全地区，也应冲洗置换合格才能动火，否则也有危险。

④ 隔离。在防火防爆场所动火，应采取可靠的隔离措施。在煤气设备或管道上动火，通常采用密封蝶阀加眼镜阀作为可靠的隔断装置，使动火管道与运行管道完全可靠的隔离切断。

⑤ 清洗置换。凡需动火的设备或管道，应进行清洗置换，并取样分析。清洗置换的目的是消除可能形成的爆炸性气体。清洗置换必须有进出通道，尽量避免弯头死角，才能使残液及爆炸性气体完全赶出。

⑥ 充氮保护。在可燃性混合气体中掺入惰性气体，将减少可燃气体分子与氧分子的接触机会，并且破坏燃烧过程的连锁反应，因此可降低爆炸危险程度。如在爆炸性混合气体中掺入氮气，使其含氧量减少到临界量以下，即可避免燃烧和爆炸。

⑦ 水封法操作。所谓水封法动火就是对内有可燃介质的管道、设备，在动火检修前，将水注入其内，待满溢后再直接在管道、设备上进行气割、电焊。其基本原理是把管道、设备内的可燃物封在水中，不能与助燃物相混合，遇明火也不致着火爆炸。例如，冷凝鼓风装

置和氨水管道泄漏的补焊、直接冷却器煤气进口管道上电焊开孔安装阀门等，都可应用这一原理和方法完成。

此外，煤气管道内会有易燃沉积物，开口后可向内注入泡沫，这样既可阻燃，又可防止封口内留火种。

⑧ 移去可燃物。将动火周围 10m 范围以内的一切可燃物，如溶剂、润滑油、未清洗的盛放过易燃液体的空桶等移到安全场所。

⑨ 灭火措施。在动火期间，动火地点附近的水源要保证充分，不能中断；动火场所准备好足够数量的灭火器具；在危险性大的重要地段动火，消防车和消防人员要到现场，做好充分准备，发现火情立即扑灭。

⑩ 检查与监护。上述工作准备就绪后，根据动火制度的规定，厂、车间或安全、保卫部门的负责人应到现场检查，对照动火方案中提出的安全措施检查是否落实，并再次明确和落实现场监护人和动火现场指挥，交代安全注意事项。

⑪ 动火分析。动火分析不宜过早，一般不要早于动火前的 30min。如果动火中断 30min 以上，应重作动火分析。取样要有代表性，即在动火容器内上、中、下各取一个样，再作综合分析。分析试样要保留到动火之后，分析数据应做记录，分析人员应在分析化验报告单上签字。用测爆仪测试时，不能少于 2 台同时测试，以防测爆仪失灵造成误测而导致动火危险。若当天动火未完，则第二天动火前也必须经动火分析合格，方可继续动火。

动火分析合格判定标准如下。

a. 如使用测爆仪或其他类似手段时，被测的煤气浓度应小于或等于爆炸下限的 20％。

b. 煤气设施内部气体置换合格达到预定要求，根据含氧量和一氧化碳分析或爆发试验确定，方可动火作业。

⑫ 动火。动火作业从事焊接的操作者必须持有特种作业操作证。无操作证者不得独自从事焊接工作。动火作业出现异常时，监护人员或动火指挥应果断命令停止动火，待恢复正常、重新分析合格并经批准部门同意后，方可重新动火。高处动火作业应戴安全帽、系安全带，遵守高处作业的安全规定。氧气瓶和移动式乙炔瓶不得有泄漏，应距明火 10m 以上，氧气瓶和乙炔瓶的间距不得小于 5m，有五级以上大风时不应高处动火。电焊机应放在指定的地方，火线和接地线应完整无损、牢靠，禁止用铁棒等物代替接地线和固定接地点。电焊机的接地线应接在被焊设备上，接地点应靠近焊接处，不准采用远距离接地回路。

⑬ 施工收尾。动火完毕，施工部位要及时降温，清除残余火种，切断动火作业所用电源，还要验收、检漏，确保工程质量。

三、带压动火作业安全要点

(1) 正压动火法

① 正压动火法的安全原理　正压动火法是比较普遍和常用的动火方法，其理论依据如下。

a. 处于密闭管道、设备内的正压状况下可燃气体一旦泄漏，只会是可燃气体冒出，而空气不能由此进入。因此，在正常生产条件下，管道、设备内的可燃气体不可能与空气形成爆炸性混合气体。

b. 由补焊处泄漏出来的可燃气体，在动火检修补焊时，只能在动火处形成稳定式的扩散燃烧。由于管道、设备内的可燃气体处于其着火爆炸极限以下，失去了火焰传播条件，火焰不会向内传播。

c. 由于管道、设备内可燃气体处在不断流动状态，在外壁补焊所产生的热量传导给内部可燃气体时随即被带走，而外壁的热量便散失于空气之中，不会引起内部可燃气体受热膨胀而发生危险。

② 正压动火法的安全对策　采用正压动火法进行检修动火之前，必须做到以下几点。

a. 保持管道、设备内可燃气体处于压力稳定的流动状态。如果压力较大，在生产条件允许的情况下可适当降低压力，以控制在 1500～5000Pa 为宜。煤气压力表应派专人看守。设备压力低于 200Pa 时，严禁动火。

b. 从动火补焊的管道、设备内取可燃气体作含氧量分析。一般规定：易燃易爆气体中含氧量小于 1% 为合格；周围的空气中易燃易爆气体不得超过 0.5%。

c. 在有条件和生产允许的情况下，应在动火处上侧加适量蒸汽或氮气，以稀释可燃气体的含氧量。

d. 补漏工程应先堵漏再补焊。以打卡子的方法：事先将补焊用的铁板块在泄漏处紧固好，使可燃气体外漏量尽量减少。这样做，一方面避免在焊接处着大火将焊工烧伤，另一方面便于补焊。无法堵漏的可站在上风侧，先点着火以形成稳定的燃烧系统防止中毒，再慢慢收口。还有一个方法是在漏气部分加罩，上面有带阀的管子，以便将煤气从管子处引出燃烧，这样动火补焊罩内的火就很小，封口后关上管阀，即可完成补漏。

e. 动火处周围要保持空气流通，必要时应设临时通风机，避免外漏可燃气体积聚与空气形成爆炸性混合气体在动火时遇点火源发生爆炸。

f. 只准电焊，不准气焊，防止烧穿管道。采用电焊焊接时要控制电流不宜太大，以防烧穿煤气设施。

(2) 负压动火法

① 负压动火法的安全原理　负压动火法目前比较少见，一般都认为它是一种冒险的动火法。如在鼓风机前的负压煤气管道及其设备，更被视为不可逾越的"禁火区"。这样，在生产过程中由于钢材腐蚀和施工焊接质量等因素，负压煤气装置出现的穿孔、裂缝泄漏隐患，一是在运行中无法得到根本性的解决，只能进行粘补或打卡子临时性的处理，易使隐患不断扩大，甚至严重威胁安全生产；二是在停止运行条件下动火补焊、抽堵盲板、清扫置换、焦炉煤气放散，将直接或间接地造成很大的经济损失。

鉴于上述情况，如实现运行中的负压煤气装置负压动火补焊，及时消除火险隐患，保障生产安全，减少停产检修带来的经济损失。

负压动火法的理论依据如下。

a. 负压管道、设备系统内可燃气体含氧量只要在其着火、爆炸极限含氧量以外，它就失去了火焰传播条件，即使遇有点火源，也不会发生着火爆炸。

b. 根据减压对着火、爆炸极限的影响，一般在数万帕以下的范围内减压时，着火、爆炸极限范围缩小，即下限值上升、上限值降低。当压力减小 10000Pa，下限值与上限值便迅速接近，压力继续降至某一数值时，下限值与上限值便重合在一起，此系统便成为不着火、不爆炸系统。因此，在可燃气体处于负压不断流动状态下的密闭管道、设备外壁上补焊动火是安全的。由于真空的形成而使其内可燃气体着火、爆炸上下限值接近而免除爆炸的危险。

② 负压动火法的安全对策　采用负压动火法进行生产检修动火之前，必须做到以下几点。

a. 首先用树脂和玻璃纤维或棒胶将负压管道、设备的泄漏处粘严，防止空气由此吸入管道、设备内，然后在其上面铺设大小适宜的钢板进行动火补焊。

b. 在动火补焊前，必须取样作可燃气体含氧量分析，含氧量应小于 1% 为合格。

c. 用测厚仪测定管道、设备泄漏处钢板的现有厚度，以保证动火补焊时不致烧穿。

d. 根据可燃气体中加入惰性气体可使爆炸极限缩小或消失的原理，在生产条件允许的情况下，可在动火补焊时加入适量的蒸汽或氮气，以提高安全动火的可靠性。

e. 在动火补焊过程中，每30min作一次可燃气体含氧量分析（如有固定式氧气检测仪连续监测则更为理想）。

f. 加强操作控制，分工负责，统一指挥，保持负压稳定。如生产条件允许，可适当地降低吸力。

第三节　有限空间作业的安全操作

一、有限空间作业的管理

(1) 有限空间作业的定义

凡在设备、容器、管道内或低于地面的各种设施（井、池、沟、坑、下水道、水封室等）内以及平时与大气不相通的密闭设备或易积聚有毒有害气体和易形成缺氧条件的场所内进行检查、修理、动火、清理、掏挖等作业的，均为有限空间作业。

为了避免作业人员私自进入各类容器作业而可能引发的中毒窒息或火灾事故的发生，应采取相应的安全防范措施。

(2) 有限空间作业票制度

进入有限空间作业前，必须办理有限空间作业票。有限空间作业票由生产单位签发，由该单位的主要负责人签署，安全部门批准。

生产单位在对设备进行置换、清洗并进行可靠的隔离后，应事先进行设备内可燃气体分析和含氧量分析确认合格。有电动和照明设备时，必须切断电源，并挂上"有人检修，禁止合闸"的安全警示牌，以防止有人误操作伤人。

检修人员凭有负责人签字的"有限空间作业票"及"分析合格单"，才能进入设备、设施内作业。在进入设备、设施内作业期间，生产单位和施工单位应有专人进行监护和救援，并在该设备、设施外明显部位挂上"设备内有人作业"的安全警示牌。

二、有限空间作业安全要求

(1) 安全隔绝

设备上所有与外界连通的管道、孔洞均应装设可靠隔断装置，可靠地切断煤气来源。用密封蝶阀加眼镜阀来可靠地切断煤气来源。单独使用密封蝶阀和单独使用水封都不是可靠的隔断装置。

设备上与外界连接的电源要有效切断。电源有效切断可采取将电源开关拉下后上锁等措施，并悬挂"设备检修，禁止合闸"的安全警示牌。

(2) 清洗和置换

进入设备内作业前，必须对设备内进行清洗和置换，并要求含氧量达到19.5%～23%，作业场所一氧化碳浓度的工业卫生标准为$30mg/m^3$（$24\mu L/L$），在设备内的操作时间要根据一氧化碳浓度不同而确定（表11-2）。

表11-2　一氧化碳浓度与在设备内的操作时间

一氧化碳浓度/(mg/m³)	设备内的操作时间
<30	可长时间操作
30～50	操作时间<1h
50～100	操作时间<30min
100～200	操作时间<15～20min（每次操作的间隔2h以上）
>200	不准入内操作

（3）通风

要采取措施，保持设备内空气良好流通。打开所有人孔、手孔、料孔、风门、烟门进行自然通风。必要时，可采取机械通风。采用管道送风时，通风前必须对管道内介质和风源进行分析确认。不准向设备内充入氧气或富氧空气。

（4）定时监测

作业前 30min 内，必须对设备内气体采样分析，分析合格后办理有限空间作业票，方可进入设备。

对测定的要求是：进入容器前必须连续两次分析容器内含氧量，间隔不能低于 10～15min，两次分析结果含氧量均在 19.5%～23%之间，可以进行工作。取样时间应在进入之前 30min 以内，每 30min 测定一次；工作中断后，恢复工作之前 30min 应重新测定；取样应有代表性，防止死角。密度小于空气的在中、上部各取一个样，密度大于空气的在中、下部各取一个样。

作业中要加强定时监测，含氧量超出 19.5%～23%之外，要及时采取措施并撤离人员。作业现场经处理后，取样分析合格方可继续作业。

（5）照明和防护措施

应根据工作需要穿戴合适的劳保用品，不准穿化纤衣服，佩戴隔离式防毒面具，佩戴安全带等。

设备内照明电压应小于等于 36V；在煤气设备、潮湿容器、狭小容器内作业，照明电压应小于等于 12V。

在煤气场所作业必须使用铜制工具。若使用超过安全电压的手持电动工具，必须按规定配备漏电保护器。临时用电线路装置应按规定架设和拆除，线路绝缘保证良好。

（6）监护

进入设备前，监护人员应会同作业人员检查安全措施，统一联系信号。

进入容器内工作时，经检验合格后方可进入。容器外必须设专人进行安全监护，不得擅自离开。监护人员与设备内作业人员保持联系，时刻注意被监护人员的工作及身体状况，视情况轮换作业。

设备内发生事故抢救时，救护人员必须做好自身防护，方能进入设备内实施抢救。

三、高炉检修安全要求

高炉检修前应有专人对煤气、蒸汽、用电等要害部位及安全设施进行确认。检修高炉设备时，应先切断与设备相连的所有煤气管道、氮气管道、氧气管道、蒸汽管道、喷吹煤粉管道及液体管道、电路、风路等。

高炉检修作业多数是在高炉内、管道内、除尘器或料仓内，应严防煤气中毒窒息事故。检修人员必须佩戴防毒面具，检修前必须用一氧化碳检测报警仪检测煤气浓度在安全范围内。检修的全过程，应设专人监护。严格执行设备操作牌制度，应派专人核查进出人数，出入人数不符时，应立即查找、核实。具体防毒措施如下。

① 入炉扒料前，应测试炉内空气中一氧化碳浓度是否符合作业标准，并采取措施防止落物伤人。

② 检修大钟、料斗前要切断煤气，保持通风良好。在大钟下面检修时，炉内应设长明灯；检修完毕，确认炉内人员全部撤离后，方准将大钟从防护梁上移开。工作环境中一氧化碳浓度超过 50μL/L 时，工作人员必须佩戴空气呼吸器，且应每隔 2h 分析一次煤气作业区的气体成分。检修大钟时，应控制高炉料面并铺一定厚度的水渣，风口全部采用沙封，检修

部位应设通风装置。

③ 休风进入炉内作业或不休风在炉顶检修时，应有煤气防护人员在现场监护。处理炉顶设备故障时，应有煤气防护人员携带一氧化碳检测报警仪和氧气检测仪同时监护，以防止煤气中毒和氮气窒息。到炉顶作业时，应注意风向及氮气阀门和均压阀门是否有泄漏现象。

④ 正常生产情况下进入炉顶检修上密封阀、高炉休风检修料罐设备和更换炉顶布料溜槽等，必须检查煤气、氮气的浓度，并制定可靠的安全技术措施，上报生产技术负责人批准。

⑤ 检修、清理热风炉内部时，煤气管道要用盲板隔绝，除烟道阀门外的所有阀门应关死，并切断阀门电源。在热风管道内部检修时，必须打开人孔，采取可靠的隔断措施，严防煤气热风窜入。

第四节　煤气带压作业的安全操作

一、煤气带压作业的准备工作

由于带煤气抽堵盲板、开孔接管劳动条件差，泄漏煤气严重，煤气中毒、着火和爆炸事故容易发生，属危险作业。因此，一般不提倡带煤气抽堵盲板、开孔接管作业。限于条件，目前工厂仍有较多抽堵盲板、开孔接管作业，但在生产条件许可的情况下，应尽可能缩短抽堵盲板、开孔接管作业时间，作业前必须制定周密、严格的作业方案。

（1）作业方案的内容

① 说明作业的必要性，以及对相关煤气设备、用户和周围环境、人员等的影响。

② 介绍抽堵盲板管道、法兰、接管新老管道的技术状况，包括管内气体压力、温度、流量，管道材质、管径、长度、连接方式和接地状况，以及附属设备的位置、数量和特点。

③ 绘制作业工艺流程图，图中标明上述技术状况，还包括相关设备、管道、工艺流向以及吹扫管、放散管、取样管的数量、位置和管径。

④ 说明抽堵盲板、接管的方法，包括盲板、垫圈的运吊方式、进出方向，法兰清理方法；详细说明开孔接管方法、要点和顺序，一般包括焊短节，连接短管、阀门，焊顶拉件，钻孔，堵孔保护，安装开孔器，顶拉、取出等过程。

⑤ 提出作业前现场应具备的条件。主要根据企业已制定的作业规程要求，并结合每次作业的特点来具体提出。要具备的条件包括作业环境、跑跳板、平台、管道支撑，用电、用水、用气，交通运输、通道、车辆安排及通信设施。准备工作包括准备作业所需的设备（配件）、工具、材料（包括盲板、垫圈、撑开器和接管），所需的各种设施以及主要技术要求。

⑥ 现场安全作业要求。携带便携式一氧化碳检测报警仪、防毒面具等防护用品，禁止穿化纤衣服、带钉鞋，禁带火种；使用铜制工具或涂黄油的铁制工具；要求管道、设备接地电阻小于10Ω；采用防爆风扇等通风设施。夜间使用防爆型36V安全电压灯，配备灭火器；设置作业安全警戒区：作业点周围40m以内，不准有易燃物；在抽堵盲板和开孔作业点周围40m以内的警戒区域内禁止有明火和高温作业，在作业点附近（上风侧5m，下风侧10m）的所有裸体高温蒸汽管道，必须在作业前做绝热处理；警戒区域内严禁出现裸露的电线、接头和电器接触不良；警戒区域内禁止其他检修、生产操作以及车辆和非作业人员通行，应制定控制煤气冷凝液水体污染的措施。

⑦ 制定作业时间、内容、进度计划，提出作业质量要求。

⑧ 作业组织机构、岗位分工和职责。确定现场作业指挥，外协负责人，内部工艺、设

备、吹扫检验、安全监护和后勤保障的各级负责人，以及相关单位、岗位的配合分工、协调、通信方式。

⑨ 制定作业事故应急预案。预案主要包括作业各环节和作业期内可能发生的人身、设备事故和对相关工艺造成的连带生产事故，提出可能出现各种事故的应对措施和处置方案。

⑩ 制定的带煤气抽堵盲板和接管方案，应在讨论修订完善后，报上级主管部门审批，并经组织职工学习、测试合格，方可实施。

（2）作业前的检查

① 与主管部门联系，落实作业时间，并确保有利的（争取低压力或低吸力）作业条件。

② 搭设合格的作业跑跳板和平台，准备足够量相应规格的法兰螺栓。

③ 确认管道测压点，准备测压用 U 形压力表及连接管等。

④ 确认压力控制阀或翻板，对控制煤气压力用的阀门、翻板进行加油、检查，使其灵活好用，并确认其能关闭到位。

⑤ 确认设备（管道）通氮气或蒸汽的吹扫点，吹扫管接到位并试验完好；确认管道接地电阻小于 10Ω。

⑥ 确认作业区通风良好，并准备一氧化碳检测报警仪、空气呼吸器、防爆排风扇。

⑦ 安排安全、消防和医务措施。准备足够、适用的消防器材、设施，现场准备临时水源及适量灭火器。作业时消防车、煤气防护人员、医务人员到现场。

⑧ 检查作业点 40m 以内严禁点火源或高温，否则必须砌防火墙与之可靠隔离。消除带电裸露电线、接头和接触不良。

⑨ 准备足够的对讲机，用于现场指挥、协调和控制压力操作等信息的联络。

⑩ 按事故应急预案要求，逐一准备和安排出现中毒、着火、爆炸事故时的生产、消防和安全应急救援处置措施。

二、带煤气抽堵盲板作业

（1）准备工作

① 准备合格的盲板垫圈　盲板选材要适宜、平整、光滑，经检查无裂纹和孔洞，盲板应有一个或两个手柄，便于辨识、抽堵。盲板的直径应依据管道法兰密封面直径制作，盲板直径可按下式确定：

$$D=0.318S+2H-10$$

式中　D——盲板直径，mm；

　　　S——法兰附近管道外圆周长，mm；

　　　H——法兰螺栓孔至管道外壁的距离，mm。

盲板厚度可按表 11-3 的经验选取。

表 11-3　不同直径盲板厚度的选择

盲板直径/mm	≤500	600～1000	1100～1500	1600～1800	1900～2400	≥2500
盲板厚度/mm	6～8	6～10	10～12	12～14	16～18	≥200

垫圈是盲板抽出后垫进两法兰之间起密封作用的替代物，有的缠绕石棉绳垫料，其外径与盲板相同，内径与管道内径相同；当垫圈直径小于 1000mm 时，其厚度为 3mm；当垫圈直径大于 1000mm 时，其厚度为 4～5mm。垫圈材质选用 A3 或 A3F，两侧用 10～13mm 耐压石棉绳铺满铺平并缠紧。

② 其他准备工作　旧螺栓加油、活动，难卸螺栓提前更换。检查管道撑开器合格。抽

堵 $DN1200$ 以上盲板时，需要考虑起吊盲板设施。若预计抽堵盲板操作管道会下沉严重时，在管道近法兰处必须做临时支撑。管道因设计、施工或工艺原因，预计法兰顶开困难的，需要加固撑开器、管壁和适当减薄盲板、垫圈的厚度。

（2）带煤气抽堵盲板作业安全

① 必须经申请批准并经煤气防护站和工程双方全面检查确认安全条件后，方可施工。

② 在抽堵盲板场所上风侧 10m、下风侧 40m 的扇形范围内必须设立专人警戒，严禁一切点火源和火种，应移走或用石棉被覆盖易爆物。

③ 煤气抽堵盲板作业人员必须佩戴空气呼吸器。

④ 煤气压力应保持稳定，并不低于 1000Pa；在高炉煤气管道上作业，煤气压力最高不超过 4500Pa；在焦炉煤气管道上作业，煤气压力不超过 3500Pa。

⑤ 尽量避免在室内进行抽堵盲板，如实在必需，则应撤除室内一切点火源和高温物体，不能撤除的，必须在盲板处的周围用帆布幕遮严；顶部装吸气罩和防爆通风机，煤气泄出时，必须通入蒸汽，一并抽出。

⑥ 加热炉前煤气管道有残余煤气的抽堵盲板作业时，管道内必须通入蒸汽或氮气，保持正压。

⑦ 距点火源较近或焦炉地下室等地点的盲板作业，禁止带煤气进行，必须停煤气，通蒸汽或氮气，保持正压。

⑧ 煤气管道盲板作业均需设接地线，用导线将作业处法兰两侧连接起来，其电阻应为零；对于焦炉煤气或焦炉煤气与其他煤气的混合煤气管道，抽堵盲板时应在法兰两侧管道上刷石灰浆 1.5～2m，以防止管道及法兰上氧化铁皮被气冲击而飞散撞击产生火花。抽堵焦炉煤气盲板时，盲板应涂以黄油或石灰浆，以免摩擦起火。

盲板抽堵安全作业证如表 11-4 所示。

表 11-4　盲板抽堵安全作业证

生产车间（分厂）：　　　　　　　　　　　　　　　　　　　　编号：

设备管道名称	介质	温度	压力	盲板			实施时间		作业人		监护人	
				材质	规格	编号	堵	抽	堵	抽	堵	抽

盲板位置图：

　　　　　　　　　　　　　　　　　　　　　编制人：
　　　　　　　　　　　　　　　　　　　　　年　月　日

安全措施：

　　　　　　　　　　　　　　生产车间(分厂)负责人：
　　　　　　　　　　　　　　　　　年　月　日

盲板抽堵作业单位确认意见：

　　　　　　　　　　　　　　作业单位负责人：
　　　　　　　　　　　　　　　　年　月　日

审批意见：

　　　　　　　　　　　　　　批准人：
　　　　　　　　　　　　　　　年　月　日

三、带煤气开孔接管作业

带煤气开孔接管作业是在正常生产运行的煤气管网上接出另一条管道，以满足生产的需要。煤气管道需要临时带煤气开孔接管作业较多，例如抽堵盲板处的前后搬眼通蒸汽；管道低洼处存水搬眼放水；临时通蒸汽或氮气灭火，或通汽解冻；增加放水点或排污水点；测定管内沉积物厚度；安装测温、测压、测流量等仪表或导管。

（1）带煤气开孔接管的准备

① 测定开孔处管壁厚度，并由安全人员、技术人员和作业人员共同确认。

② 准备和检查开孔器、开孔用的各种材料和备件，如阀门、法兰、螺栓、螺钉、垫圈等。尤其接管用阀门应清洗、加油，开关灵活，关闭可靠。

③ 制造开孔用的备件，如马鞍管、异径短管、预留短管、事故短管及盲板，以及接通保压、灭火用氮气或蒸汽的管接头等。

④ 准备在马鞍短管与开孔母管上焊接加强筋护板，并根据规范要求决定是否以及如何对接管母管段做进一步加固处理。

⑤ 现场准备电源及电气焊工具以及带煤气钻孔使用的搬眼机具，包括机架、钻头、铁链、抓钩、机垫、搬把等。

（2）带煤气开孔接管作业步骤

先将搬眼机用锥端紧固螺钉和铁链固定，机底与管壁间垫以胶垫防滑动；安好钻头、搬把及拉绳，摇动搬把钻进，煤气冒出后继续搬钻至套扣完成为止；然后，卸下搬眼机架，退出钻头，用脚踏堵钻孔，带煤气旋上带内接头的阀门，将管头四周焊接加固与管道的连接。带煤气开孔接管作业如图 11-1 所示。

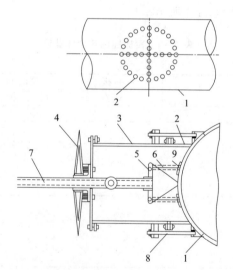

图 11-1　带煤气开孔接管作业

1—煤气管道；2—接管的位置（马鞍）；3—短管；4—手轮；5—圆锥；
6—铁链；7—丝杠；8—法兰；9—加固片

带煤气开孔接管作业，要遵照煤气危险作业的有关规定和要求，应佩戴好防毒面具；施工周围要进行安全警戒，禁止烟火和人员通行。

第十二章

煤气作业的职业危害防护

第一节　煤气防护用具的佩戴和使用

为了保障操作人员和维修人员的安全，处理煤气及带煤气作业的需要，呼吸器为煤气生产企业中必不可少的安全器具。正确使用呼吸器是防止有毒物质从呼吸道进入人体引起职业中毒的重要措施之一。需要指出的是，呼吸器只是一种辅助性的保护措施，而根本的解决方法在于改善劳动条件，降低作业场所有毒物质的浓度。

隔绝式呼吸器，是将作业环境中的有毒气体同人体呼吸隔开，由呼吸器自身供气（氧气或空气）或从清洁环境中引入纯净空气维持人体正常呼吸，自己组成一个封闭的完整的呼吸系统。因而，它具有十分可靠的优点，适用于缺氧、严重污染等有生命危险而用过滤式防毒面具无法发挥作用的工作场所。隔绝式呼吸器的优点是不论毒剂的种类、状态和浓度大小，均能有效地予以防护；缺点是比较重、体积大、结构复杂、价格贵，使用、维护、保管要求高。

按供气方式，隔绝式呼吸器分为自给式和长管式两类。其中自给式有空气呼吸器和氧气呼吸器两种，均自备气源。

一、自给式氧气呼吸器

自给式氧气呼吸器是由佩戴者自行携带高压氧气、液氧或化学药剂反应生成氧气作为气源的一类呼吸器。按氧气供给方式，氧气呼吸器分为携带式压缩氧呼吸器和化学生氧呼吸器两种。

携带式压缩氧呼吸器具有整机重量轻、结构紧凑、操作简单、维护工作量小等优点。我国生产的携带式压缩氧呼吸器产品有 AHG-2 型、AHG-3 型和 AHG-4 型（分别称为 2、3、4 小时氧气呼吸器）等三种规格。其结构和工作原理相似，只是压缩氧气瓶大小不同。

下面以 AHG-2 型氧气呼吸器为例介绍如下。

(1) 主要结构及参数

AHG-2 型氧气呼吸器结构如图 12-1 所示。AHG-2 型氧气呼吸器由金属外壳、压缩氧气瓶、净化罐、气囊、呼气阀、减压器、压力表、全面罩、导气管、背带等部件组成，其结构参数如下。

压缩氧气瓶容量为压缩氧 1L（当压力为 20MPa 时，储存相当于常压气 200L）；

工作压力为 20MPa；

使用时间为 2h；

净化罐内装吸收二氧化碳的氢氧化钙 1100g；

定量供氧量为 1.1～1.3L/min；

自动补给供氧量不小于 60L/min；

手动补给供氧量不小于 60L/min；

自动排气压力为 100～300Pa；

质量不大于 7kg；

外形尺寸为 345mm×345mm×190mm。

(2) 工作原理

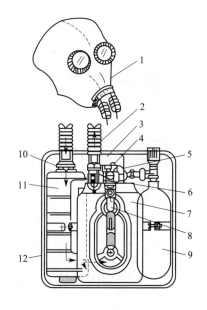

图 12-2 为 AHG-2 型氧气呼吸器气体循环流程图。佩戴人员从肺部呼出的气体，由面罩、呼气软管和呼气阀进入净化罐，经净化罐内的吸收剂吸收呼出气体中的二氧化碳成分后，其余气体进入气囊；另外，氧气瓶中储存的氧气经高压导管、减压器减为 $(2.4～2.9)×10^5$Pa 的压力，以 1.1～1.3L/min 的定量进入气囊，气体汇合组成含氧气体。当佩戴人员吸气时，含氧气体从气囊经吸气阀、吸气软管、面具进入人体肺部，从而完成一个呼吸循环。在这一循环中，由于呼气阀和吸气阀是单向阀，因此气流始终向一个方向流动。

图 12-1 AHG-2 型氧气呼吸器结构

1—全面罩；2—导气管；3—压力表；
4—吸气阀；5—高压管；6—减压器；
7—气囊；8—排气阀；9—压缩氧气瓶；
10—呼气阀；11—净化罐；12—金属外壳

该呼吸器根据劳动强度的不同，可采用以下 3 种供氧方式。

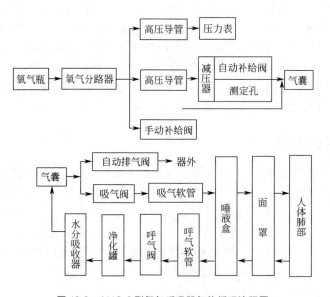

图 12-2 AHG-2 型氧气呼吸器气体循环流程图

① 定量供氧。呼吸器以 1.1～1.3L/min 的流量向气囊中供氧，可以满足佩戴人员在中等劳动强度下的呼吸需要。

② 自动补给供氧。当劳动强度增大，定量供氧满足不了佩戴人员需要时，自动补给装置以大于 60L/min 的流量向气囊中自动补给氧气，气囊充满时自动关闭。

③ 手动补给供氧。当气囊中聚集废气过多而需要清除或自动补给供氧也不能满足需要

或发生故障时，可以采用手动补给供氧。

（3）使用方法

① 首先打开氧气瓶开关，观察压力表所显示的数值，是否达到 10MPa。

② 将面罩戴好，做几次深呼吸，按手动补给阀，观察呼吸器各部件是否处于良好状态。如无问题摘下面罩并关闭氧气瓶，按手动补给排出气囊中残余气体。

③ 使用时，人员根据脸形选用适当的面罩。将呼吸器佩戴好，右肩左斜，先打开氧气瓶开关，戴好面罩，使用人员相互确认后方可进入险区工作。

④ 使用过程中随时观察压力表的数值，当低于 5MPa 时，立即退出险区。未退出险区时，严禁摘下面罩。退出险区后，及时更换氧气瓶才可继续工作。

⑤ 使用完毕，先摘面罩后关氧气瓶。拆下氧气瓶，进行氧气充填以备用。

（4）日常维护与保管

呼吸器每次使用以后，均需立即整理与维护好呼吸器，以备下次使用。

呼吸器整理与维护工作的内容如下。

① 对面罩、呼吸管、气囊进行清洗、消毒和干燥处理。

② 重新换装二氧化碳吸收剂。

③ 氧气瓶重新充填氧气，或换上已充气的备用氧气瓶。

④ 擦拭呼吸器沾染的脏物。

⑤ 重新组装呼吸器。

⑥ 对呼吸器进行外观例行检查。

使用后，呼吸器中的各部件都必须进行严格清洗和消毒处理，其他部件则根据需要处理。

二、自给式空气呼吸器

自给式空气呼吸器是以压缩空气为供气源的隔绝式呼吸器。自给式空气呼吸器的优点是使用方便，受使用场合的限制较小；缺点是使用时间相对较短。根据供气方式不同，空气呼吸器分成动力型和定量型（又称恒量型）两类。动力型特点是采用肺力阀，根据佩戴人员肺部的呼吸能力供给所需空气量；而定量型是在单位时间内定量地供给空气。定量型空气呼吸器又有两种产品，一种适用于气态的环境，另一种适用于液态的环境。

根据呼吸过程中面罩内压力与外界环境压力之间的高低，自给式空气呼吸器可分为正压式和负压式两种（表 12-1）。呼吸过程中，面罩内压力始终比外界环境压力稍高的，属正压式；面罩内压力在吸气时比外界环境压力稍低的，属负压式。自给式空气呼吸器瓶的额定储气量（指低压空气量）和型号标志如表 12-2 所示。

表 12-1　自给式空气呼吸器的种类和用途

种类	用途	标记
正压式空气呼吸器	抢险作业、救援	RPF
负压式空气呼吸器		RNP
正压式空气呼吸器	逃生、自救	EPP
负压式空气呼吸器		ENP

表 12-2　自给式空气呼吸器瓶的额定储气量和型号标志

型号标志	额定储气量/L	型号标志	额定储气量/L
6	600	16	1200～1600
8	600～800	20	1600～2000
12	800～1200	24	2000～2400

正压式空气呼吸器在呼吸的整个循环过程中，面罩内始终处于正压状态。因此，即使面罩略有泄漏，也只允许面罩内的气体向外泄漏，而外界的有毒气体不会向面罩内泄漏，具有比负压式空气呼吸器高得多的安全性。另外，正压式空气呼吸器可按佩戴人员的呼吸需要来控制供气量，实现按需供气，使佩戴人员呼吸更为舒畅。基于上述优点，正压式空气呼吸器已在煤气场所、消防、化工、船舶、仓库、实验室、油气田等部门广泛使用。

下面以 RHZK 型呼吸器为例，主要介绍正压式空气呼吸器。

（1）产品技术参数

几种国产正压式空气呼吸器的系列产品主要技术参数如表 12-3 所示。如 RHZK6/30 的型号含义如下：R 为消防员个人装备代号，H 为产品类别代号（H 为呼吸器），ZK 为特征代号（Z 为止压式，K 为空气），6 为气瓶容积（L），30 为气瓶工作压力（MPa）。

表 12-3　几种国产正压式空气呼吸器的系列产品主要技术参数

技术参数名称	产品型号		
	RHZK6/20	RHZK6/30	RHZK12/30
气瓶工作压力/MPa	20	30	30
气瓶容积/L	6	6	12
质量/kg	<12	<13	总长管 20m
外形尺寸/mm×mm×mm	550×140×180	990×570×740	总长管 14m

（2）工作原理

图 12-3 为正压式空气呼吸器结构示意图，该呼吸器由高压空气瓶、输气管、减压器、压力表、面罩等部件组成。

使用时，打开气瓶阀，储存在气瓶内的高压空气通过气瓶阀进入减压器组件，同时，压力表显示气瓶中空气压力。高压空气被减压为中压，中压空气经中压管进入安装在面罩上的供气阀。供气阀根据使用者的呼吸要求，能提供大于 200 L/min 的空气。同时，面罩内保持高于环境大气的压力。当佩戴人员吸气时，供气阀膜片向下移动，使阀门开启，提供气流；当佩戴人员呼气时，供气阀膜片向上移动，使阀门关闭，呼出的气体经面罩上的供气阀排出，当停止呼气时呼气阀关闭，准备下一次吸气。这样就完成了一个呼吸循环过程。

供气阀上还设有节省气源的装置，即防止在系统接通（气瓶阀开启）戴上面罩之前气源的过量损失。佩戴人员转动开关，把膜片抬起，使供气阀关闭；佩戴人员戴上面罩吸气产生足够的负压，使膜片向下移动，将供气阀打开，向佩戴人员供气。

（3）使用前的准备

身体健康并经过训练的人员才允许佩戴呼吸

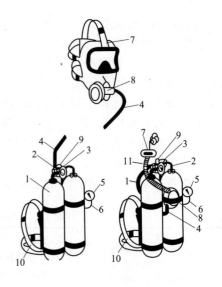

图 12-3　正压式空气呼吸器结构示意图
1—高压空气瓶（简称气瓶）；2—气瓶阀；
3—减压器；4—中压管；5—压力表；
6—压力表管；7—面罩；8—供气阀；
9—报警装置；10—背带；11—呼吸软管

器，使用前准备时应有监护人员在场。呼吸器使用前准备工作的内容如下。

① 从快速接头上取下中压管，观察压力表，并读出压力值。对于工程压力为 30MPa 的气瓶，若气瓶内压力小于 25 MPa，则应充气。

② 男性佩戴人员必须把胡须刮干净，以避免影响面罩和面部贴合的气密性。

③ 擦洗面罩的视窗，使其有较好的透明度。

④ 做 2～3 次深呼吸，感到畅通，方可进入煤气区域。

（4）佩戴和使用

① 背气瓶。将气瓶阀向下背上气瓶，通过拉背带上的自由端，调节气瓶的上下位置和松紧，直到感觉舒适为止。

② 扣紧腰带。将腰带公扣插入母扣内，然后将左右两侧的伸缩带向后拉紧，确保扣牢。

③ 佩戴面罩。将面罩上五根带子放松，把面罩置于脸上，然后将头带从头部的上前方向后下方拉下，由上向下将面罩戴在头上。调整面罩位置，使下巴进入面罩下面凹形内，先收紧下端的两根颈带，然后收紧上端的两根头带及顶带，如果感觉不适，可调节头带松紧。

④ 面罩密封。用手按住面罩接口处，通过吸气检查面罩密封是否良好。做深呼吸，此时面罩两侧应向人体面部移动，人体感觉呼吸困难，说明面罩气密良好，否则再收紧头带或重新佩戴面罩。

⑤ 装供气阀。将供气阀上的接口对准面罩插口，用力往上推，当听到咔嚓声时，安装完毕。

⑥ 检查仪器性能。完全打开气瓶阀，此时应能听到报警哨短促的报警声，否则，报警哨失灵或者气瓶内无气，同时观察压力表读数。通过几次深呼吸检查供气阀性能，呼气和吸气都应舒畅、无不适感觉。

⑦ 使用。正确佩戴仪器且经认真检查后即可投入使用。使用过程中要注意随时观察压力表和报警器发出的报警信号，报警器音响在 1m 范围内声级为 90dB（A）。当报警器发出报警时，立即撤离现场，更换气瓶后方可工作。

⑧ 使用结束后，先用手捏住下面左右两侧的颈带扣环向前一推，松开颈带，然后再松开头带，将面罩从脸部由下向上脱下。然后转动供气阀上旋钮，关闭供气阀。紧接着捏住公扣插头，退出母扣。最后放松背带，将仪器从背上卸下，关闭气瓶阀。

三、长管式呼吸器

长管式呼吸器可根据用途及现场条件选用不同的组件，配装成多种不同的组合装置，分为送风式和压气式两类。

（1）送风式呼吸器

送风式呼吸器是通过机械动力或人的肺动力从清洁环境中引入空气供人呼吸的呼吸器。根据送风方式的不同，送风式呼吸器可分为手动送风式、电动送风式和自吸长管式。三种送风式呼吸器的面罩、呼吸软管、背带和腰带、空气调节带、导气管等部件结构都是相同的，不同之处在于送风方式的不同。

手动送风式呼吸器（图 12-4）的特点是不需要电源，送风量与转数有关；面罩内由于送风形成微正压，外部的污染空气不能进入面罩内。手动送风式呼吸器在使用时，应将手动风机置于清洁空气场所，保证供应的空气是无污染的清洁空气。由于手动风机需要人力操作，体力消耗大，需要两人一组轮换作业。

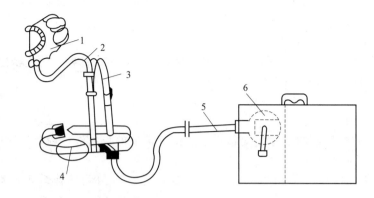

图 12-4　手动送风式呼吸器结构示意图

1—全面罩；2—呼吸软管；3—背带和腰带；4—空气调节带；5—导气管；6—手动风机

电动送风式呼吸器结构示意图如图 12-5 所示，其特点是使用时间不受限制，供气量较大，可以供 1～5 人使用，送风量依人数和导气管长度而定。

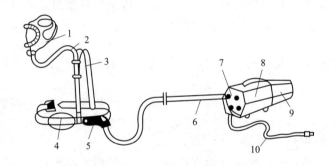

图 12-5　电动送风式呼吸器结构示意图

1—面罩；2—呼吸软管；3—背带和腰带；4—空气调节带；
5—流量调节器；6—导气管；7—风量转换开关；8—电动送风机；9—过滤器；10—电源线

自吸长管式呼吸器（图 12-6）是将导气管的一端固定于新鲜无污染的场所，而另一端与面罩连接，依靠佩戴者的肺动力将清洁空气经导气管、呼吸软管吸进面罩内。

由于靠佩戴者自身的肺动力，因此在呼吸过程中不能总是维持面罩内为微正压。如面罩内压力下降为微负压，就有可能造成外部污染的空气进入面罩内。所以，这种呼吸器不宜在毒物危害大的场所使用，使用前要严格检查气密性；用于危险场所时，必须有第二者监护，用毕要清洗检查，保存备用。此外，导气管要力求平直，长度不宜太长，以免增加吸气阻力。导气管的阻力大小与长度、管径和管壁状况等有关，流量在 30L/min 时阻力为186～196Pa。

（2）压气式呼吸器

① 压气式呼吸器结构。压气式呼吸器（图 12-7）是采用空气压缩机或高压空气瓶作为移动气源，经压力调节装置从高压降为中压后，通过空气导管、呼吸软管，把气体送到面罩供佩戴者呼吸的一种保护用品。

a. 移动气源。以 CGR4×6.8/30 型为例，移动气源由 4 只气瓶组成 2 个独立气瓶组，2 组气瓶与减压器之间由单向阀控制，移动气源不会在 2 组气瓶间产生倒灌回流。气瓶可逐只、逐组开启使用，也可以全部开启同时使用，视具体需要自由确定。每组气瓶有个泄压阀，可泄去高压导管内的高压气体，便于更换气瓶，但不会泄下减压器输出端的低压气体和另一组气瓶内的气体。

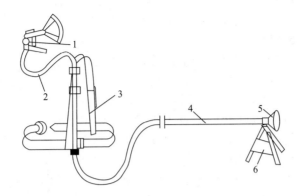

图 12-6　自吸长管式呼吸器结构示意图

1—面罩；2—呼吸软管；3—背带和腰带；4—导气管；5—空气输入口；6—警示板

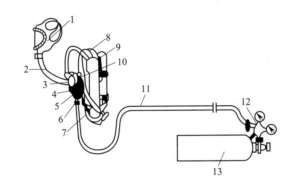

图 12-7　压气式呼吸器结构示意图

1—面罩；2—呼吸软管；3—肺力阀；4—减压阀；5—单向阀；6—软管接合部；7—高压导管；8—着装带；
9—小型高压空气容器；10—压力指示计；11—空气导管；12—泄压阀；13—高压空气容器

正常状态下直接使用移动气源的气体。当发生紧急情况需要迅速撤离现场时，能将供气源换成小型高压空气容器，打开逃生气瓶阀，并向安全地带撤离。

移动气源配有 30m 供气管 1 根，10m 供气管 2 根，最大叠加长度为 50m。30m 管上配有 Y 形三通阀一个，可以供两个人同时使用移动气源的压缩空气。

b. 面罩。面罩是压气式呼吸器的重要部件，如图 12-8 所示。面罩采用无色透明有机玻璃制成，内侧四周粘贴泡沫塑料，以增加与面部的密合。上连塑料护盖及可调的头箍，护盖两侧装有可调节的螺钉。使用时，过滤后的压缩空气经调压后，从供气管进入面罩内，形成 $9.8\sim19.6Pa$ 正压，外部有害气体不能进入面罩内。呼出的废气和水蒸气通过有机玻璃周边的泡沫塑料排出面罩外。压缩空气压力为（$2.9\sim5.9$）$\times10^5\,Pa$，经调压后，压力稳定在（$1.6\times10^5\pm0.1$）Pa。压力超过 $2.0\times10^5\,Pa$ 时，进气阀门关闭，安全阀门开启而排气降压，使出口压力恢复到调定值。

② 压气式呼吸器使用方法。取出专用腰带、背带，根据佩戴者的体型，适度调整腰带、背带，使腰间阀、逃生瓶的位置在人体腰部两侧（注意腰间阀的方向，快速插座应朝上方），以佩戴舒适、不妨碍手臂活动为宜。先将移动气源供气管上的快速插座由下向上插到腰间阀

的快速插头上，再将面罩—供气阀的插头插到腰间阀的快速插座上，也可在未佩戴腰背带之前将移动气源和面罩的接头直接先接在腰间阀上。打开移动气源的气瓶阀，戴上面罩，呼吸自如后方可进入工作现场。如供两人同时使用，应等两人全部完全佩戴好后一同进入，并注意保持距离和方向，防止发生相互牵拉供气管而出现意外。

（3）长管式呼吸器注意事项

长管式呼吸器的使用人员应经充分培训后方可佩戴使用。在使用前应先检查各气源压力是否满足工作压力要求，并严格例行佩戴检查，发现呼吸器、移动气源、逃生气源出现故障或存在隐患不得强制投入使用。在使用过程中，如感觉气量供给不足、呼吸不畅或出现其他不适情况，应立即撤出现场，或打开逃生气源撤离。

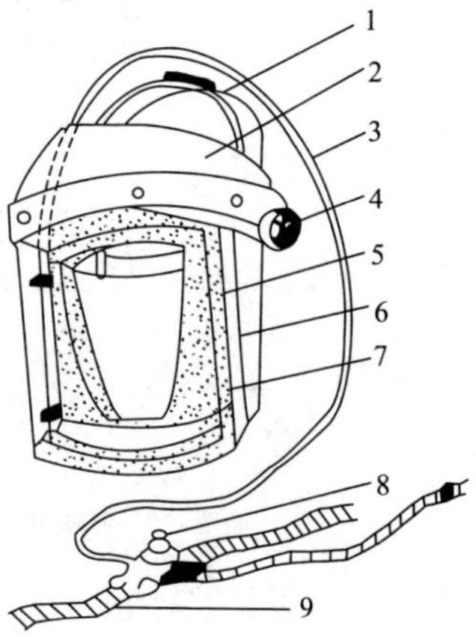

使用过程中，应妥善保护移动气源上的长管，避免供气管与锋利尖锐器、拐角、腐蚀性介质接触或在拖拉时与粗糙物产生摩擦，防止戳破、划坏、刮伤供气管。如不慎接触到腐蚀性介质，应立即用洁净水进行清洗、擦干，如供气管出现损坏、损伤后应立即更换。

如果长管式呼吸器的气源车不能近距离跟随使用人员，应另行安排监护人员进行监护，以便检查气源，在气源即将耗尽发出警报及发生意外时通知使用人员。

长管式呼吸器可根据用途及现场条件选用不同的组

图 12-8 供气式面罩结构示意图
1—头箍；2—护盖；3—供气管；
4—旋转螺阀；5—透明面罩；6—外护板；
7—脸衬；8—调压阀；9—腰带

件，配装成多种不同的组合装置，具有使用时间长的优点，尤其是长管式呼吸器没有改变人体呼吸的环境，人体通过面罩吸入空气，因而人体无任何不舒适的感觉。但是，由于送风式呼吸器必须有一根较长的导气管，因而使参加作业的人员不能随便移动，给操作带来不便。尤其是一旦发生事故，很难迅速疏散脱离事故区域，因此不能作为救护仪器使用。一般长管式呼吸器适于作业人员活动范围小的地点，如高炉炉顶、煤气管道内作业等。另外，采用大管径蛇形管做导气管时，导气管太长，阻力较大，呼吸感到困难，而且蛇形管一旦被挤压，作业人员就被掐断了气源。

四、化学氧呼吸器

化学氧呼吸器的原理：在与大气隔离的情况下进行工作时，人体呼出的二氧化碳和水分经导气管进入生氧罐，与化学生氧剂发生化学反应产生氧气，储存于气囊中，使人呼出的气体达到净化再生。当人吸气时，气体由气囊经散热器、导气管、面罩进入人体肺部，完成整个呼吸循环。

生氧罐内装填含氧化学物质，如氯酸盐、超氧化物、过氧化物等，均能在适宜的条件下反应放出氧气，供人呼吸。现在广泛采用金属超氧化物（如超氧化钠、超氧化钾等），能同时解决吸收二氧化碳和提供氧气问题。

国产 HSG79 型化学氧呼吸器的主要部件有面罩、生氧罐、气囊、排气阀、导气管等，如图 12-9 所示。

HSG79 型化学氧呼吸器的使用注意事项如下。

① 使用前将面罩、导气管、生氧罐等部件连接起来，并装入快速供氧盒和玻璃瓶，然后检查气密性，确认良好后，存放在清洁、干燥、没有阳光直接照射的地方备用。

② 备用期间应定期检查气密性、快速供氧盒和生氧罐内药物的情况，如表面有泡沫时就不能使用。但平时不得任意打开生氧罐，以免药物受潮变质。

③ 使用时，打开面罩堵气塞，戴好面罩，面罩上部要紧贴鼻梁，下部应在下颌处。如衬上有雾水出现，说明面罩与面部贴合不够紧密，需调整重戴。

④ 戴好面罩后，立即用手按快速供氧盒供氧，即可进行工作。

⑤ 使用完毕，生氧罐因反应放热而烫手，换取时要小心。使用后的生氧罐、快速供氧盒及玻璃瓶，需重新装新药或更换后才能第二次使用。

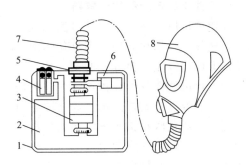

图 12-9 HSG79型化学氧呼吸器结构示意图
1—外壳；2—气囊；3—生氧罐；
4—快速供氧盒；5—散热器；6—排气阀；
7—导气管；8—面罩

第二节 一氧化碳检测报警仪的使用和维护

煤气中对人体最有害的成分是一氧化碳。为防止一氧化碳中毒，在各类煤气作业地点应悬挂醒目警示标志，无关人员不得在煤气危险区域逗留。监视煤气区域作业环境一氧化碳浓度，实现超标报警，是控制、预防煤气中毒事故的有效技术措施。

过去多年利用鸽子现场直接观察（不定量、不准确）或现场取样回化验室分析（不及时、不方便、不直观）等方法，均因各自的局限而难以满足实时、定量、动态监测预警的要求。现在使用一氧化碳检测报警仪就能准确快速测定环境中一氧化碳浓度，并在一氧化碳浓度达到预先设定的报警值时发出声光报警信号，以提醒操作人员及时进行处理，从而避免发生事故。

一氧化碳检测报警仪由一氧化碳传感器、信号处理电路板、指示器等组成。目前一氧化碳传感器主要有电化学式传感器、催化型可燃气体传感器、固态传感器和红外传感器等。

（1）电化学式传感器

电化学式传感器主要有化学原电池式、定电位电解式、电量式、离子电极式四种类型。目前，一氧化碳传感器主要采用的是三点定电位的电化学原电池传感器。

三端电化学式传感器检测原理是应用定电位电解法原理，其结构示意图如图 12-10 所示。

以铂黑为催化剂，与聚四氟乙烯做成半渗透膜，膜内有 98% 的浓硫酸为电解液，组成电化学电池。当一氧化碳扩散到含铂黑半渗透膜进入传感器后，则发生氧化还原反应：

$$CO + H_2O \longrightarrow CO_2 + 2H^+ + 2e^-$$

$$O_2 + 4H^+ + 4e^- \longrightarrow 2H_2O$$

上式中的自由电子数量与一氧化碳浓度成正比，并由电极引出，经放大后转换成电流信号，传输给主机。

由于很多种还原性气体均被氧化，产生额外的电动势，因此实际上做成一个三极式电化学探头，预先给出一个固定的抑制电位，抑制无关的电化学反应，即在酸性电解液中设置 3 个电极：测量电极、参考电极、对应电极。即使这样，也还不能完全避免杂质的干扰。

（2）催化型可燃气体传感器

催化型可燃气体传感器的检测元件是由经金属氧化物催化处理（用氧化铝载体覆盖，上面涂以铂、铝等）的铂丝螺线圈制成的。可燃气体分子在铂丝螺线圈表面燃烧，引起温度升高，使铂丝螺线圈电阻值改变。一氧化碳在铂丝螺线圈上燃烧产生的热量，使铂丝螺线圈阻值上升，一氧化碳浓度越高，燃烧产生的热量越大，铂丝螺线圈阻值越高，从而使原来平衡的电桥变得不平衡。铂丝螺线圈电阻改变的大小和一氧化碳浓度成比例，相应得到一个与一氧化碳浓度成比例的电信号。

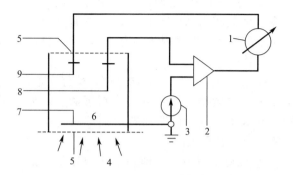

图 12-10　三端电化学式传感器结构示意图
1—指示器；2—恒电位；3—直流电源；
4—含一氧化碳气体；5—半渗透膜；6—电解液；
7—测量电极；8—参考电极；9—对应电极

因为催化型可燃气体传感器利用气体分子在铂丝螺线圈表面燃烧的原理，所以它要求催化型可燃气体传感器的背景气体中含有不低于 9% 的氧气。当氧气含量过低时，可燃气体不能在检测元件上充分燃烧，容易造成检测结果低于实际值。

（3）固态传感器

固态传感器的工作敏感元件是由一种或多种过渡金属氧化物组成的，金属氧化物通常为 SnO、SnO_2、Fe_2O_3 三类材料。这些金属氧化物通过制备和加工成珠状或薄片型传感器，将加热器置入传感器中使它保持在最佳检测温度上。

工作原理：当加热器将感测材料升到高温时，氧气会被吸附在感测材料表面，然后从感测材料的导带捕获两个电子而形成氧离子，使感测材料的电阻值上升。而当还原性气体如一氧化碳吸附在感测材料的导带时，使感测材料的电阻值下降，电阻值的变化与气体体积分数具有函数关系。当检测气体出现时，金属氧化物将气体电离成带电的离子或复合物，从而导致电子的转移。由置入金属氧化物中的偏置电极可测出传感器电导率的变化，传感器电导率的变化与气体浓度成比例。

（4）红外气体传感器

红外气体传感器的检测原理是基于 Lambert-Beer 定律。当有红外光照射被测气体时，被测气体就会吸收自己相应波长（特征吸收频率）的红外光，被测气体吸收红外光能量的多少与被测气体浓度相关，因而可以通过测定红外光被吸收能量的多少来测定被测气体浓度。

由于电化学式传感器精度高，重复性好，漂移小，使用寿命较长，因此应用最广。在一氧化碳自动监测系统中，电化学式传感器占 2/3，而便携式一氧化碳检测报警仪则几乎全部为电化学便携式报警仪。该传感器对于微小温度的变化并不灵敏，也易受其他气体干扰，因此不适合在复杂场所检测一氧化碳。

煤气区域的作业性质、工作环境各不相同，故而选用一氧化碳检测报警装置也应不同。如根据使用场所的不同，可选用常规型或防爆型检测报警装置。根据一氧化碳气体导入方式，把检测部分分为扩散式和吸入式。扩散式检测方式的检测部分设置在危险场所，泄漏的气体靠自由扩散到达检测部分与传感器接触。在环境好的场所或室内，气体靠自身扩散的换气条件（风、温度差等），扩散效果好。扩散式适合于环境较好的场所、室内和室外泄漏气体容易滞留的场所。吸入式检测方式的检测部分用空气泵吸引泄漏气体，再传给传感器。由于先用过滤器、干燥器等对检测气体进行预处理，再将检测气体导入传感器，因此吸入式适合用于恶劣环境条件下的检测。

一氧化碳检测报警仪可分为固定式和便携式。对于连续生产区域或固定的容易泄漏煤气的作业场所，则应设置固定式一氧化碳检测报警仪，并划分成若干区域，每一区域由一台微型计算机控制，并使之形成网络；对于在煤气区域流动作业或非连续作业的人员，应予以配置便携式一氧化碳检测报警仪。作业时必须两人以上。

一、固定式一氧化碳检测报警仪

固定式一氧化碳检测报警仪通常由一氧化碳传感器（探头）、现场报警器、安全栅和主机等组成，如图12-11所示。该装置可自动连续检测被测区域空气中的一氧化碳浓度，并在现场和操作室同时显示、超标报警及实现其他功能。

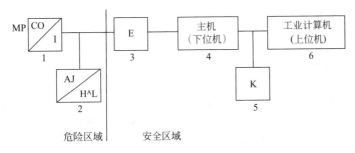

图 12-11　固定式一氧化碳检测报警仪方框图

MP—测量点；1—一氧化碳传感器；2—现场报警器；3—安全栅；
4—主机（下位机）；5—控制开关；6—工业计算机（上位机）

(1) 固定式一氧化碳检测报警仪组成和结构

① 一氧化碳传感器　一氧化碳传感器固定在煤气区域需要监测一氧化碳的地点，采用三端电化学式传感器。根据定电位电解法原理，自由电子数量与一氧化碳浓度成正比，并由电极引出，经放大后转换成 4～20mA 的电流信号，传输给主机。采用普通双绞线可传输1500m，采用屏蔽线则可传输1200m 以上。

② 现场报警器　现场报警器由电子线路和发声件、发光件组成，安装在探头附近。当周围环境空气中的一氧化碳浓度超过预先设定的报警值时，在探头与主机的 4～20mA 电流回路中取出的信号，经放大、比较，触发声光报警系统，完成就地报警功能。

③ 安全栅　安全栅必须安装在安全区域内。它是一种电流电压限制器，接在本安电路与非本安电路之间，把输出电流和电压限制在一定数值内，阻止危险能量进入危险区域，并精确地进行信号传递、隔离，同时还可提高信号的抗干扰能力及系统的稳定性。

④ 主机　主机是系统的终端单元，它有多个输入通道，以巡检方式工作并逐通道显示"气体种类、路号、测试数值"，每一通道设两级报警值，并能发出不同的声光报警。其面板上设有"复位""消音""锁定"3 个功能键和两级报警、正常、故障 4 种工作状态显示。此外，它还有为外部传感器提供电源、输出信号控制断电或通风等功能。主机可用工业计算机取代，亦可用下位机并向上位机输送信号，组成多级系统。

(2) 固定式一氧化碳检测报警仪设置要求

根据 SY/T6503—2016《石油天然气工程可燃气体检测报警系统安全规范》规定：

① 检测器宜布置在煤气释放源的最小频率风向的上风侧。

② 应设置一氧化碳检测报警仪的场所，宜采用固定式；当不具备设置固定式的条件时，

应配置便携式一氧化碳检测报警仪。

③ 当煤气释放源处于封闭或半封闭厂房内，每隔 15m 可设 1 台报警器，检测器距释放源不宜大于 1m。

④ 检测焦炉煤气的一氧化碳检测报警仪，其安装高度宜高出释放源 0.5～2m。

⑤ 检测其他煤气的一氧化碳检测报警仪，其安装高度应距地坪（或楼地板）1.5～1.8m。

（3）固定式一氧化碳检测报警仪使用注意事项

① 仪器的使用及维护，应建立健全台账由专人负责。

② 仪器必须定期进行标定，贴有计量确认合格证才能正常使用。

③ 仪器通常使用 220V、50Hz 电源，电源插座应有良好的接地电阻（小于 0.5Ω）。

④ 为了防止灰尘杂质堵塞传感器防护孔，导致检测灵敏度下降，传感器组件中的防虫网要定期清理。更换时首先要切断电源，将传感器组件内压紧螺母从下侧旋出，然后取出防虫网清理，再按原顺序装回。

⑤ 传感器内有酸性溶液，用户不得自行拆卸。

二、便携式一氧化碳检测报警仪

便携式一氧化碳检测报警仪分为不带记忆型和带记忆型两种，不带记忆型一氧化碳检测报警仪可在现场直接给出所测气体浓度，但不能储存数据；带记忆型一氧化碳检测报警仪既可以在现场直接给出所测气体浓度，又可以把所测数据储存起来供日后查看。便携式一氧化碳检测报警仪还有组合型的，有"二合一""三合一""四合一"等组合形式，即一个一氧化碳检测报警仪可以同时检测几种气体。

便携式一氧化碳检测报警仪产品种类很多，但其原理都是采用三端电化学式传感器为气体敏感元件，根据定电位电解法原理监测一氧化碳检测浓度，下面以 CO-1A 型一氧化碳检测报警仪为例说明其结构原理。

（1）工作原理

便携式一氧化碳检测报警仪由电化学式传感器、信号处理电路板、显示器、外壳等组成。电化学式传感器以扩散方式直接与环境中一氧化碳反应产生线性电压信号。电路由多块集成电路构成，信号经放大、A/D 转换、暂存处理后，在液晶屏上直接显示出所测气体浓度值。当所测气体浓度达到预先设置的报警值时，蜂鸣器和发光二极管发出声光报警信号（图 12-12）。

仪器在正常工作时，内部电路长期循环自检。若发光二极管每隔 10s 左右闪烁一次，这说明仪器在正常工作。

当电源电压下降到一定程度时需要更换电池，此时仪器会每间隔 10s 发出一个短促声响，提醒使用者更换电池。

CO-1A 型一氧化碳检测报警仪结构示意图如图 12-13 所示。

（2）主要技术参数

① 环境参数：

工作环境：−10～40℃；

相对湿度：10%～95%；

保存温度：−20～50℃。

② 电源：9V 碱性叠层电池。

③ 技术参数：

测量范围：0～2000μL/L；

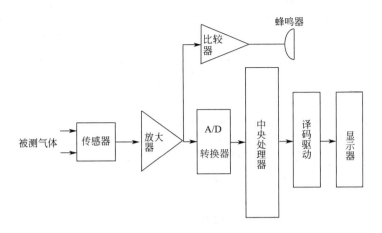

图 12-12 CO-1A 型一氧化碳检测报警仪结构原理

报警范围：$0 \sim 300 \mu L/L$；

精度：$\pm 15\%$。

④ 传感器：进口原装三端电化学式传感器，使用寿命大于 24 个月。

⑤ 外形尺寸：128mm×62mm×28mm。

⑥ 质量：185g。

(3) 使用方法

① 仪器使用前的准备工作。

a. 电池的安装：取下电池盖的两个螺钉打开电池盖，放入 9V 层叠电池，连接好电池扣。装入新电池后，蜂鸣器响几分钟，显示器从满量程逐步恢复到稳定状态（此时可关掉开关，节省电池）。禁止在有潜在危险环境下（如有毒气、易爆气等）安装电池。

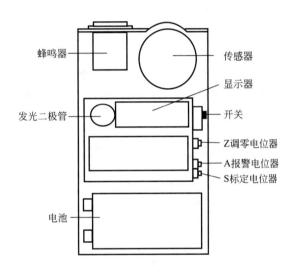

图 12-13 CO-1A 型一氧化碳检测报警仪结构示意图

b. 检查发光二极管是否每间隔 10s 左右闪烁一下。

c. 新仪器装上电池后需放置 24h，使系统稳定。更换电池后仪器放置 2h，使系统稳定。

② 调整。安装好电池后的仪器经 24h 放置稳定后即可进行零点调整、标定调节和报警点数值调整的工作。取下电池盖，电池舱内可见到 Z、S、A 三个电位器，Z 为调零电位器，S 为标定电位器，A 为报警电位器。

a. 零点调整。在使用过程中，随着时间的推移，仪表的传感器不同程度地出现零点漂移现象，这样就会使所测气体的浓度产生偏差。因此，要定期调整零点，消除零点漂移。零点调整可在标准空气瓶或清洁空气环境中进行，可以用螺丝刀调节 Z 电位器，使显示器显示"000"。

b. 标定调整。为保证仪器具有一定的测量精度，仪器在使用过程中应定期进行标定。仪器的标定周期应根据现场有关规定进行，标定可按以下步骤进行。

• 调整标准气瓶流量在 50mL/min。

• 使气体流进传感器约 1min，使仪器显示读数稳定下来。

·调节 S 电位器，使仪器显示数字与标准气体浓度相同。

·移开气体管后显示值应复位到"000"，否则重复调整零位和标定，使两者均得到满足。

c. 报警点数值调整。仪器出厂前已调整在 $24\mu L/L$ 报警，也可根据具体情况调整报警点数值。

（4）使用注意事项

① 仪器应建立健全管理台账，落实负责保管人员。

② 仪器必须定期进行标定校验，贴有计量确认合格证才能投入使用；确保仪器的传感器、电池有效，处于寿命期间；仪器在装配和更换电池时应在清洁环境下完成。

③ 确保便携式一氧化碳检测报警仪处于完好的工作状态，便携式一氧化碳检测报警仪时刻备用。

④ 使用前应对仪器充分了解，按使用方法规定操作。

⑤ 打开开关，显示器显示数字无异常，使用中传感器的口应裸露在外（不能放在口袋里）。

⑥ 使用中传感器要注意防水和杂质，否则会影响检测的灵敏度。

⑦ 不要在无线电发射台附近使用和校准仪器。

⑧ 仪器长期不用时，应取下电池，并置于干燥无尘的环境内。

⑨ 传感器内含有硫酸溶液，在更换传感器时注意不要弄坏。

⑩ 调整仪器的专用工具应由专人保管。调整好的仪器不要随便打开，不要随意调整电位器。

三、一氧化碳检测报警仪故障处理

（1）对标定气体无反应

原因：传感器失效。

处理方法：更换传感器。

① 将仪器电源关闭，打开仪器。

② 摘下显示电路板，取下旧传感器，注意不要折弯显示板上的插针。

③ 先将新传感器装入传感器座，再将新传感器上的插针对好仪器上的插座，并可靠插牢，不可用导电性物体来按压插针，以免引起插针之间短路。再将新传感器放在适当位置上。注意，传感器座应放入仪器外壳的对应位置。

④ 装好仪器，确保显示电路板与插针的连接良好。

⑤ 传感器内含有硫酸溶液，在更换传感器操作时，注意不要将传感器搞坏。如果万一操作不当，传感器内硫酸溶液泄漏到皮肤上，应及时用凉水冲洗接触部位 10min，然后就医。

（2）读数偏低

原因：S 标定电位器偏低。

处理方法：重新标定。

① 打开气瓶开关，调整减压阀和流量计，通气流量应符合仪器说明书要求。对泵吸式仪器，其流速应与吸入抽气泵的流速相等；对于扩散式仪器，则流量控制在 $90\sim100mL/min$ 之间。通气压力略高于常压，空放 1min。

② 将气管插在传感器过滤罩上，显示值开始上升，约 2min 后显示值稳定下来，调整 S 标定电位器，使显示值读数与标定气体浓度相同。

③ 若调整 S 标定电位器，无法使显示值读数与标定气体浓度相同，则传感器失效，需要更换传感器。

④ 关好气瓶，移去气管。

（3）读数偏高

原因一：S 标定电位器偏高。

处理方法：重新标定。

原因二：Z 零点电位器偏高。

处理方法：在零点气中调零。

① 调整 S 标定电位器的方法同（2）。

② 零点气可采用高纯氮气或清洁空气，清洁空气中的一氧化碳浓度不大于 $1\mu L/L$，调整 Z 零点电位器，使显示值读数为零值。

（4）报警鸣响不停或不报警

原因一：报警点设置不正确。

处理方法：重新调整。

原因二：报警数值选择不合适。仪器在出厂时，已经预设报警点在 $30mg/m^3$ 或 $50mg/m^3$。需要改变时，用户可根据自己要求进行如下调整。

① 在清洁空气中确认显示为零，否则调整 Z 零点电位器，使之回零。

② 调整 Z 零点电位器，直至显示值为所要设定的报警值。

③ 如果这时仪器已经鸣响，调整 A 报警电位器，使之停止鸣响，再反向小心调整 A 报警电位器，使之刚好鸣响。

④ 若仪器不鸣响，则小心调整 A 报警电位器，使之刚好鸣响。

⑤ 调整 Z 零点电位器使显示值恢复为零，装好仪器。

⑥ 对于电路故障，则根据具体情况，在检定部门或返回生产厂进行修理。修理好的仪器应检定合格后，方可使用。

第三节　煤气中毒人员现场救护

一、现场正确救护

① 发生煤气中毒后，在及时报告的同时，应立即将中毒者迅速及时地救出煤气危险区域，抬到危险区域外上风侧空气新鲜的地方，解除一切阻碍呼吸的衣物，并注意保暖。

② 对于轻度中毒者，如出现头痛、恶心、呕吐症状，应吸入新鲜空气或在煤气防护站进行适当补氧，其症状即可消失。经观察有异常表现时，可送至附近医院治疗。

③ 对中度中毒者，如出现失去知觉、口吐白沫等症状，应立即通知煤气防护站和医务部门到现场急救，并采取以下措施：将中毒者双肩垫高 15cm，四肢伸开，头部尽量后仰，面部转向一侧，以利于呼吸畅通；适当保暖，以防受凉；在中毒者有自主呼吸的情况下，使中毒者吸入氧气，使用苏生器的自主呼吸功能调整好进气量，观察中毒者的吸氧情况。在煤气防护站人员未到前，可将岗位备用的氧气袋或氧气呼吸器的氧气瓶卸下，缓慢打开气瓶开关对在中毒者口腔、鼻孔部位，让中毒者吸氧。无氧条件下可以启用现场风源。

④ 对重度中毒者，如出现失去知觉、呼吸停止等症状，应在现场立即做人工呼吸，救护人员要避免吸入中毒者呼出的气体。或使用苏生器的强制呼吸功能，成人 12～16 次/min。

对于心跳停止者，应立即进行人工复苏胸外挤压术，恢复心跳功能。

在抢救过程中未经医务人员允许，不得停止抢救。

⑤ 中毒者未恢复知觉前，应避免搬动、颠簸，尽量在现场进行抢救，不得用急救车送往较远医院急救。就近送往医院抢救时，途中应采取使用苏生器的急救措施，并应有煤气防护人员、医务人员护送。

二、中毒人员的搬运

抢救煤气中毒者，应禁止采用大声呼叫、用力摇撼、生拉硬搬等不正确的方法，这样不仅无助于抢救，而且可使病情加重。应采取双人拉车式、双人平托式、单人肩扛式等方法进行搬运；有煤气防护站的，可采用担架运送法。

（1）双人拉车式（图 12-14）

① 将中毒者面部向上，并使其两臂在胸前交叉。

② 将中毒者上半身扶起，两名抢救人员各架一只手臂将其架起，其中一人迅速转至身后将中毒者腰部抱紧。

③ 另一人站于中毒者两腿之间，从膝关节上将其两腿夹于自己两腋下，迅速将中毒者抬出煤气危险区域。

④ 从高处向下搬运时，前后两人要配合好，以免摔倒和撞伤。

（2）双人平托式（图 12-15）

① 将中毒者平放，使其面部向上。

② 两名抢救人员站于中毒者一侧或两侧，分别将双臂伸入中毒者颈背部和臀部下，同时将其平托起，离开煤气危险区域。

（3）单人肩扛式（图 12-16）

① 将中毒者平放，面部向上并使其两小臂胸前交叉。

② 将中毒者上身扶起，右手抓住其左小臂，头部从其腋下钻进，将其拱起，左臂将其腿抱在怀里，将中毒者扛起运离煤气区域。

③ 搬运中不要压住空气呼吸器软管并要防止撞伤。

图 12-14　双人拉车式

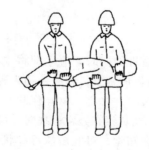
图 12-15　双人平托式

图 12-16　单人肩扛式

三、心肺复苏法

煤气中毒现场急救，是减少中毒者伤害程度、降低煤气中毒死亡率的有效措施。对中毒、触电、溺水等引起的猝死（假死），都必须立即采用心肺复苏法进行抢救，使之心肺复苏。而对于真死、猝死的判断，应以医生的诊断为准。

心肺复苏法包括人工呼吸法和胸外心脏按压法两种急救方法。因为心跳和呼吸相互联系，心跳停止了，呼吸很快就会停止；呼吸停止了，心脏跳动也维持不了多久。呼吸和心脏跳动是人体存活的基本特征。

采用心肺复苏法进行抢救，以维持中毒者生命的三项基本措施是：通畅气道、人工呼吸和胸外心脏按压。

（1）通畅气道

中毒者呼吸停止时，最主要的是要始终确保其气道通畅。解开中毒者身上妨碍呼吸的衣物，如领子、衣扣、腰带、袖口等，以保障呼吸通畅。若发现中毒者口内有异物，则应清理口腔阻塞。即将其身体及头部同时侧转，并迅速用一根或两根手指从口角处插入以取出异物。操作中要防止将异物推向咽喉深处。

采用使中毒者鼻孔朝天、头后仰的"仰头抬颌法"（图 12-17）通畅气道。具体做法是：用一只手放在中毒者前额，另一只手的手指将中毒者下颌骨向上抬起，两手协同将头部推向后仰，此时舌根随之抬起，气道即可通畅（图 12-18）。为保持这一姿势，应在中毒者肩胛骨下垫衣服或其他软质物品，垫高 10～12cm，使头稍后仰。禁止用枕头或其他物品垫在中毒者头下，因为头部太高更会加重气道阻塞，且使胸外心脏按压时流向脑部的血流减少。

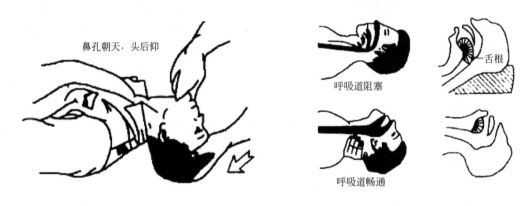

图 12-17　仰头抬颌法　　　　　　　　图 12-18　气道阻塞与畅通

（2）人工呼吸

正常的呼吸是由呼吸中枢神经支配的，由肺的扩张与缩小，排出二氧化碳，维持人体的正常生理功能。一旦呼吸停止，机体不能建立正常的气体交换，最后导致人的死亡。人工呼吸就是采用人工机械的强制作用维持气体交换，并使其逐步地恢复正常呼吸。

人工呼吸有口对口（鼻）式、压背式、振臂式和苏生器法。人工呼吸最好采用口对口（鼻）式，其优点是：换气量大，比其他人工呼吸法多几倍，简单易学，便于和胸外心脏按压配合，不易疲劳，无禁忌。

① 口对口（鼻）式

a. 在保持气道畅通的同时，救护人员用放在中毒者额上那只手捏住其鼻翼，深深地吸足气后，与中毒者口对口接合并贴近吹气，然后放松换气，如此反复进行（图 12-19）。开始时（均在不用气情况下）可先快速连续而大口地吹气 4 次（每次用 1～1.5s）。经 4 次吹气后观察中毒者胸部有无起伏状，同时测试其颈动脉，若仍无搏动，便可判断为心跳已停止，此时应立即同时施行胸外心脏按压。

b. 除开始施行时的 4 次大口吹气外，此后正常的口对口吹气量均不需过大（但应达 800～1200mL），以免引起胃膨胀。施行速度约每分钟 12～15 次，对儿童为每分钟 20 次。吹气

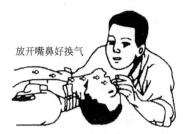

贴嘴吹气胸扩张　放开嘴鼻好换气

图 12-19　口对口（鼻）式人工呼吸法

和放松时，应注意中毒者胸部要有起伏状呼吸动作。吹气中如遇有较大阻力，便可能是中毒者头部后仰不够，气道不畅，需及时纠正。

c. 同时应通知医生到现场急救，可根据呼吸衰竭、循环衰竭情况进行药物急救或针灸少商、内关、十宜、人中、涌泉、劳宫等六穴。

d. 中毒者如牙关紧闭且无法弄开时，可改为口对鼻人工呼吸。口对鼻人工呼吸时，要将中毒者嘴唇紧闭，以防漏气。

② 压背式　使中毒者取俯卧位，头偏向一侧，舌头凭借重力略向外坠，不至于堵塞呼吸道，使空气能较通畅地出入。中毒者一臂枕于头下，一臂向外伸开，使胸部舒展。救护人员面向中毒者头侧，两腿屈膝跪在中毒者大腿两旁，把双手平放在其背部肩胛骨下角（第七对肋骨）脊柱两旁，救护人员俯身向前，用力向下并稍向前推压。当救护人员的肩膀向下移动到与中毒者肩膀成一垂直面时，就不再用力。救护人员向下前推压过程中，将中毒者肺内的空气压出，造成呼气；然后，救护人员双手放松（但手不必离开其背部），身体随之向后回到原来位置，这时外部空气进入中毒者肺内，造成吸气。如此反复有节律地一压一松，每分钟 16～19 次。

此法对有心跳而没有呼吸，不需要同时作胸外心脏按压的情况，仍是一种较好的人工呼吸法。

③ 振臂式　救护人员双腿跪于中毒者头部两侧，握住中毒者双手肘部稍下处，用力均匀地举起超过头部后拉开成 180°，然后把中毒者双肘向其前胸部两侧压迫。如此反复进行，每分钟 14～16 次，最多不超过 18 次。

④ 苏生器法　利用苏生器中的自动肺，自动地交替将氧气输入中毒者肺内，然后又将其肺内的二氧化碳气体抽出。此方法适用于呼吸麻痹、窒息或呼吸功能丧失、半丧失人员的急救。

在中毒者有自主呼吸的情况下，使用苏生器的自主呼吸功能调整好进气量，观察中毒者的吸氧情况；对无自主呼吸的中毒者，使用强制呼吸功能，成人为 12～16 次/min，在输氧情况下送医院抢救。

（3）胸外心脏按压

心脏是血液循环的"发动机"。一旦心脏停止跳动，机体因血液循环中止，将缺乏供氧和养料而丧失正常功能，最后导致死亡。胸外心脏按压法就是采用人工机械的强制作用维持血液循环，并使其逐步过渡到正常的心脏跳动。胸外心脏按压要及时，据有关资料介绍，人在心脏停止跳动 4min 内开始抢救，成功的概率可达 50%；在心脏停止跳动 4～6min 内开始抢救，成功的概率只有 10%；在心脏停止跳动 10min 以上开始抢救，几乎无成功可能。

① 正确的按压位置　正确的按压位置是保证胸外心脏按压效果的重要前提，确定正确按压位置的步骤如图 12-20 所示。

a. 右手的食指和中指沿中毒者右侧肋弓下缘向上，找到肋骨和胸骨接合处的中点。

b. 两手指并齐，中指放在切迹中点（剑突底部），食指平放在胸骨下部。

c. 另一只手的掌根紧挨食指上缘，并置于胸骨上，此处即为正确的按压位置。

② 正确的按压姿势　正确的按压姿势是达到胸外心脏按压效果的基本保证，正确的按压姿势如下。

a. 以髋关节为支点，利用上身的重力，垂直地将正常成人的胸骨压陷 4～5cm（儿童和瘦弱者酌减，为 2.5～4cm）。

b. 按压至要求程度后，要立即全部放松，但放松时救护人员的掌根不应离开胸壁，以免改变正确的按压位置（图 12-21）。

按压时正确的操作是关键。尤其注意，救护人员双臂应绷直，双肩在中毒者胸骨上方正中，垂直向下用力按压。按压时应利用上半身的重力和肩、臂部肌肉力量（图 12-22），避免不正确的按压（图 12-23）。按压救护是否有效的标志，是在施行按压急救过程中再次测试中毒者的颈动脉，看其有无搏动。由于颈动脉位置靠近心脏，容易反映心脏跳动的情况；此外因颈部暴露，便于迅速触摸，且易于学会与记牢。

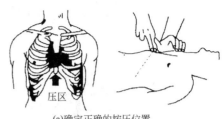
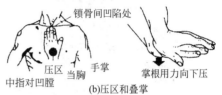

图 12-20　胸外心脏按压的准备工作

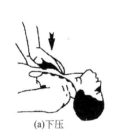
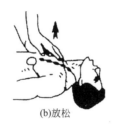

图 12-21　胸外心脏按压法

图 12-22　正确的按压姿势

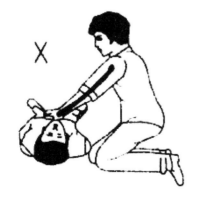
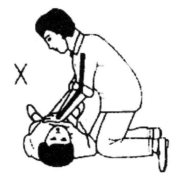

图 12-23　错误的按压姿势

③ 胸外心脏按压的方法

a. 胸外心脏按压的动作要平稳，不能冲击式地猛压，而应以均匀速度有规律地进行（每分钟 80~100 次），每次按压和放松的时间要相等（各用约 0.4s）。

b. 胸外心脏按压与口对口人工呼吸同时进行时（图 12-24），其节奏为：单人抢救时，按压 15 次，吹气 2 次，如此反复进行；双人抢救时，每按压 5 次，由另一人吹气 1 次，可轮流反复进行。

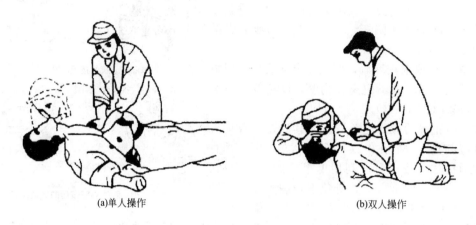

(a)单人操作　　　　　　　　　　　　(b)双人操作

图 12-24　胸外心脏按压与口对口人工呼吸同时进行

附 录

煤气典型安全事故警示案例

案例1：河北某钢铁公司"1.4"煤气中毒重大事故

2010年，河北某钢铁公司发生煤气中毒重大事故，造成21人死亡，9人中毒。

一、事故经过

2009年12月23日左右，某公司向普阳某炼钢分厂提出割除3号风机和2号风机煤气入柜总管间的盲板，将3号风机煤气管道和原煤气管道连通。2010年1月3日8时30分左右，该炼钢分厂运转工段长王某电话通知某公司现场负责人刘某，在1号转炉停产期间可以进行盲板割除作业。约10时30分，在盲板切割出500mm×500mm的方孔后，发生2人死亡事故，某公司施工人员随即停工。事故现场处置后，该炼钢分厂副厂长安排当班维修工封焊3号风机入柜煤气管道上的人孔（未对盲板上切开的方孔进行补焊），工段长王某安排当班风机房操作工李某给3号风机管道U形水封进行注水，李某见溢流口流出水后，关闭上水阀门。1月3日13时左右1号转炉重新开炉生产。

从1月3日13时至1月4日8时，1号转炉一直冶炼生产。1月4日8时，甲班接班时有一包铁水待炼、两包钢水待连铸，且连铸结晶器故障只能单流拉钢，所以接班后1号转炉没有立即生产。约9时15分对备好的铁水进行冶炼，约9时55分出完钢后1号转炉又停止冶炼，以待所有钢水拉完后更换结晶器。因本炉冶炼时间过长，且一氧化碳检测报警仪发生故障，故该炉没有回收煤气。

1月4日上午，2号转炉同时进行砌炉作业。约10时50分，炉内砌砖的田某1与在2号转炉操作砌炉提升机的郭某通话，要求炉外的刘某1按尺寸切砖。郭某让刘某1到提升机小平台来取炉砖尺寸，刘某1刚到提升机口突然晕倒，郭某与小平台上一起工作的刘某2、田某2用手去拉刘某1但未拉动。郭某感到头晕，同时意识到刘某1可能是煤气中毒，马上用手捂住自己的鼻子并向身边的另外两人喊："有煤气，赶快离开"，并边跑边用对讲机报告调度。炼钢分厂当班调度从对讲机里听到后，通知该公司副总经理石某并立即组织救援。

二、事故原因

（1）在2号转炉回收系统不具备使用条件的情况下，割除煤气管道中的盲板，U形水封未按图纸施工，存在安全隐患；U 形水封排水阀门封闭不严，水封失效，且没有采取 U 形水封与其他隔断装置并用的可靠措施，导致此次事故的发生。

（2）该钢铁公司违反 GB 50235—2010《工业金属管道工程施工规范》第 11.0.2 以及《建设工程质量管理条例》第 16 条的规定，在工程交接验收前，未对建设项目检查，没有确认工程质量是否符合施工图和国标规定，而且在未对项目进行验收的情况下，同意某公司将 3 号风机煤气管道与主管道隔断的盲板割通，并将未经验收的水封投入使用。

（3）3 号风机煤气管道施工完毕后，某公司违反 GB 6222—2005《工业企业煤气安全规程》第 4.4、第 4.5 和第 6.4.4 的规定，对 U 形水封的管道、阀门、排水器等设备没有进行试验和检验；没有向钢铁公司提交竣工说明书、竣工图以及验收申请；没有确认水封是否达到设计要求，没按图纸要求安装补水管路和逆止阀。

（4）钢铁公司安全生产规章制度不健全，落实不到位，培训不完善。钢铁公司技术人员和操作人员安全技能低、业务知识差，指挥系统有较大的随意性。在该次煤气管道连通中，口头下达指令，职工只是机械性执行操作指令，在 U 形水封补水后，未对煤气回收系统中存在的危险、有害因素进行分析和确认。

（5）甲乙双方均未按 GB/T 50326——2006《建设工程项目管理规范》实施管理，双方责权不明，项目的实施过程未完全处于受控状态。

（6）钢铁公司的炼钢分厂 120t 转炉炼钢项目符合国家钢铁产业发展政策规定的准入标准，但不具备项目立项的前置条件，企业未经申报、立项就开工建设。有关部门对项目立项工作的指导、协调和项目建设监管不力，以致该项目建设过程中存在多处违规行为。

三、防范措施及建议

（1）强化建设工程项目管理，严格执行工程管理的有关规定和规范，具体为：

① 建设单位要认真贯彻执行 2009 年 11 月 1 日实施的《冶金企业安全生产监督管理规定》（国家安监总局 26 号令）的有关规定，加强施工作业贯彻的质量控制和安全管理，确保冶金企业建设项目安全设施与主体同时设计、同时施工、同时投入生产和使用。

② 施工单位要根据项目特点制定周密的施工方案及安全施工措施，严格按照设计图纸进行施工。在施工过程中严格按规范要求进行检查和试验，确认达到设计要求。在验收合格后，方可移交建设单位使用。

（2）冶金企业要认真贯彻执行 GB 6222—2005《工业企业煤气安全规程》等有关规定，加强煤气生产、储存、输送、使用环节的安全管理；应绘制公司煤气管网图，在煤气设施施工或检修作业时，制定文字性方案，采取可靠隔断措施。

（3）冶金企业要根据国家有关规范，结合本企业的特点，制定、完善相关专业的管理制度，加强交叉专业过程中的安全管理，制定并严格执行交叉作业方案。要加强从业人员的安全教育和技能培训，提高操作人员的安全意识、操作技能和应急处置能力，保证从业人员熟悉有关煤气安全生产规章制度和安全操作规程。要特别注意加强对农民工的培训。

（4）建立企业突发性事件应急预案，建立企业危险源和危险点台账，完善安全报警系统（如危险气体监测、报警及远程监控等），并对其进行有效控制，以提高煤气本质化安全水平。

（5）各有关部门要按照国家产业政策要求，积极帮助、督促企业补充、完善冶金企业建设项目立项手续，加大项目建设和施工过程的监管力度，确保项目建设与施工处于受控状态。

四、警示

警示1：事故单位之所以发生事故，从外在表面看是因为安全管理不到位，从内在本质看则是因为专业技术人员严重缺乏，这是企业发生事故的内在必然。

该企业当时有职工约9000人，有技术职称技术人员仅320人，专业技术人员在员工中所占比例为1/28，只有本省同类国有钢铁企业专业技术人员在员工中占比1/5~1/4的大约15%，企业领导层大部分都是中小学文化，这样的职工素质，无法驾驭高技术含量的大型钢铁联合企业。企业如果不迅速、彻底地解决这一问题，想做到安全生产只能是梦想。

警示2：没有设计，设备存在多处本质缺陷；管理者和职工几乎都不懂、不会，"三违"习以为常还不自知；安全投入严重不足，安全防护、救护设备大量缺乏，企业无法保证安全生产。

安全是一项系统工程。设备设施设计的本质安全化，施工、检修过程的安全措施制定和落实，管理人员、技术人员、操作人员安全意识和安全技能的提升，各项管理制度的完善，是一个现代化企业做好安全工作必不可少的环节。

警示3：施工单位在施工过程中没有按要求进行危险有害因素辨识，没有制定可靠的安全措施，是事故发生的直接原因。

《危险化学品生产单位受限空间作业安全规范》要求：受限空间作业前应办理"受限空间安全作业证"，履行审批手续，作业现场应采取通风、监测、监护等措施。

警示4：施工单位必须按设计施工，如有变更必须经原设计单位同意。

警示5：U形水封不能作为煤气系统的可靠隔断装置，水封装在其他隔断装置之后并用时，才是可靠的隔断装置。

警示6：新项目建设期间易发生事故，必须加强建设项目安全管理。

警示7：新建、改建、扩建项目必须执行"三同时"，通过"三同时"严把建设项目入口关。

警示8：企业对施工单位的管理必须加强，对施工和生产的衔接配合必须加强协调。

案例2：唐山某钢铁有限公司 "12.24" 煤气中毒重大事故

2008年12月24日，唐山某钢铁有限公司2号高炉重力除尘器泄爆板爆裂，致使煤气大量泄漏，发生人员伤亡重大事故。此起事故共造成伤亡44人，其中死亡17人，中毒27人。

一、事故经过

2008年12月24日0点后，2号高炉炉况逐渐变差，出现滑尺现象。凌晨3点，高炉开始加入质量较差覆有冰雪的落地矿，炉况进一步恶化。6点30分以后，产生局部气流，出现频繁滑尺。7点至7点20分虽减风处理，但局部气流和频繁滑尺仍未得到有效控制。7点30分，乙班（夜班）和丙班（白班）交接班时，乙班工长向丙班工长把炉况进行了交代，但丙班仍未采取有效措施。8点30分，高炉形成管道行程，发生严重崩料，料线超过3m，顶温达到400℃以上，炉顶压力超压（正常工作压力为60~65kPa，布袋除尘器煤气入口压力显示为120kPa，工长未看到炉顶压力的具体数值），导致重力除尘器上锥体安装的泄爆板爆裂，大量煤气泄出。重力除尘器位于出铁场北侧，大量煤气飘向高炉作业区。此时，正值炉前出渣出铁，大量水蒸气弥漫，炉台噪声大，烟尘多，炉台现场人员未发觉煤气泄漏。8点45分，丙班工长发现操作室内一氧化碳检测报警仪报警，便跑到操作室南门外，发现8、9号风口附近有人倒地，于是回操作室打电话向调度室汇报有人煤气中毒，随即进行休风操作，并给热风炉警示信号。之后丙班工长佩戴空气呼吸器出来救人，发现风口冒火，以为风口灌渣，便进行回风操作，致使煤气持续外泄，至9点30分完全休风，导致多人煤气中毒。

二、事故原因

（1）2号高炉丙班工长杨某违反《唐山××钢铁有限公司炼铁厂高炉技术操作规程》中"失常炉况的判断和处理"一节中对"连续崩料""管道行程"两种异常炉况的有关规定，没有及时减风消除局部气流和频繁滑尺，致使高炉炉况逐步恶化，形成管道行程，发生大崩料，使顶压大幅上升，造成重力除尘器泄爆板爆裂，泄爆板爆裂后又处置不当，致使煤气持续泄出。

（2）高炉重力除尘器不应设置泄爆板，但唐山某钢铁有限公司聘请的工程负责人赵某要求阜新某设备安装公司在2号高炉重力除尘器上增设了泄爆板。《工业企业煤气安全规程》（GB 6222—2005）和《炼铁安全规程》（AQ2002—2018冶金工业部【84】冶安字第一号）均未要求重力除尘器设置泄爆装置，只在《工业企业煤气安全规程》（GB 6222—2005）中有对布袋除尘器箱体安装泄爆装置的要求。另外，泄爆板安装位置不合理，开口朝向炼铁作业区，且高度较低，与炉台距离较近（经现场测量，高炉平台与重力除尘器水平距离9.3m，垂直高差9.3m），爆裂后煤气较易扩散到炼铁作业区域。

三、防范措施及建议

（1）高炉重力除尘器不应设置泄爆板，对于已设置类似装置的，建议采取合理的放散措施或设置联锁、报警装置，消除安全隐患。高炉作业区域应设置一氧化碳检测报警装置。

（2）高炉炉顶及重力除尘器放散阀，应按照设计要求合理配重，不得随意加重和减轻，确保高炉放散阀起到应有的保护作用。建议高压操作的高炉，宜采用自动调压装置。

（3）高炉管理人员、技术人员、操作人员要熟练掌握炼铁技术操作规程，提高驾驭高炉的能力，加强原燃料质量管理。当高炉冶炼条件发生较大变化，特别是原燃料重力较差时，应及时遵照相关工艺技术操作规程进行相应处理，通过技术控制和消除崩悬料、管道行程等异常炉况。

（4）应加强职工操作技能和安全教育培训，特别是在煤气作业区作业的职工要熟练掌握煤气中毒防范、救护的相关知识。当发现作业区域有煤气泄漏时，要及时上报，无防护装备的人员要迅速撤至安全区域。同时，要迅速组织人员查明泄漏原因，采取有效措施，确保安全。

（5）要按照安全生产及职业卫生的相关要求，进一步加大安全投入，采取必要的措施，不断改善现场作业条件和作业环境，切实保障职工作业安全与健康。

四、警示

警示1：没有正规设计，买图纸建设冶金项目危害极大。

高炉重力除尘器一般安装的位置较低，距离地面和高炉作业平台较近，所以不应设置泄爆板。规程要求泄爆板应设置在布袋除尘器上锥体，此其一；高炉炉顶及重力除尘器放散阀，应按照设计要求合理配重，不得随意加重和减轻，此其二。不履行严格的设计程序，本质安全就没有保障。没有规范的设计，自己的职工就不知道隐患有多少，隐患在哪里，当然就谈不上隐患整治。"隐患险于明火"，教训十分惨痛。

警示2：高炉工长岗位重要、责任重大、技术要求高，企业应配备有能力的人员担当。高炉工长应不断加强技术学习，不断提高驾驭高炉的能力。

高炉管理人员、技术人员、操作人员要熟练掌握炼铁技术操作规程，高炉工长应具备驾驭高炉的能力。

警示3：盲目施救造成伤亡扩大。

作业人员当发现作业区域有煤气泄漏时，要及时上报，无防护装备的人员要迅速撤离至安全区域，只有具备救护知识并采取防范措施的人员才能前往施救。因此，企业必须配备足够的防护、救援器材和设备，必须培训相关人员，必须制定预案，必须加强平时演练。

警示4：事故企业技术力量严重缺乏，是隐患长期存在、长期得不到排查发现和消除的重要原因。

企业当时有职工7061人，有技术职称技术人员仅359人，专业技术人员在员工中所占比例为1/20，是本省同类国有钢铁企业专业技术人员在员工中占比例1/5～1/4的约25%。这样的技术团队难以胜任如此大型钢铁联合企业的安全需要，必须引起领导层高度重视，必须迅速采取措施消除这一潜在的最大隐患。

案例3：廊坊市文安县某钢铁有限公司"9.5"煤气中毒事故

2008年9月5日22点30分，文安县某钢铁有限公司在建二期煤气管道东部管线工程施工过程中，发生一起死亡7人的较大生产安全事故。

一、事故经过

9月5日下午，梁某的施工队分两组分别在二期工程煤气管网东部管线与旧管道连接的 $\phi 1200mm$ 管道内和东部管线南侧 $\phi 1600mm$ 管道进行焊接作业。其中，在 $\phi 1200mm$ 管道内焊接作业的2名工人，下班时间到了，未见其出来。18点30左右，3名在南侧 $\phi 1600mm$ 管道内作业的工人与施工队负责人梁某先后进到 $\phi 1200mm$ 管道内找人，都没出来。大约19点，在南侧 $\phi 1600mm$ 管道外施工的杨某和刘某发现工地的其他人员都不在了，于是刘某进入管道内寻找，也没有出来。杨某发觉情况不对，便到宿舍找到刘某的哥哥和另外一名工友返回工地继续寻找。寻找中，刘某的哥哥在管道中拨打弟弟的电话，听见铃声但无人应答，人员具体位置不能确定。由于当时怀疑管道中有煤气，没有贸然进入，哥哥便在管道上方不同位置用气焊割开三个孔，通风后进入管道寻找。最后，哥哥在二期煤气管网东部管线与旧管道连接处的 $\phi 1200mm$ 管道内人孔（直径60cm，供人进出）以西2m处发现有人躺在管道内，随后承包人魏某拨打110、120报警求助，并与赶到的该钢铁有限公司总工程师王某和副总经理李某组织施救。

9月6日凌晨0时左右，7名施工人员被救出，并由救护车先后送往廊坊市第四人民医院，经医院诊断，7人在送达医院前就已经死亡。

二、事故原因

（1）该施工队违规作业。具体包括：

① 施工过程中采取了先将新煤气管道与旧煤气管道（旧煤气管道已停用，两端封闭，形成了密闭容器）对接焊好，再从新煤气管道内对旧煤气管道开孔，造成旧煤气管道内残留的有毒有害气体（如一氧化碳、硫化氢、二氧化碳、氮气）进入新煤气管道。

② 焊接中，在205m管道中只留一个人孔（管道底部开直径600mm圆孔，供施工人员出入管道用）和一个通风孔，未按该类工程每20～30m留一个通风孔的常规方法作业。

③ 当日气候条件特殊，气温高、湿度大、气压低，基本没风，致使管道内2名作业的工人和先后进入管道找人的5人中毒昏迷缺氧窒息死亡。

（2）违法发包、转包。钢铁公司将二期工程煤气管网东部管线施工项目违法发包给无营业执照、无施工资质、不具备基本安全生产条件的魏某施工队。魏某又将该项目肢解转包给无施工资质、不具备基本安全生产条件的梁某施工队。

（3）安全管理不到位。该钢铁有限公司与魏某之间、魏某与梁某之间，均未签订安全生产协议。钢铁有限公司安全生产管理制度不健全，未建立工程发包审查制度，未将旧煤气管道存在的危险危害因素告知施工单位，未制定安全防护措施。梁某施工队未针对工程制定专门的施工组织设计和安全技术措施。没有安全管理人员对工程施工进行安全监管，没有按规定派人对管道施工进行安全监护。

（4）施工人员安全知识缺乏。施工人员未经安全教育和培训，对管道施工中相关危害因素知之甚少，自我防范意识淡薄。进入管道找人的梁某等人不具备安全生产常识，盲目进入管道找人，造成人员伤亡进一步扩大。

（5）安全监管不到位。文安县政府和新镇政府对该钢铁有限公司的安全生产缺乏有效管理；作为建筑行业的主管部门，文安县建设局没有认真履行自身安全监管职责，当地政府和相关部门对造成此次事故负有监管责任。

三、警示

警示1：事故单位法纪观念淡薄，过分追求利润，以降低成本为目的，以违法发包、转包为手段，违反规定搞建设，是导致事故发生的重要原因。

《中华人民共和国安全生产法》第四十一条规定：生产经营单位不得将生产经营项目、场所、设备发包或者出租给不具备安全生产条件或者相应资质的单位或者个人。

生产经营项目、场所有多个承包单位、承租单位的，生产经营单位应当与承包单位、承租单位签订专门的安全生产管理协议，或者在承包合同、租赁合同中约定各自的安全生产管理职责；生产经营单位应对承包单位、承租单位的安全生产工作统一协调、管理。

警示2：施工单位在施工过程中没有按要求进行危险有害因素辨识，没有制定可靠的安全措施，是事故发生的直接原因。

《危险化学品生产单位受限空间作业安全规范》要求：受限空间作业前应办理"受限空间安全作业证"，履行审批手续，作业现场应采取通风、监测、监护等措施。

警示3：施工单位盲目施救造成事故扩大，盲目施救的过程从本质上暴露出职工对作业场所危险有害因素了解甚少，缺乏基本的危险有害因素辨识知识和辨识能力。

警示4：新项目警示期间易发生事故，必须加强建设项目安全管理。

警示5：新建、改建、扩建项目必须执行"三同时"有关规定，通过"三同时"严把建设项目入口关。

警示6：企业对施工方的管理必须加强，对施工和生产的衔接配合必须加强协调。

案例4：贵州某钢铁公司"1·31"煤气中毒事故

2018年1月31日19时30分左右，位于贵州省六盘水市的某钢铁公司在对余热发电9号锅炉检修作业中发生一起煤气中毒较大事故，造成9人死亡、2人受伤。

一、"1·31"事故基本情况

1月23日，与钢铁公司签订锅炉维修承包协议的公司进场开始作业。1月31日，该公司安排8人（全部遇难）对9号锅炉进行炉内耐火砖砌筑作业，其中4人通过人孔进入炉内负责砌筑，4人在炉外平台负责运送砌筑材料。19时30分左右，炉外1人电话告知钢铁公司作业现场监护负责人（该负责人与另外2名现场监护人员均未在现场）锅炉内有煤气，随后又返回现场作业。现场监护负责人电话通知另外2名现场监护人员（1人遇难、1人受伤）到现场组织施工人员撤离，同时向钢铁公司调度报告。调度随即安排1名员工（受伤）到现场封堵水封。19时45分左右，现场监护负责人到达9号锅炉入口处时，携带的便携式一氧化碳检测报警仪显示已爆表（超过量程$1000\mu L/L$），故其未进入现场，等待煤气防护站人员到现场后佩戴空气呼吸器开始实施搜救。21时左右，11人全部送往医院救治。2月1日1时51分，9人经抢救无效死亡，2人获救。

二、"1·31"事故暴露出的问题

该起事故暴露出钢铁公司在检维修作业过程中安全管理不落实、有章不循、应急处置不当以及从业人员安全素质差等严重问题，主要是：

（1）设备设施管理不到位。钢铁公司日常安全管理制度落实不到位，未对煤气管道隔断设备进行定期检测、校验，使其保持完好状态。

（2）检维修作业安全确认不落实。在检维修前安全条件确认时或作业过程中，未能及时发现水封表层结冰无法正常补水造成水封水位降低的重大隐患，导致蝶阀不能有效阻隔高压煤气，水封被击穿。

（3）安全交底流于形式。现场施工作业安全交底、施工作业人员安全培训走过场，现场作业人员未真正掌握煤气泄漏时的应急技能，在发现煤气泄漏的第一时间没有组织施工人员撤离，而是在既没有弄清原因又没有采取防护措施的情况下，报告后又返回现场，丧失了组织逃生的最佳时机。

（4）监护责任落实不到位。现场监护人员未认真履行监护责任，擅离监护岗位；安全素质不高，接到煤气泄漏报告后，未第一时间要求现场作业人员立即撤离，监护能力严重不足。

（5）应急处置不当。应急救援预案针对性不强，应急处置存在严重失误，事故发生后先行到场的两名监护人员在未采取任何防护措施的情况下盲目进入现场施救，造成自身伤亡，损失进一步扩大。

案例5：河北某钢铁公司"3.19"煤气中毒事故

2015年3月19日10时许，河北某钢铁公司发生一起较大煤气中毒事故，造成4人死亡，

直接经济损失 350 万元。

一、事故经过及原因

(一)事故发生经过

2015 年 1 月 24 日,某钢铁公司炼铁厂 2 号高炉开始停产检修,其主要内容为:2 号高炉更换 7、8、9 段冷却壁,10 层以上进行喷涂,热风炉更换拱顶砖及部分格子砖。3 月 15日,检修结束,炼铁厂副厂长张某、葛某组织有关人员于当日对检修工程进行了验收,并验收合格。3 月 16 日,该钢铁公司召开生产调度会,计划 3 月 19 日进行 2 号高炉热风炉点火;会后,2 号高炉车间主任贾某主持召开车间会议,研究制定了 2 号热风炉点火工作方案,并对点火工作进行了部署。3 月 18 日 16 时,2 号高炉车间热风工段长程某组织 2 号高炉热风工段所有人员召开会议,对 3 月 19 日 8 时 2 号热风炉点火工作进行安排部署,并强调了安全注意事项。3 月 19 日 5 时,程某与上夜班的热风工王某、甄某开始用氮气对 2 号热风炉煤气管道进行吹扫,至 7 时许吹扫基本完成,具备引煤气条件。7 时许,炼铁厂安全科科长周某对 2 号高炉热风炉区域进行了清场,并在周边区域设置了警戒线,但未留人员进行警戒。7 时 15 分许,程某打开 1.6m 盲板阀,将其夹紧后,再打开 1.6m 电动蝶阀,煤气开始引入管道。7 时 30 分许,煤气引入完毕,煤防员刘某对管道中的煤气进行点火前的爆发实验,经 3 次实验合格。

7 时 30 分许,驾驶车牌号为冀 BN×××运砖车的某公司临时雇佣的人员赵某、冬某 1、冬某 2 到达钢铁公司 2 号门口后,赵某便打电话给特钢公司供应部部长林某。林某随即电话通知门卫,允许冀 BN×××运砖车进入炼铁厂 2 号高炉 2 号热风炉区域回收废旧耐火砖。赵某、冬某 1、冬某 2 便驾车进入炼铁厂 2 号高炉 2 号热风炉区域进行回收废旧耐火砖作业。此前,2 月 10 日至 3 月 18 日,某公司已从钢铁公司回收并运出 10 车废旧耐火砖。

8 时许,程某和当班的热风工张某、任某、孙某、杨某开始点火,具体实施者为程某,2 号高炉车间副主任张某、安全科科长周某和煤防员刘某在现场进行监护。点火后,程某在2 号热风炉窥视孔观察火焰情况,随时调节空燃比。9 时许,程某安排热风工孙某和电工尤某到热风炉下面巡查没有限位的 3 个废气阀。由于修理废气阀需要焊工帮忙,孙某直接去热风炉值班室打电话叫焊工。9 时 40 分许,2 号热风炉升温过程中,其助燃风机低压操作开关跳闸,致使助燃风机断电停机,热风炉熄火。程某发现后进行多次点火,但都未点着。未燃烧的煤气涌入助燃风管道从风机入风口处泄漏,并扩散至 2 号热风炉区域,致使正在 2 号热风炉与 3 号热风炉之间区域进行回收废旧耐火砖作业的某公司临时雇佣人员赵某、冬某 1、冬某 2 和正在此区域进行巡检的电工尤某中毒晕倒。

(二)事故救援经过

事故发生后,正在 2 号高炉平台进行巡检的煤防站副站长张某听到"有人煤气中毒了"的喊声后,马上打电话向公司安全部部长甄某报告,随后立即带领 2 名煤防员陈某、冯某前去救援。三人先将躺在 2 号热风炉北侧仪表箱南面地上的电工尤某救出,由燃气车间主任徐某驾驶皮卡车将其送往滦县人民医院抢救;随后又将躺在 2 号热风炉南侧存放废旧耐火砖处的某公司临时雇佣人员三人救出,并由公司救护车将其三人送往滦县人民医院抢救;之后按照已赶到现场的甄某要求,三人又一次进入 2 号热风炉区域进行搜索,未再发现其他煤气中毒人员。至 11 时许,煤气中毒人员尤某、赵某、冬某 1、冬某 2 均经抢救无效相继死亡。

(三) 事故直接原因

2号高炉热风炉助燃风机低压操作开关跳闸，导致助燃风机断电停机，热风炉熄火，未燃烧的煤气涌入助燃风管道从风机入风口处泄漏，并扩散至2号热风炉区域，这是导致事故发生的直接原因。

(四) 事故间接原因

(1) 该钢铁公司未建立严格的安全生产责任体系，落实安全生产"一岗双责"不到位。该特钢公司相关单位及人员未按照"管业务必须管安全、管生产经营必须管安全"的原则认真履行安全生产管理职责。

(2) 该钢铁公司设备隐患排查不到位。2号高炉热风炉煤气管道上安装有低压报警装置和快切阀，但未与助燃风机设置联锁保护，在2号高炉热风炉助燃风机突然停机时，不能自动切断煤气，违反了《炼铁安全规程》中第12.1.6"当燃烧器风机停止运转，或助燃空气切断阀关闭，或煤气压力过低时，该切断阀应能自动切断煤气，并发出警报……"的规定。

(3) 该钢铁公司现场安全管理不到位。2号热风炉点火作业时，现场警戒不到位，以致巡检电工尤某和某公司回收废旧耐火砖的临时雇佣人员赵某、冬某1、冬某2在热风炉点火期间进入热风炉区域作业。

(4) 该钢铁公司安全生产主体责任不落实，安全教育培训不到位，现场作业人员安全意识淡薄，未严格执行安全规程，对违章作业的危险性认识不足，自我防范意识不强。

(5) 该钢铁公司日常管理不到位。未按规定成立高炉检修指挥部，2号热风炉工艺技术规程不规范、点火方案不完善、无相关电气图纸、无助燃风机开停机记录、无检修工程验收记录。

(6) 该钢铁公司对外来合作单位人员安全管理不到位。该钢铁公司供应部与某公司签订了废旧耐火砖买卖合同及《安全管理协议》，但《安全管理协议》中无相应的安全措施，且未落实职能部门安全生产责任，未与炼铁厂搞好沟通协调，也未安排专人对某公司人员作业进行监护，导致某公司回收废旧耐火砖人员在不知情的情况下进入危险区域，并最终因煤气中毒死亡。

二、事故防范和整改措施

(1) 该钢铁公司要严格落实国家安全监管总局关于企业安全生产责任体系五落实五到位规定，钢铁公司领导和有关管理人员必须按照"管业务必须管安全、管生产经营必须管安全"的原则认真履行安全生产管理职责。

(2) 该钢铁公司要深刻汲取事故教训，举一反三，立即全面开展安全生产大检查，全面排查并及时消除各类事故隐患。要切实加强设备管理方面的隐患排查，尤其要采取可靠措施消除煤气管道上快切阀未与助燃风机设置联锁保护的隐患，有效防范类似事故再次发生。

(3) 该钢铁公司要加强对作业现场的安全管理，从事危险作业尤其是涉煤气作业时，现场必须警戒到位，严禁无关人员进入现场。

(4) 该钢铁公司要建立健全并严格落实各项安全生产规章制度、操作规程和工艺技术规程，尤其在进行检修作业时，必须严格按照《炼铁安全规程》(AQ 2002—2018) 中第9.2.4"应组成生产厂长 (总工程师) 为首的领导小组，负责指挥开、停炉，并负责制定开停炉方案、工作细则和安全技术措施"的规定执行。

(5) 该钢铁公司要认真落实企业安全生产主体责任，认真开展从业人员"三级安全教育培训"，切实提高从业人员安全意识、技术操作水平和应急处理能力。

（6）该钢铁公司要进一步加强对外委单位的安全管理，严格外委单位资质审查，签订《安全管理协议》，建立外来人员台账和教育培训记录，进行入厂安全教育和安全交底，并要安排专人对外委单位人员作业进行监护。

案例 6：河北某冶炼公司"1.18"煤气中毒事故

2010 年 1 月 18 日上午 8 时 30 分左右，河北某建设公司的 6 名检修施工人员进入某冶炼公司 2 号高炉（440m³）炉缸内搭设脚手架拆除冷却壁时，造成 6 名检修施工人员中毒死亡。

一、事故经过

（1）11 月 22 日 2 号高炉因炉凉造成高炉停产检修。

（2）1 月 6 日 15 时 30 分竖炉因生产需要开始恢复生产，冶炼公司将 2 号高炉净煤气总管出口的电动蝶阀和盲板阀打开，由 1 号高炉产生的煤气向竖炉提供燃料供应。

（3）1 月 16 日 17 时 56 分，竖炉停止生产，将 2 号高炉的电动蝶阀关闭，而未将盲板阀关闭。

（4）在 2 号高炉检修期间干式除尘器箱体的进出口盲板阀处于关闭状态，箱体放散管处于关闭状态，2 号高炉重力除尘器放散管处于关闭状态。

（5）高炉检修施工人员在进入炉内作业前，也未按规定对炉内是否存在煤气等有害气体进行检测，在煤气浓度超标的情况下，盲目进入炉内进行作业。

二、事故原因

（1）停产检修的 2 号高炉与生产运行的 1 号高炉连通的煤气管道仅有电动蝶阀关闭，而未将盲板阀关闭，未进行可靠切断。

（2）检修期间 2 号高炉煤气净化系统处于连通状态，各装置放散管处于关闭状态；1 号高炉的煤气经 2 号高炉干式除尘器箱体与重力除尘器到达 2 号高炉炉内。

（3）2 号高炉检修前，施工单位与生产单位双方均未对 2 号高炉净煤气总管的盲板阀是否可靠切断进行有效的安全确认。

（4）检修施工人员在进入炉内作业前，未按规定对炉内是否存在煤气等有害气体进行检测。

（5）双方未制定检修方案及安全技术措施，均未明确专职安全人员对检修现场进行监护作业。

三、警示

警示 1：蝶阀、闸阀等隔断装置不能单独作为煤气系统的可靠隔断装置，必须使用盲板或采用蝶阀和眼镜阀联合使用。

警示 2：进入受限空间内作业前，必须首先对氧气及有害气体进行监测；连续作业时进行连续监测或每间隔 2h 监测一次；必须办理《受限空间安全作业证》，履行审批手续，作业现场必须采取通风、监测、监护等措施。

警示 3：维修、检修期间易发生安全事故，维修检修应采取有效的安全防护措施。

警示 4：企业对施工单位的管理必须加强，对施工和生产的衔接配合必须加强协调。

案例 7：某特种钢公司"12·19"较大煤气中毒事故

2015 年 12 月 19 日 9 时 30 分，某特种钢公司炼铁厂白灰作业区进口煤气管道排水器击穿，造成煤气泄漏。检查处置过程中致 1 人煤气中毒，因救援不当又致 2 名施救人员煤气中毒，最终造成 3 人死亡，直接经济损失 242.4 万元。

一、事故发生经过

2015 年 12 月 19 日 7 时 20 分，某特种钢公司炼铁厂白灰作业区甲班班长刘某组织召开班前会，安排了当班的工作任务，交代了安全注意事项。7 时 45 分，班前会结束，各岗位工到岗进行开工前的设备巡检工作。8 时左右，各岗位开始正常作业。8 时 50 分，因炼钢厂停止炼钢，煤气量供应不足，公司总调度室调度员党某通知白灰作业区主控室主控工戚某白灰窑停烧。接到通知后，戚某电话告知动力厂 $50000m^3$ 煤气柜岗位主值王某：白灰作业区准备停窑，请适当减压。随后戚某使用对讲机通知丙班看火工秦某停窑。8 时 55 分，白灰作业区停窑完毕。8 时 57 分（动力厂 $50000m^3$ 煤气柜仪表显示时间 8 时 51 分，与北京时间存在 6min 误差），动力厂动力作业区 $50000m^3$ 煤气柜煤气加压机出口瞬时压力达到 16.03kPa。此压力经 510m 长的管道传递，并经炼钢烤包用户少量使用，8 时 58 分到达炼铁厂白灰作业区煤气管道排水器时的压力为 14.93kPa，超出排水器水封承压上限（13kPa），造成排水器水封击穿，煤气泄漏。

9 时左右，白灰作业区作业长靳某通过对讲机安排甲班出灰工王某打扫作业区卫生。9 时 02 分，王某前往 $200m^3$ 白灰窑出灰口处取清扫工具时，发现出灰口处安装的固定式一氧化碳检测报警仪报警（显示煤气浓度为 30ppm）。王某取完工具后，途经 $200m^3$ 白灰窑休息室时，听到休息室内的固定式一氧化碳检测报警仪也在报警，便立即向靳某报告了煤气报警情况。接到报告后，靳某安排秦某前往 $140m^3$ 白灰窑加压机室取空气呼吸器，准备查找煤气泄漏点。9 时 10 分，秦某携带空气呼吸器与靳某一起查找煤气泄漏点时，发现进口煤气管道排水器地坑坑口处的固定式一氧化碳检测报警仪显示煤气浓度为 1100ppm，两人初步确定煤气泄漏点在进口煤气管道排水器地坑内。靳某安排秦某佩戴空气呼吸器到地坑内进一步查找煤气泄漏点，其在坑口处负责看护。9 时 30 分，秦某佩戴空气呼吸器下到地坑内查找煤气泄漏点时，突然晕倒。靳某发现情况后，立即呼喊正在附近（距离 10m 左右）打扫卫生的甲班上料工张某，让其取空气呼吸器并喊人。9 时 34 分，靳某在未佩戴空气呼吸器的情况下，贸然下到地坑内对秦某实施救援，晕倒在坑底。9 时 36 分，现场作业人员相继赶到事发坑口，并采取了关闭白灰窑煤气管道盲板阀和打开车间放散等应急措施，同时拨打了 119、120 紧急救助电话。9 时 43 分，甲班班长刘某和上料工张某佩戴空气呼吸器，下到地坑内对靳某和秦某实施救援。现场人员将电焊机焊把线顺到坑底，刘某和张某将焊把线拴系在秦某身上，在坑口人员的配合下，合力将秦某救出地坑，现场人员随即对秦某实施心肺复苏。因张某所佩戴空气呼吸器压力报警，在将秦某救出后，张某上到了地面，刘某则继续下到坑底对靳某实施救援。9 时 50 分，刘某在对靳某实施救援过程中，也晕倒在坑底。

二、事故救援情况

9时57分，120急救人员到达作业现场，对秦某采取紧急救治措施。9时58分，公司安监处安全员朱某佩戴空气呼吸器下到地坑内，对靳某和刘某实施救援。10时02分，将靳某救出地坑，朱某也随之上到地面，查看空气呼吸器压力（压力值在20MPa以上）。10时03分，朱某和公司安监处安全员王某佩戴空气呼吸器下到地坑内对刘某实施救援。10时06分，将刘某救出地坑。"120"急救人员对三人采取紧急救治措施后，送往滦南县医院继续抢救。后经抢救无效，三人相继死亡。

三、事故原因

（一）直接原因

该特种钢公司动力厂动力作业区煤气加压机出口压力超压致使煤气管道压力超过炼铁厂白灰作业区地坑内排水器承压上限，导致煤气排水器击穿，造成煤气泄漏。

靳某违章指挥秦某进入煤气危险区域查找煤气泄漏点，秦某进入煤气危险区域时未正确佩戴空气呼吸器，导致中毒窒息，是事故发生的直接原因；施救过程中，靳某未佩戴空气呼吸器、刘某使用空气呼吸器不当导致两人相继中毒窒息，是事故扩大的直接原因。

（二）间接原因

（1）该特种钢公司应急管理不到位。在发生煤气泄漏的情况下，炼铁厂白灰作业区现场人员未按照《工业企业煤气安全规程》（GB 6222-2005）中第11.1.1 "发生煤气中毒、着火、爆炸和大量泄漏煤气等事故，应立即报告调度室和煤气防护站"的规定，采取正确的应急处置措施，向公司调度室和煤气防护站报告，而是违章指挥作业人员冒险进入煤气危险区域；应急演练针对性不强，覆盖面不广，致使部分作业人员未能正确使用煤气防护装备和器材，导致事故发生及扩大。

（2）该特种钢公司日常安全管理不到位。炼铁厂白灰作业区管理人员未能严格履行安全生产管理责任，违章指挥、违章作业。现场作业人员违反《有限空间安全作业五条规定》（国家安监总局令第69号），"第一条，必须严格实行作业审批制度，严禁擅自进入有限空间作业"及"第二条，必须做到先通风再检测后作业，严禁通风、检测不合格作业"的规定，违章作业，未经审批、通风及检测，便进入有限空间作业。

（3）该特种钢公司安全教育培训不到位。白灰作业区管理人员在明知煤气管道排水器地坑内发生煤气泄漏，且有一名作业人员中毒窒息的情况下，冒险进入地坑内施救，安全意识淡薄，对违章作业的危险性认识不足，自我防范意识差；部分从业人员未取得涉煤气岗位特种作业资格证，违规从事涉煤气作业。

（4）该特种钢公司动力厂动力作业区煤气加压机操作人员履行岗位职责不到位，白灰作业区停用煤气后，未及时发现煤气加压机出口压力超压（动力厂动力作业区煤气柜岗位操作规程规定煤气加压机出口上限压力值7.5kPa），加压机转速未及时调整至与之相匹配转速，致使煤气管道压力超过炼铁厂白灰作业区地坑内排水器承压上限，导致煤气排水器击穿，造成煤气泄漏。

四、事故性质

这是一起因应急处置不当、违章指挥、违章作业、冒险施救引发的较大生产安全责任事故。

五、预防事故的措施和建议

（1）该特种钢公司要切实加强应急管理，健全完善应急协调联动机制和快速反应机制，要进一步完善应急预案并加强演练，提高应急演练的针对性和员工覆盖面，保证煤气等危险区域作业人员均能正确使用应急防护器材和装备。

（2）该特种钢公司要建立健全并严格落实各项安全生产规章制度和操作规程，在涉煤气作业、进入有限空间作业时，要严格执行《工业企业煤气安全规程》和《有限空间安全作业五条规定》等相关规定，确保作业安全。

（3）该特种钢公司要加强安全教育培训，特别要加强特种作业人员的安全教育培训，所有涉煤气作业人员必须持证上岗，确保作业人员具备本岗位相应的安全知识和安全操作技能。

（4）该特种钢公司要对动力厂煤气加压机加装超压报警装置，当煤气加压机出口压力达到一定值时报警；增加设备联锁装置，当煤气压力达到极限值时自动切断，消除人为因素的影响；在各用户煤气烧嘴处增设防煤气回火装置等，确保煤气输送、使用安全。炼铁厂要对锈蚀严重、存在安全隐患的煤气排水器等进行更换，按《工业企业煤气安全规程》补足排水器下降管阀门和煤气排水器法兰螺栓，确保煤气设备安全运行。

案例8：滨州市某不锈钢有限公司"11.29"重大煤气中毒事故

2015年11月29日17时40分许，滨州市某不锈钢有限公司（以下简称某公司）发生重大煤气中毒事故，造成10人死亡、7人受伤，直接经济损失990.7万元。

一、事故经过

某公司煤气管道2015年5月23日投入使用后，运行基本正常。11月20日，某公司转炉（1号转炉）停产后，15t燃气锅炉继续运行，所用煤气由某集团炼钢二厂转炉（2号转炉）供给。事故发生前，企业巡检人员未发现煤气输送相关设备和管道运行的异常现象。11月29日17时开始，企业员工陆续下班，部分员工经由事故发生区域的通道离开。17时15分开始，事故发生区域光线逐渐昏暗直至漆黑。17时40分许，煤气管道内煤气突然泄漏，随西北风向东南方向扩散，致使下班后路经北侧通道的9名企业员工（含2名优特钢车间员工），以及优特钢车间水处理操作室正在值班的1名企业员工中毒死亡，某集团技术中心大楼一层化验室内6名质检员、化验室西门外1名物料管理员中毒受伤。

二、事故原因

（一）直接原因

1号排水器存在安全缺陷，未按规定设置水封检查管头，不能检查水封水位，在顶部放散管阀门关闭后，排水器筒体腔内水封上部形成密闭空间。煤气输送工艺存在安全缺陷，转炉煤气直接供给锅炉使用，未经煤气柜系统稳压、缓冲和混匀成分，煤气管网压力频繁波动。在煤气管道运行过程中，排水器筒体腔和落水管、溢流管内的水伴随煤气管网的压力波动呈现波动性摆动，煤气冷凝水通过落水管大量降落时，水中夹带的部分煤气气泡析出后进入密闭空间；随着上部密闭空间气体（含空气、煤气）体积不断增加，下部水从溢流管口被排出后水位不断降低，直至有效水封水位持续下降，水封被煤气压力瞬间击穿，管道内煤气通过排水器溢流管口大量泄漏。此外，事故发生当晚，事故现场大雾天气、能见度低、气压低、风速低、地势低，导致煤气泄漏后在下风向大量扩散积聚，造成下班后路经厂区北侧通道和附近岗位正在上班的企业职工中毒伤亡。

（二）间接原因

某集团及某公司违法违规建设煤气管道和相关附属设施，安全生产管理制度和安全操作规程不健全、不落实，安全生产主体责任落实不到位。

（1）煤气管道工程未经正规设计。某集团没有委托具备相应资质的单位进行工程设计，直接组织施工单位绘制草图进行管道施工安装，没有进行工程监理，也没有办理建设项目有关审批手续，致使煤气管道建成投用后存在着转炉煤气未经煤气柜混匀加压、煤气管网压力波动、煤气输送主管管底距地面净空高度不够、排灰阀选型、选材和设置不符合规范要求等安全隐患，以及煤气管道排水器由不具备设计、设备制造资质的施工单位设计并制作，存在重大安全缺陷等。

（2）安全生产管理混乱。某公司虽是独立法人，但其安全生产工作由集团统一管理，安全生产管理机构及人员配备不符合安全生产法律法规要求，安全管理制度不健全，安全生产责任制不完善。某集团对煤气设施没有明确划分安全管理区域，明确安全责任，对进厂外来煤气管道施工队伍也没有按照有关规定进行安全培训。

（3）安全检查不到位。某集团部署的每月炼钢车间专项安全检查没有落实到位，2015年11月份没有开展专项安全检查。日常巡检没有相应的标准规定，未将排水器内水位变化列入巡检内容，未能发现1号排水器内水位下降的问题和隐患，没有及时补水，致使水封最终被击穿。

（4）安全防护措施不落实。没有按照《工业企业煤气安全规程》（GB 6222—2005）规定，在煤气危险区（如风机房和煤气发生设施附近）的关键部位设置警示标志和一氧化碳监测装置，以提醒注意煤气泄漏，未对一氧化碳浓度定期测定；没有在排水器上设检查管头，未对水封液位定期检查。另外，煤气管道内煤气温度、压力和流量等参数的监测检验装置设施不健全，附属排灰阀组阀门、U形水封等部位的防冻保温措施不完善。

三、事故防范措施建议

（1）严格执行金属冶炼建设项目安全设施"三同时"制度。金属冶炼建设项目（包括新建、改建、扩建工程项目）的安全设施，必须与主体工程同时设计、同时施工、同时投入生产和使用。建设单位应当按照国家有关规定，委托具有相应资质的安全评价机构，对其建设项目进行安全预评价，并编制安全预评价报告；委托具有相应资质的设计单位对建设项目安全设施同时进行设计，编制安全设施设计，按照国家有关规定报经安全监管部门审查。施工单位必须具备相应资质，严格按照批准的安全设施设计和相关施工技术标准、规范施工，并对安全设施的工程质量负责。工程监理单位应当按照法律法规和工程建设强制性标准实施监理，并对安全设施的工程质量承担监理责任。建设单位应当组织对建设项目安全设施进行竣工验收，并形成书面报告备查，验收合格后方可投入生产和使用。

（2）切实加强涉及煤气工贸企业的安全生产管理。涉及煤气生产、储存、使用和管道输送的工贸企业，要严格按照《工业企业煤气安全规程》（GB 6222—2005）等标准规定，建立健全各项煤气安全管理规章制度和安全操作规程，按规定设置一氧化碳监测报警、警示标志、个体防护器具等安全设施，落实煤气作业审批制度和安全防范措施，加强煤气安全管理人员和从业人员（含相关方从业人员）安全生产教育培训，认真分析煤气作业风险，制定有针对性的煤气专项应急预案并加强演练。要对煤气管道的排水器、排灰阀、U 形水封等易发生煤气泄漏的部位进行安全论证，排查整改存在的问题和隐患，坚决消除排水器筒体腔上部形成密闭空间导致气体积聚、水封水位下降的安全隐患。要加强煤气管道运行维护管理，做好寒冷季节相关设备设施易积水部位的保温防冻工作。要不断提高从业人员的安全操作技能和责任心，加强煤气设备安全巡检和点检工作，及时发现泄漏隐患，堵塞安全管理漏洞。

（3）进一步落实企业安全生产主体责任。涉及煤气生产、储存、使用和输送的工贸企业，都要按照《中华人民共和国安全生产法》等法律法规的规定，建立健全安全生产责任制度，实行全员安全生产责任制，明确主要负责人、其他负责人、职能部门负责人、生产车间（区队）负责人、生产班组负责人、一般从业人员等全体从业人员的安全生产责任，并逐级进行落实和考核。要认真落实企业的安全生产组织机构、规章制度、安全投入、安全管理等安全生产主体责任，建立健全隐患排查治理机制，认真开展自查自改，实施隐患排查治理闭环管理，对检查发现的隐患建立台账，逐一按要求进行整改；对一时难以整改的重大隐患制定限期整改方案，做到整改责任、措施、资金、时限、预案"五落实"，并向当地政府有关部门报告。

（4）深入开展工贸企业煤气管线安全专项检查工作。各级安全监管、工信等部门要组织执法检查力量，必要时聘请专家参加，深入开展冶金工贸企业煤气管线安全专项检查工作。重点检查：煤气管线是否符合国家有关设计、施工、验收的规定要求；煤气工艺、技术是否经过安全评估和论证；煤气管线的材质及辅助设备、设施是否符合安全标准规范要求；企业是否制定煤气安全管理制度和操作规程，是否定期对煤气管线进行巡检和点检，并记录在册；是否制定煤气专项应急预案，并定期开展演练和评估等。要做到检查不漏一企、不留盲区，实现"全覆盖、无缝隙"，同时建立检查台账，并根据企业存在问题的大小，分别采取同时实施执法处罚、停产停业整顿、限期整改等措施，督促企业及时消除事故隐患，确保煤气管线安全运行。

参考文献

[1] 王卫红．煤气作业．北京：中国矿业大学出版社，2012.

[2] 王天启．煤气安全作业应知应会 300 问．北京：冶金工业出版社，2016.

[3] 王壮坤．煤气化生产技术．北京：化学工业出版社．2016.

[4] 葛荣华．高炉煤气除尘与热风炉实践．北京：化学工业出版社，2017.

[5] 郭占成，公旭中．煤气化新技术与原理．北京：科学出版社，2020.